AF274745

HISTORIA DEL VACÍO

José Luis de Segovia

Edición
Román Nevshupa Kasatkin
Joaquín Dacosta Esteban

Consejo Superior de Investigaciones Científicas

Madrid, 2024

La versión electrónica de este libro está disponible en acceso abierto
en editorial.csic.es y se distribuye bajo los términos de la licencia
Creative Commons Atribución-Non Comercial-No Derivadas 4.0. La
información completa sobre dicha licencia puede ser consultada en https://
creativecommons.org/licenses/by-nc-nd/4.0/. Esta licencia afecta solo al
material original del libro. El uso del material proveniente de otras fuentes
(indicadas en las referencias), como diagramas, ilustraciones, fotografías o
fragmentos de textos, requerirá permiso de los titulares del *copyright*.

Las noticias, los asertos y las opiniones contenidos en esta obra son
de la exclusiva responsabilidad del autor o autores. La editorial, por su
parte, solo se hace responsable del interés científico de sus publicaciones.

Cómo citar: *Historia del vacío* / José Luis de Segovia. Madrid: CSIC, 2024.

Catálogo de publicaciones de la Administración General del Estado:
https://cpage.mpr.gob.es

Editorial CSIC: *http://editorial.csic.e*s (correo: *editorialcsic@csic.es*)

© CSIC, 2024
© Herederos de José Luis de Segovia
© Román Nevshupa Kasatkin y Joaquín Dacosta Esteban (eds.)
© De las ilustraciones, véanse créditos de las figuras, pp. 297-301

ISBN: 978-84-00-11345-2
e-ISBN: 978-84-00-11346-9
NIPO: 155-24-215-0
e-NIPO: 155-24-216-6
Depósito Legal: M-24035-2024

Coordinación editorial: Enrique Barba (Editorial CSIC)
Corrección: María José Pérez
Diseño y maquetación: tipos móviles
Impresión y encuadernación: Anzos, S. L.
Impreso en España. *Printed in Spain*

En esta edición se ha utilizado papel ecológico sometido a un proceso de blanqueado
ECF, cuya fibra procede de bosques gestionados de forma sostenible.

ÍNDICE GENERAL

5. El vacío: ciencia y herramienta en el siglo XIX. La centuria del mercurio y la teoría de los gases. [125] Leyes y propiedades de los gases: John Dalton (1766-1844): ley de proporciones múltiples | Amedeo Avogadro (1776-1856): contando el número de moléculas | John James Waterston (1811-1883): concepto cinético de la presión | Rudolf Julius Emmanuel Clausius (1822-1888): crea la *mecánica estadística* | William Ramsay (1852-1916): composición del aire, descubrimiento de gases nobles | Ludwig Boltzmann (1844-1906): constante y microestados | James Clerk Maxwell (1831-1879): teoría cinética de los gases. [131] Medida del vacío: Herbert McLeod (1841-1923): manómetro de compresión de Hg | Louis-Paul Cailletet (1832-1913): manómetro de columna | Eugène Bourdon (1808-1884). [135] Producción de bajas presiones: bombas de aire (o vacío) | Bomba de Swedenborg: bombeo continuo | Bomba de Geissler: bombeo por goteo | Bomba de Sprengel: bombeo por goteo | August Toepler (1836-1912): bombeo por goteo. [140] Experimentos de descarga en gases enrarecidos: descubrimiento del electrón y los rayos X: Heinrich Daniel Ruhmkorff (1803-1877): generador de alto voltaje | Heinrich Geissler (1814-1879): tubos de descarga | Cromwell Fleetwood Varley (1828-1883): rayos catódicos | William Crookes (1832-1919): el *vacío absoluto*, los rayos catódicos y el radiómetro | George Johnstone Stoney (1826-1911). El bautizo de los rayos catódicos o corpúsculos: el electrón | Wilhelm Conrad Roentgen (1845-1923): el descubrimiento de los rayos X | Elihu Thomson (1853-1937): el peligro de los rayos X | Joseph John Thomson (1856-1940): el descubrimiento de la carga eléctrica elemental negativa | Karl Ferdinand Braun (1850-1918): el osciloscopio.

6. El siglo XX: 1900-1940. El alto vacío, $10^{-3} < p < 10^{-7}$ mbar. [159] El desarrollo de las uniones vidrio-metal y su impacto en el avance de la ciencia y tecnología de vacío | Unión platino-vidrio | Unión Dumet hilo-vidrio | Uniones vidrio-metales refractarios: molibdeno y volframio | Unión tubo metálico-vidrio | Unión cobre-vidrio: la unión de Houskeeper | Uniones de aleaciones de Fe con vidrios blandos. [164] El desarrollo de medios de producción de vacío: bombas y atrapadores: Bombas mecánicas | Bombas de difusión de mercurio | Bomba de difusión de aceite. [185] Medida del vacío: presión total, manómetros y presiones parciales, espectrómetros de masas | Manómetro de conductividad térmica. Manómetro de Pirani (1906) | Martin Knudsen (1871-1949): práctica de la teoría cinética de gases. Un manómetro absoluto (1910) | Irving Langmuir (1881-1957). Un manómetro vibrante (1910) | Otto von Baeyer (1877-1946). El fenómeno de ionización. Corriente iónica en función de la corriente electrónica o de ionización (1909) | Oliver Ellsworth Buckley. Un manómetro de ionización (1916) | Frans Michel Penning (1894-1953). El manómetro de Penning / manómetro Philips (1937). [196] La

espectrometría de masas. Medida de presiones parciales y la detección de fugas | Arthur Jeffrey Dempster (1886-1950). El espectrómetro de masas (1918) | El detector de fugas (1942). **[200]** Contribución al desarrollo de la radiodifusión, utilización de los rayos X y el registro gráfico mediante los rayos catódicos | John Ambrose Fleming (1849-1945): la válvula termiónica diodo | Lee de Forest (1873-1961): la válvula triodo | William David Coolidge (1873-1975): el tubo de rayos X | El tubo de rayos catódicos y el descubrimiento de la televisión. **[209]** Fenómenos y dispositivos que demandan presiones muy bajas, hasta 10^{-8} mbar | Irving Langmuir: estudios de superficies | El descubrimiento del efecto Auger (1923-1925). **[215]** Sistematización del conocimiento de la ciencia y tecnología del vacío | Saul Dushman (1883-1954) y el desarrollo de la ciencia y tecnología del vacío | Pieter Clausing (1898-1994): dinámica de gases a bajas presiones.

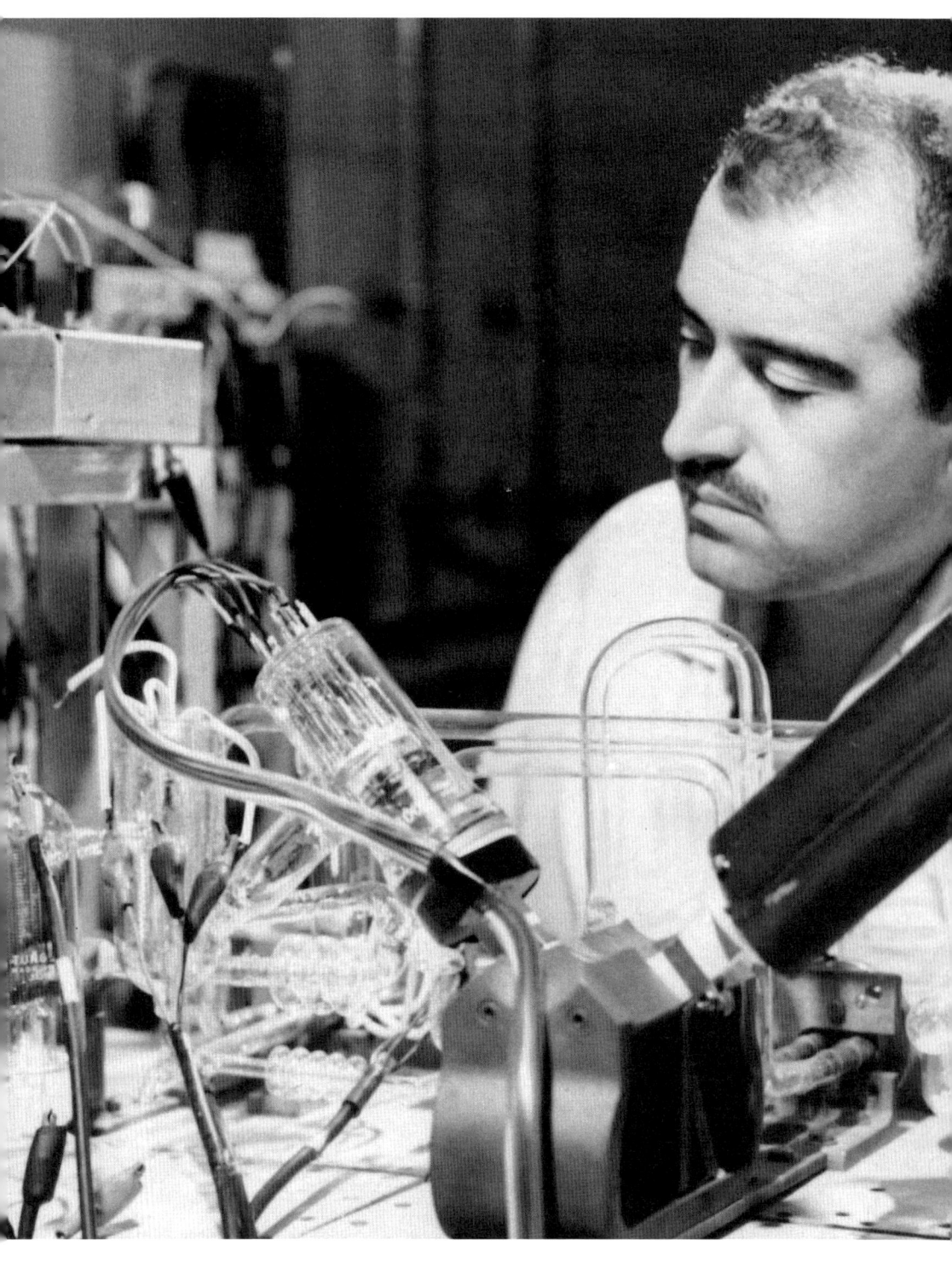

José Luis de Segovia trabajando en el Coordinated Science Laboratory
de la Universidad de Illinois (Urbana, Champaing), 1962.

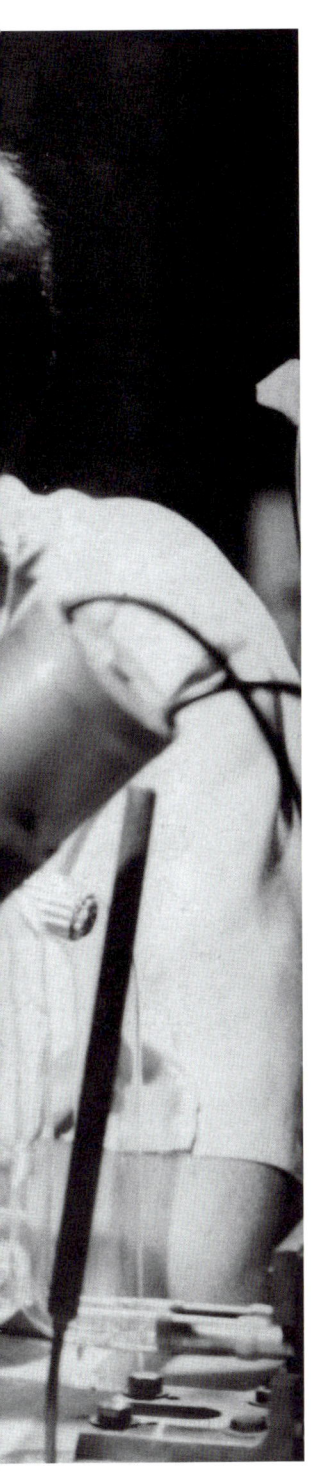

Una nueva historia
del vacío

CON el epígrafe de Demócrito de Abdera postulando que el universo es una combinación de átomos en el vacío empieza esta *Historia del vacío,* una obra que lleva al lector en un viaje fascinante a través de los siglos para mostrarle el desarrollo de la ciencia y tecnología del vacío. El libro describe el surgimiento de los conceptos filosóficos, la invención de las técnicas y métodos y, finalmente, la creación de nuevas tecnologías que sostienen el mundo moderno.

José Luis de Segovia, un reconocido físico que ha dedicado toda su carrera al estudio del vacío desde la década de 1950, brinda una visión general y expone la evolución dialéctica de esta rama de la ciencia y tecnología a través del enfrentamiento de los conceptos, hipótesis y modelos que se han desarrollado a lo largo de su historia.

El libro es especialmente sugestivo y entrañable por su visión humanista de la materia tratada, que se relata como una serie de estampas que narran la peripecia personal de los científicos, filósofos e inventores en su incansable búsqueda. Este enfoque hace que sea aún más atractivo para el lector, ya que le lleva de la mano para comprender en su verdadera dimensión los avances científicos, planteándolos también como retos, éxitos y fracasos personales. Como es el caso de Blaise Pascal, una vida de ingenio y superación personal, quien, ya con un delicado estado de salud, tras cinco años de intentos, consiguió convencer a su cuñado Florin

Périer para realizar un experimento subiendo un barómetro hasta la cima del Puy de Dôme, de más de 1400 m de altitud. Este experimento puso fin a la discusión entre *plenistas* y *vacuistas*, que aún seguía vigente desde los tiempos de Aristóteles, y demostró la existencia del vacío.

La gran singularidad del libro reside en que esta historia ha sido contada por uno de sus protagonistas, pues lo fue —y muy destacado— en los comienzos de su desarrollo en España. Su biografía es un testimonio de compromiso con el conocimiento, y su actividad contribuyó decisivamente a la consolidación de esta disciplina como ciencia puntera en nuestro país. Es por todo ello por lo que el lector encontrará en sus páginas una visión personal y directa de todo este proceso.

Historia del vacío es un libro ameno e inspirador que ofrece una visión original, dialéctica y humanista del desarrollo de la ciencia y tecnología del vacío en el mundo y en España, de gran interés tanto para los especialistas como para estudiantes e historiadores de ciencia y tecnología.

ROMÁN NEVSHUPA KASATKIN
INSTITUTO DE CIENCIAS DE LA
CONSTRUCCIÓN
EDUARDO TORROJA (IETCC-CSIC)

En el Laboratorio de Vacío del Instituto de Física
Aplicada Leonardo Torres Quevedo. Madrid, 1965,
XXV aniversario del CSIC.

SOBRE EL AUTOR

Profesor José Luis de Segovia Trigo: un ejemplo de entrega

AGRADEZCO a los organizadores de este encuentro que me hayan pedido que hable sobre el perfil humano de José Luis de Segovia Trigo. Y los felicito por haber hecho una sabia elección, porque soy su amigo permanente más antiguo en la profesión.

Como nos honra la presencia de algunos colegas del exterior, creo que es mi deber de cortesía dar mi charla en esta *lingua franca* internacional que es el «inglés roto».

A principios de los años sesenta —¡siglo pasado!—, sin ayuda suficiente de nuestra Administración y sociedad, la ciencia española aún intentaba recuperarse de la catástrofe de una guerra civil que había dejado nuestra ciencia en un estado desastroso. Las condiciones no podían ser peores, las instalaciones y el presupuesto para la investigación, más miserables.

En nuestros tiempos, prácticamente todo el que intentaba embarcarse en una investigación era inevitablemente un pionero en su campo. Solo unos pocos, un poco mayores que José Luis y yo, habían iniciado su esfuerzo en sus propios campos antes de que fuera nuestro turno, por lo que teníamos que ser inevitablemente pioneros en nuestras respectivas áreas. *Pionero* puede parecer un término halagador, pero no fue un mérito nuestro. Era simplemente una cuestión de calendario, un tiempo dependiente de la circunstancia que ambos sufrimos, porque eso hizo las cosas extremadamente difíciles para nosotros, pues nos obligó a buscar orientación en nuestros primeros pasos en lugares del exterior donde la ciencia florecía y abundaban las estrellas.

A principios de los años sesenta, el Departamento de Física de la Universidad de Illinois era uno de estos lugares.

Allí, en Champaign-Urbana, entre otros físicos notables, estaba el profesor Dan Alpert. Un día su esposa Natalie me dijo que se había enterado de que «Segovia» venía de España para trabajar con Dan.

—¡Estoy tan emocionada! —dijo ella.

Comprenderán que, después de sentirte en un primer momento asombrado, más que sorprendido, por tan extraordinaria noticia, pensé que, cuando menos, era algo muy poco probable. Segovia, el guitarrista español de fama mundial, viniendo a Urbana a trabajar con Dan Alpert, la autoridad mundial en ciencia de ultra alto vacío. Increíble. Así que pregunté y, de hecho, resultó que no era el famoso guitarrista, sino un joven físico español llamado José Luis de Segovia. Y así fue cómo José Luis y yo nos conocimos en ese paraíso lleno de estrellas, donde las instalaciones para la investigación eran excepcionales, y el ambiente, especialmente estimulante. Fue allí donde nuestra amistad vitalicia se afianzó, creció y se consolidó para continuar de regreso en casa para el resto de nuestras vidas, algo que no siempre sucedió con muchos otros compatriotas que conocí en mis tres años en Cambridge y otros tres en Urbana. Hay una razón para ello. José Luis de Segovia tiene una rara cualidad difícil de encontrar en sociedades como la nuestra. La cultura occidental es individualista. Descartes dijo: Pienso, luego existo. La cultura oriental es colectivista. Confucio sostenía: Un sujeto individual no puede existir plenamente en su aislamiento. Pero un individuo únicamente puede alcanzar la forma suprema de existencia cuando logra separarse y distinguir mentalmente entre él mismo y su contexto. Y José Luis sabe cuándo es el momento de ser cartesiano —en el laboratorio— y cuándo es el momento de ser confuciano —en la vida cotidiana—. Se esfuerza incansablemente por hacer la vida agradable a los demás.

Pero volvamos a Urbana. El placer de investigar en un entorno así no necesita más comentarios, pero también la vida en general era muy agradable en un lugar donde todo era fácil y accesible. También fue una experiencia bastante diferente para nosotros y nuestras familias. Estábamos fundando nuestras familias, niños incluidos. Criar hijos y trabajar eran las únicas cosas que uno podía hacer en Urbana y, además de cultivar algunas nuevas amistades entre nuestros compañeros, era todo lo que necesitábamos para ser felices.

En cuanto al trabajo en el laboratorio, Dan Alpert siempre estuvo muy satisfecho con la labor que José Luis estaba realizando. Pero un día le llegó una carta de Madrid que le molestó. José Luis había pedido permiso para quedarse un segundo año, pero alguien sabiamente negó el permiso y ordenó que regresara a casa al final del primer año. Alpert estaba muy disgustado. Me dijo que, al ver lo bien que lo estaba haciendo José Luis, había gastado una parte sustancial de su presupuesto comprando nuevos equipos con los que había planeado experimentos interesantes, y ahora Madrid le estaba arruinando las perspectivas para el segundo año, que tan provechoso esperaba que fuera. Entonces le dije: escribes una carta a Madrid diciéndoles exactamente lo que me acabas de decir y no te dirán que no a ti.

Y así fue. José Luis pasó un segundo año en Urbana exprimiendo el fruto de todo el esfuerzo del primer año, para el deleite de todos nosotros, incluidos algunos nuevos amigos que había hecho en su entorno. Si se toma esto como mi pequeña contribución a la ciencia del ultra alto vacío, no me sentiré ofendido.

Una noche estábamos cenando con los Segovia, y cuando Rosi trajo una ensalada a la mesa, Carmen dijo:

—Ya veo, usas repollo para hacer la ensalada.

Entonces José Luis, con ese entusiasmo que siente un marido cuando se reivindica delante de su mujer, exclamó con una euforia incontenible:

—¡Ya ves, Rosi, ya ves! Te lo dije, te dije todo el tiempo que harías la ensalada con repollo, no con lechuga.

Rosi también tenía una justificación convincente:

—Una de las primeras cosas que me contó Carmen sobre las compras en los supermercados americanos fue que aquí todo es muy grande, y en los supermercados locales lo que encuentras son lechugas grandes y redondas como coles.

De hecho, todo allí era grande. Grandes casas, grandes coches, grandes presupuestos, grandes salarios y... grandes lechugas.

La vida no es solo una sucesión de momentos importantes, de ocasiones para triunfar o fracasar, para sentirse satisfecho o frustrado, ser feliz o infeliz. Algunas de estas pequeñas anécdotas también cuentan como parte del tejido de nuestras vidas. Con toda razón nuestro cerebro, más sabio que nosotros, selecciona algunas pequeñas anécdotas y las mantiene guardadas.

Pero comentemos lo que hizo José Luis a su vuelta a Madrid. En aquel instituto desolado fue absolutamente imposible continuar en esa fructífera línea de investigación iniciada en Urbana. No había equipo experimental de alto vacío en su laboratorio. Otros se habrían dado por vencidos y habrían optado por pasarse a otro campo o tratar de ganarse la vida en otra actividad, pero no hizo nada de lo fácil. Y fue entonces cuando comenzó su etapa admirable.

Pensó hacer algo que, como teórico incurable, considero que yo no habría hecho nunca. Decidió crear su propia tecnología de ultra alto vacío y toda la instrumentación que necesitaba. Una tarea a la que dedicó unos ocho años de su vida profesional. Un generoso regalo para sus seguidores y una muestra admirable de coraje y dedicación desinteresada. Crear un equipo de conocimiento científico avanzado no es la mejor manera de promover la propia carrera, cuando los administradores de la ciencia se concentran solo en las estadísticas de publicación. El proverbio americano dice: «No puedes comer tu pastel y tenerlo también».

No se pueden escribir muchos artículos de investigación para agregar a la cuenta aritmética, que es lo único que nuestros administradores de la ciencia son capaces de discernir, si estás absorbido por el esfuerzo de reunir un equipo científico avanzado, y José Luis lo hizo durante ocho años. En este período diseñó y desarrolló:

- Bombas de difusión de aceite del tipo horizontal Hickman con un vacío final de 10^{-12} mbar.
- Medición de muy bajas presiones. El 15 de enero de 1964 llegó por primera vez a una presión de 3×10^{-12} mbar.
- Manómetros del tipo Bayard-Alpert capaces de medir hasta 10^{-13} mbar y rejillas de Au, Mo, Pt y W.
- Espectrómetros de masas del tipo omegatrón. En ese momento, eran espectrómetros de masas muy avanzados, capaces

de separar trece isótopos de xenón, de ^{124}Xe a ^{136}Xe, cuando en la comunidad internacional por lo general era posible separar hasta 50 amu (por ejemplo, Philips).
- Trampas de aceite.
- Sellos de vidrio a metal.
- Sistemas de ultra alto vacío en vidrio, fiables hasta 300 °C.

Esta tecnología abrió la siguiente etapa de desarrollo de sistemas metálicos. La comunicó a través de todos los diarios nacionales con el propósito de hacer consciente a la comunidad internacional de la importancia del ultra alto vacío, y de informar a todos sobre el camino para producirlo. Asimismo, con el fin de informar a otros laboratorios del Instituto de Investigaciones en Catálisis del Consejo Superior de Investigaciones Científicas, a la Universidad Autónoma de Madrid, a la Universidad de Barcelona, y también a algunos laboratorios industriales como High Vacuum Limited, Mac Leod y Telstar. Esto hizo posible construir el primer láser He-Ne en el ILTQ en 1964.

Durante este heroico período de ocho años, con el desarrollo de todas las tecnologías que acabamos de describir, fue posible desarrollar técnicas para:

- Desorción térmica controlada para el estudio de la adsorción-desorción de gases en superficies.
- Desorción estimulada por electrones, en la que José Luis fue pionero con el grupo de Urbana descubriendo su relevancia en el estudio de superficies e interacciones gas-superficie. Esto llevó, implícitamente, al diseño y construcción de un instrumento de desorción estimulada por electrones con el que fue posible realizar un importante estudio de la interacción de O_2 con W, y ampliar sus usos en la investigación de las interacciones de la superficie del gas, así como de la superficie misma.
- Desarrollo de la microscopía de emisión electrónica.
- Influencia de los gases adsorbidos en las rejillas de los manómetros en la medida de la presión, debida a la desorción de electrones en Au, Pt, Mo y W.

Siempre he envidiado la habilidad para manejar instrumentos; mucho más para construirlos. Para mí esto es magia, pero puedo entender perfectamente su importancia. En este caso, además, estoy impresionado por los logros de José Luis en este admirable período. Un período de coraje y generosa dedicación. Queda claro con lo anteriormente expuesto que, con su profundo conocimiento de las técnicas de vacío, fácilmente podría haber encontrado un trabajo bien remunerado incluso en la España de aquellos años, pero perseveró en su lucha cuesta arriba.

Nuestra amistad ha continuado —y se ha fortalecido año tras año— desde nuestro regreso a Madrid. Hoy es un placer y un privilegio para mí estar aquí y hacer mi contribución a esta reunión para rendirle el homenaje que tanto se merece. Muchos en su propio campo pueden haber hecho un mejor trabajo, pero no con sentimientos más profundos.

Y ahora, José Luis, sueña. Los sueños son más poderosos que la física. Los sueños pueden revertir el flujo del tiempo y, envueltos en una tenue niebla de dulce nostalgia, llevarnos a donde queramos.

Estamos hace más de medio siglo. Somos jóvenes. Es nuestra era de altas expectativas. Estamos criando nuestras familias y sentimos que tenemos una misión. Sabemos que será difícil, pero estamos decididos a superar todas las dificultades. Sentimos en nuestros huesos que lo lograremos. Sabemos que algún día, en algún lugar sobre el arcoíris, habrá algo de valor, y nuestras contribuciones, el resultado de nuestros trabajos, estarán allí.

Sueña, amigo mío, sueña…

FEDERICO GARCÍA MOLINER
PREMIO PRÍNCIPE DE ASTURIAS
DE INVESTIGACIÓN CIENTÍFICA Y TÉCNICA 1992
[PONENCIA EN LA *X REUNIÓN IBÉRICA DE VACÍO
Y SUS APLICACIONES (RIVA)*, CELEBRADA
EN BILBAO EN OCTUBRE DE 2017]

Recuerdo biográfico
de José Luis de Segovia

E L trabajo de José Luis de Segovia en tecnología del vacío, así como en ciencia de superficies abarca varias décadas, y representa una significativa contribución en estos campos: más de cuarenta y cinco proyectos mayores de investigación y desarrollo son el resultado de su labor, que deja por encima de las ciento cincuenta publicaciones en revistas, libros, capítulos de libros y patentes.

Nace en Madrid el 27 de julio de 1930, y obtiene el grado de bachiller en el Instituto Cervantes de Madrid en 1948. Completó su licenciatura y doctorado en Física en la Universidad Complutense de Madrid en 1957 y 1964, respectivamente. Sirvió como teniente en el Ejército del Aire entre 1950 y 1957, y se casó con Rosa García en diciembre de 1959.

Su carrera científica comienza en 1958 con el desarrollo en España del alto y ultra alto vacío en el Instituto de Física Aplicada Leonardo Torres Quevedo. José Luis y su supervisor doctoral, Cristóbal Martín Pérez, publicaron dos innovadores artículos sobre manómetros de conductividad térmica e instrumentos de medida de presión en ultra alto vacío. Durante este período disfruta también de una beca Fullbright, en el momento en que fue descubierta la desorción de iones estimulada por electrones. Esta circunstancia dio como resultado una serie de colaboraciones internacionales sobre desorción estimulada por electrones y ciencia de superficies de óxidos metálicos. En ellas participaron el Centro de Estudios Nucleares, en París, el Interdisciplinary Centre for Surface Science de las Universidades de Liverpool y Mánchester, con Malcolm Williams y conmigo mismo, el National Institute of Standards and Technology, con Ted Madey, y la Universidad de Tubinga, con Klaus Schierbaum.

José Luis desarrolló la mayor parte de su carrera en el Consejo Superior de Investigaciones Científicas (CSIC), en el centro de Madrid. En 1980 pasó a liderar la Comisión Consultiva de Investigación Científica y Técnica para llevar a cabo una exhaustiva revisión del *Estado de la física en España*. Tras la publicación de sus conclusiones, fue designado miembro del grupo consultivo del Ministerio de Industria y Energía español, y hasta 1995 colaboró en la creación del Sistema de Calibración Industrial auspiciado por este mismo ministerio.

La Sociedad Española del Vacío se creó en 1963, y se convirtió en sociedad independiente en 1968 bajo el nombre de Asociación Española de Vacío y sus Aplicaciones (ASEVA). Sus actividades se centraron en el Grupo de Física del Vacío del Instituto de Física aplicada del CSIC bajo el liderazgo de José Luis. Fue secretario de ASEVA durante diecisiete años, y presidente durante quince años. También fue presidente de IUVSTA (International Union for Vacuum Science, Technique, and Applications) durante tres años.

Era un entusiasta y magnífico organizador de conferencias, presidiendo los comités organizadores de más de veinte conferencias internacionales, entre las que se encuentran el Congreso Internacional de Vacío de Madrid, y la Conferencia Europea de Ciencia de Superficie de Salamanca.

En 1999 inició una serie de talleres y cursos de verano, principalmente en Ávila, sobre temas que incluían ciencia y tecnología de vacío, procesos de estimulación por electrones y ciencia de superficies de óxidos metálicos. Continuó con su trabajo en conferencias y su colaboración con la industria hasta que falleció en 2019.

Deja un destacable legado a través de los numerosos científicos, jóvenes o de larga trayectoria, a quienes animó en su trabajo y con quienes colaboró durante su permanencia en el CSIC, así como un exitoso desarrollo de su visión de la tecnología del vacío, tanto en España como en otros lugares.

Fue un apasionado de su trabajo en ciencia y tecnología del vacío, y dedicó gran parte de su tiempo al progreso de este campo de una manera u otra, aunque también tuvo tiempo para su familia. Como nota personal, debo decir que viví muy gratos momentos junto a José Luis, haciendo ciencia, organizando una conferencia o incluso disfrutando de un vaso de vino.

GEOFF THORNTON
THE LONDON CENTRE FOR NANOTECHNOLOGY

Noticia sobre José Luis de Segovia y su *Historia del vacío*

L A tecnología del vacío avanzó a un ritmo explosivo en la segunda mitad del siglo XX, que tuvo como consecuencia numerosas innovaciones en la producción y medida del vacío para la investigación y el desarrollo industrial.

La larga y muy activa vida científica de José Luis de Segovia coincidió con este rápido progreso de desarrollo e innovación. En los comienzos de este innovador período, los científicos que ejercían el liderazgo en este campo fundaron una Unión Internacional de Tecnología de Vacío y sus Aplicaciones. Ocurrió en Namur, Francia, en 1958, y España formó parte de ella, y con España José Luis de Segovia. Fue primero consejero y posteriormente presidente de la Unión entre 1989 y 1992. Como activo organizador de congresos, reuniones y talleres, entró en contacto con todos los líderes científicos de su tiempo. Su estancia en la Universidad de Illinois durante varios años consolidó su relación con los científicos estadounidenses que estaban trabajando en la vanguardia de la tecnología de vacío en aquel momento. Por esta vía tuvo acceso a información privilegiada sobre importantes nuevos inventos y una amplia red de comunicaciones privadas además de su personal e innovador trabajo. Estas circunstancias hacen de esta *Historia del vacío* escrita por José Luis de Segovia y que ahora se publica un libro único y de indudable interés.

MANFRED LEISCH
TECHNISCHE UNIVERSITÄT GRAZ

HISTORIA DEL
VACÍO

•

José Luis de Segovia

A mis muy queridos Rosa,
José Luis, Rosa Mari y Conchi

Introducción

*El vacío es la realidad
profunda de las cosas;
buscar el vacío en la
realidad aparente es
buscar su verdadera
esencia*

—*TAO TE CHING* (S. IV A. DE J. C.)

UNA buena parte del gran desarrollo experimentado por la ciencia y tecnología desde la época de los griegos ha girado en torno a una palabra que, en aquellos tiempos, producía *horror:* el *vacío.* Aristóteles (384-322 a. J. C.), en su estudio sobre la estructura de la materia, considera que esta es *continua;* es decir, no existen espacios *vacíos* en su constitución. Si no existe nada, no puede existir ni materia ni vida. De aquí su conclusión: la naturaleza aborrece el vacío. Lo sorprendente es que esta idea, apoyada por los escolásticos, permaneció hasta mediados del siglo XVII. Muchos matemáticos, físicos y filósofos, entre ellos Galileo y Descartes, participaron de ella.

A falta de un desarrollo de la ciencia tal como hoy la conocemos, donde se han descubierto leyes que permiten explicar los fenómenos de la naturaleza (ley de gravitación universal, principios de la termodinámica, teoría de los *cuanta,* teoría electromagnética, etc.), la ingeniería tuvo un desarrollo basado en el empirismo. El mejor ejemplo fue la escuela de Alejandría: Ctesibio, Filón y Herón desarrollaron ingenios mecánicos que daban clara indicación de la existencia del vacío o presiones por debajo de la atmosférica.

Fue a partir de Torricelli cuando el ingenio llevaba aparejada la explicación del fenómeno, como demostró en su experimento de la columna de mercurio. A partir de este momento, gran parte de los experimentos se desarrollaron utilizando el vidrio. De una parte, por su facilidad para moldearlo y, de otra, porque permitía la visualización. Muchas veces era el propio investigador el que realizaba la labor del soplado del vidrio, pero ante la demanda creciente surgió la figura del soplador de vidrio científico, que tanto ha contribuido al desarrollo de la ciencia; por ejemplo, al descubrimiento de los fenómenos de descarga en gases, el del electrón (J. J. Thomson, 1894), el de la lámpara de incandescencia (Edison), el del tubo de rayos X (Roentgen, 1895), el de las válvulas diodo y triodo (Lee de Forest), el de la espectroscopia de electrones secundarios (Auger) o la paridad del electrón (Yang y Lee). Descubrimientos que fueron posibles gracias al desarrollo de la ciencia y técnica del vacío, y a la posibilidad de realizar complejos dispositivos en vidrio: bombas de difusión, manómetros, espectrómetros y válvulas electrónicas. Estos han sido unos pocos ejemplos de la trascendencia derivada de la utilización del vacío en el desarrollo de la ciencia, especialmente en los campos de la física y química y tecnologías diversas.

En los capítulos siguientes de este libro presentamos el desarrollo de la ciencia y tecnología del vacío, que representa, también, un reconocimiento a los pacientes sopladores de vidrio científico que, con su destreza y conocimiento, hicieron posibles muchos de estos descubrimientos. Deseo, muy especialmente, rendir homenaje, en primer lugar, a D. Antonio Prieto, excelente maestro soplador que realizó su labor inicialmente en el Instituto Rocasolano y, más tarde, en 1946, en el taller de soplado de vidrio del Instituto de Física Aplicada Leonardo Torres Quevedo, donde iniciamos el desarrollo de la tecnología de ultra alto vacío en 1958. Más tarde, se unieron D. Antonio Elvira y D. Luis Meco, con quienes continuamos la tecnología del vacío y desarrollamos las uniones vidrio-metal. A partir de 1964, el metal sustituyó al vidrio en la construcción de los sistemas de vacío, pero se inició y multiplicó la utilización de uniones.

De Grecia a la Edad Media

Nada existe, aparte de átomos y el vacío

—DEMÓCRITO

La antigua Grecia
y la escuela de Alejandría

LA primera noticia que tenemos acerca del vacío como espacio real que no contiene nada procede de la escuela de Abdera. Demócrito de Abdera (460 a 400 a. de J. C.), uno de los filósofos más lúcidos de la antigua Grecia, con la experiencia adquirida en sus numerosos viajes a Egipto, Persia y la India, estableció la existencia del *vacío*.[1] El razonamiento sobre la estructura de la materia se concretaba en la idea de que, al dividirla, lo que se hace es eliminar los espacios vacíos existentes entre sus partículas. Si fuera posible revelar todos estos espacios vacíos, los fragmentos resultantes dejarían de ser divisibles. A estos fragmentos indivisibles les dio el nombre de *átomos,* lo que le llevó a concluir que el universo está formado por átomos. Esta idea tuvo gran repercusión, confirmada más tarde por Dalton (1766-1844), y ha permanecido hasta nuestros días.

Posteriormente, Aristóteles (384 a 322 a. de J. C.), la mayor autoridad del pensamiento occidental de la Edad Antigua, junto con su escuela, combatió las ideas de Demócrito no admitiendo la existencia del vacío. Asumían que la estructura de la materia era continua, en oposición a la idea de que existieran espacios vacíos en su estructura. En su estudio sobre el movimiento de los cuerpos, concluye que la velocidad adquirida por un cuerpo es inversamente proporcional a la resistencia del medio en que se desplaza; por tanto, si un cuerpo se moviera en el vacío alcanzaría una velocidad infinita. Esto le llevó a negar la existencia del vacío, aparte de que la vida sería imposible, lo cual es evidentemente cierto. No le fue fácil congeniar esta idea con el hecho de que los astros se mueven con velocidad constante, aun en el vacío interestelar; para ello, asumió la idea de que el universo y el espacio que nos rodea están ocupados por un tenue fluido que denominó *éter* (en griego αἰθήρ). Este razonamiento le condujo a la famosa expresión *la naturaleza aborrece el vacío* (en inglés *nature abhors a vacuum*, en griego ἡ φύσις ἀπεχθάνεται τὸ κενόν).[2]

La figura 1.1 muestra un grabado donde Aristóteles conversa con Alejandro Magno, a quien le gustaba conocer sobre filosofía y estructura del universo. Era tan grande el peso del gran pensador y su escuela que esta idea permaneció durante centurias hasta la llegada del Renacimiento, cuando el experimento conclusivo de Torricelli y otros investigadores la hizo caer, aunque relativamente, pues, como veremos, permaneció hasta comienzos del siglo xx.

Fueron el experimento de Michelson-Morley y la teoría de la relatividad de Einstein los que dieron fin a la controversia. Hasta el Renacimiento científico la mayor parte del conocimiento se basaba en la especulación filosófica, sin que el hecho experimental fuera motivo de gran preocupación como método que permitiera confirmar la teoría.

Después de la muerte de Aristóteles, siguió una época de tinieblas, la luz de Atenas se apaga y nace la de Alejandría y la era de los *ingenieros*. De esta época es quien puede considerarse el primer experimentalista y teórico: Arquímedes. Nacido en Siracusa (287 a 212 a. de J. C.) y asesinado por un soldado romano durante el asedio, aunque había orden de respetar su vida. Fue matemático y físico, y tuvo gran incidencia en el desarrollo de estas disciplinas. Sin embargo, es sorprendente el olvido en que cae su obra, no recuperado hasta que, en el Renacimiento, se desmontan la mayoría de los principios establecidos por Aristóteles. También sorprende que no dedicara parte de su gran inteligencia al estudio de la estructura de la materia y, en particular, al vacío. Su investigación se centró principalmente en la estática y la hidrostática.[3]

Aunque en esta época no se realizaron estudios sobre el vacío, importante es señalar a tres eminentes ingenieros que diseñaron instrumentos que podrían haber dado luz sobre la existencia del vacío o de la presión del aire. Los dos primeros fueron Ctesibio[4] y Filón, ambos del siglo III a. de J. C. Ctesibio construyó varios dispositivos mecánicos, como el órgano de agua y la bomba contra incendios, precursora de las primeras bombas de vacío. Entre otras de sus contribuciones, destaca el perfeccionamiento del reloj de agua o *clepsidra*. Consistía en un volumen de vidrio que se prolonga en un tubo que termina en un estrechamiento. En la parte inferior existe un recipiente que

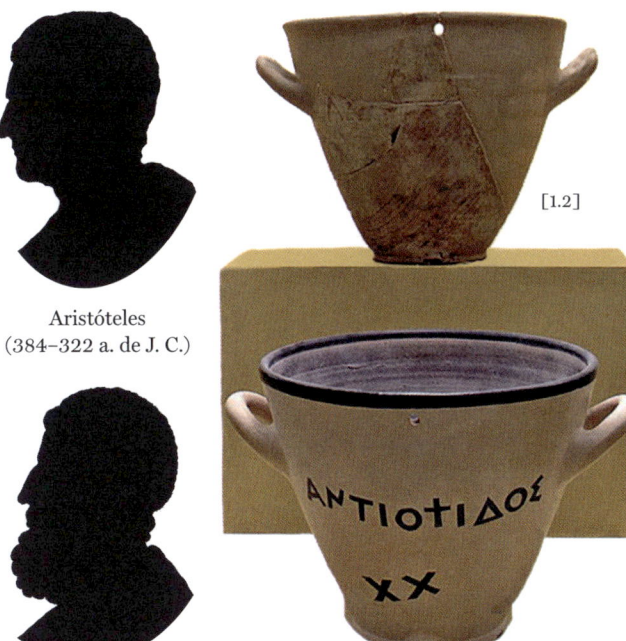

[1.1]

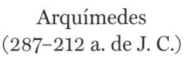

Aristóteles
(384–322 a. de J. C.)

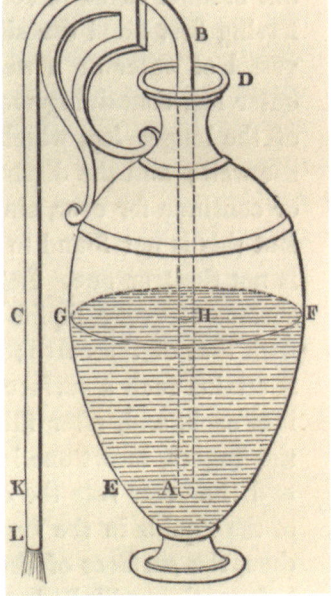

Arquímedes
(287–212 a. de J. C.)

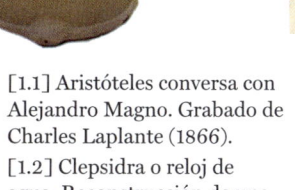

[1.2]

[1.3]

[1.1] Aristóteles conversa con Alejandro Magno. Grabado de Charles Laplante (1866).

[1.2] Clepsidra o reloj de agua. Reconstrucción de una clepsidra de barro original de finales del siglo v a. de J. C. Museo del Ágora de Atenas.

[1.3] Sifón según Herón de Alejandría.

recoge el agua que cae del volumen superior a través del tubo. Sobre el agua se encuentra un flotador solidario con una lámina dentada, que al subir el nivel del agua hace girar una rueda, también dentada, a la que se fija una aguja que se desplaza sobre una escala graduada.

La figura 1.2 muestra el grabado de una clepsidra de la época que, además de su función temporal, era una verdadera obra de arte. El estrechamiento del tubo superior fija la velocidad de caída del agua y, por tanto, la extensión del período de tiempo que se deseaba medir. Filón, quizá discípulo de Ctesibio, fue otro gran ingeniero cuya mayor contribución fue el descubrimiento del primer termómetro. Un bulbo terminado en un fino tubo se sumerge por su parte inferior en un recipiente con agua. Al calentarse el bulbo, el aire que contiene se dilata y burbujea a través del agua del recipiente inferior. El número de burbujas producidas se relaciona con la temperatura del bulbo, o sea, del ambiente. Es interesante señalar que al enfriarse el bulbo el agua ascendería por el tubo, observación que le podría haber llevado a establecer el comportamiento de los gases y el concepto de presión y, como consecuencia, el vacío.

Posteriormente, Herón de Alejandría (siglo I d. de J. C.)[5], que estudió la dilatación del aire por calentamiento, verificó que el aire comprimido se expande cuando deja de ejercerse presión. Basándose en estos principios, desarrolla una máquina de aire caliente para elevar el agua. Aunque niega, siguiendo a Aristóteles, la existencia del vacío, prueba que este puede realizarse mediante sus dispositivos de succión y la botella de derrame constante de agua. Desarrolló también la primera turbina de vapor para obtener trabajo. Desarrolla un sifón que permite extraer agua de un recipiente sin volcarlo, que se representa en la figura 1.3. Desafortunadamente, sus descubrimientos no tuvieron beneficio para la sociedad. Los dirigentes de una sociedad mayoritariamente formada por esclavos, mano de obra gratuita, no tenían ningún interés por estos dispositivos. Decenas y cientos de esclavos acarreaban agua sin costo a la altura o lugar necesarios.

A partir de aquí comienza la era de las sombras. Occidente se mantiene en la idea aristotélico-escolástica, y no surge ningún descubrimiento importante. El Imperio bizantino conserva los conocimientos de la Grecia antigua que son transmitidos a los árabes, cuya conquista de Oriente Medio, África del Norte y parte de Europa a través de España, Sicilia y el sur de Italia comienza en el año 622 con la aparición de Mahoma.

La Alta Edad Media

Aunque durante este período no se tiene conocimiento de contribuciones a la tecnología del vacío, es importante señalar el impacto de la cultura árabe en la Europa medieval, que, sin duda, fue fuente del desarrollo de la ciencia en el Renacimiento. Mucho se ha escrito sobre el impacto que en la ciencia y tecnología tuvo la dominación árabe, especialmente en dos focos culturales de gran importancia en la Europa medieval: Córdoba durante el califato de los Omeyas, y Siracusa en Sicilia. Fue notable la contribución al desarrollo de la medicina.

En esta disciplina cabe destacar la enciclopedia de Razhes (865-925), que fue traducida al latín, y más tarde la figura de Averroes (1126-1198), recopilador del conocimiento médico greco-árabe, traducido en el siglo XII por Gerardo de Cremona (1114-1187?).[6] En astronomía, se asumieron las ideas de los geógrafos griegos, especialmente de Eratóstenes (274-194 a. de J. C.)[7], sobre la redondez de la Tierra. Establecieron correctamente su circunferencia y desarrollaron tablas de latitud y longitud para situar los distintos lugares. Un inciso en este punto es de relevancia y orgullo para el autor: «Al visitar el museo dedicado a Kepler (1571-1630) en Cracovia, Polonia, pude contemplar los instrumentos que utilizó en sus observaciones y que fueron construidos en Córdoba».

También se importaron de China el *compás* o brújula, que se utilizó en la navegación (figura 1.4). Hay referencias de que el astrolabio se utilizó en la época de los griegos, pero parece que fue el astrónomo árabe Nastulus quien lo desarrolló por primera vez, hacia el año 927, para determinar la altura de los astros y del Sol. El original de este instrumento se encuentra en el Museo Nacional de Kuwait. La figura 1.5 muestra un modelo de la Edad Media.

[1.4]   [1.5]

[1.4] Brújula china (*ca.* 1760).
Museo Marítimo Nacional, Londres.
[1.5] Astrolabio andalusí. Toledo, 1067.

En el campo de la química, reconstruyeron los conocimientos del antiguo Egipto y su centro cultural, Alejandría, y expandieron su conocimiento a Europa con el nombre de *kīmiyā* o *kīmiyā'*, término que dio origen también a la voz castellana *alquimia* y sus equivalentes en otras lenguas europeas. La mayoría de los hallazgos fueron consecuencia de la búsqueda de la fórmula mágica para obtener oro partiendo de metales bajos. Fruto de esos trabajos fue el descubrimiento, entre otros, de los ácidos nítrico, sulfúrico e hidroclórico. También descubrieron el arte de destilar, oxidar y cristalizar, así como el de obtener alcohol.

Son notorios en el campo de la matemática la introducción del sistema decimal, la utilización del cero a la derecha de cifras significativas, y el empleo de los símbolos arábigo-hindúes en lugar de la más compleja notación grecorromana. Importaron y desarrollaron la producción de la pólvora. Impulsaron la industria textil, que rápidamente fue asimilada por Europa. Los nuevos alimentos entraron gradualmente en Europa a través de España y Sicilia; por ejemplo, el cultivo de arroz, así como los frutales de melocotón, cereza, albaricoque, etc., y la producción de la caña de azúcar. Rápidamente fueron incorporados a la dieta europea, sacándola de la monótona dieta de ajo y cebolla. En la enseñanza destaca la creación de las Universidades de Córdoba, Toledo y Sicilia.

En el campo de la mecánica no fueron muchos los desarrollos sobre la maquinaria ya realizados por griegos y romanos. Sin embargo, sobresalen las mejoras de la noria, elemento básico para el sistema de irrigación de los campos, y de los molinos de viento, de gran importancia en la molienda de los cereales.

Toda esta recapitulación de conocimientos antiguos, que fueron perfeccionados por los árabes y cristianos residentes en sus dominios, formó la base del conocimiento de la Europa medieval, fuente inestimable para el Renacimiento. Hay que decir que los árabes encontraron en España y Sicilia una población formada culturalmente por Roma, lo que proveía un magnífico sustrato para el desarrollo de las ideas y la civilización musulmanas, aparte de la no siempre asimilada religión.

Es digna de especial mención la labor desarrollada por la Escuela de Traductores de Toledo a partir del siglo XII, donde se tradujeron numerosos textos, incluidos tratados de astronomía y física, de amplia difusión en Occidente. Traducciones de las Sagradas Escrituras fueron fuente de estudio para santo Tomás de Aquino (1225-1274)[8].

REFERENCIAS ⎯⎯⎯⎯⎯

1. Russell, Bertrand. *A History of Western Philosophy.* Simon & Shuster, 1972.
2. Aristóteles. *Física* (trad. Guillermo R. de Echandía). Gredos, 1995. 3. Arquímedes. *Tratados* (trad. Paloma Ortiz García). Gredos, 2005-2009. 4. Farmer, Henry George. «The Organ of the Ancients». *Isis,* vol. 17, n.º 1, 1932, pp. 278-282. DOI: https://doi.org/10.1086/346652. 5. Herón de Alejandría. *Spiritalium liber* (trad. latina de Federico Commandino). Urbino, 1575. Versión en inglés: *The Pneumatics of Hero of Alexandria, from the Original Greek* (trad. Joseph George Greenwood). Londres, 1851. 6. O'Callaghan, Joseph F. *A History of Medieval Spain.* Cornell University Press, 1975. 7. Fuentes González, Pedro Pablo. «Ératosthène de Cyrène». *Dictionnaire des philosophes antiques* (ed. R. Goulet), vol. 3, 2000, pp. 188-236. Centre National de la Recherche Scientifique. URL: http://hdl.handle.net/10481/27536. 8. Forment, Eudaldo. *Santo Tomás de Aquino. El oficio de sabio.* Ariel, 2007.

Renacimiento científico

Los científicos deben ser ante todo escépticos y no aceptar explicaciones que no se puedan probar por la observación y la experiencia

—ROGER BACON

La transición al Renacimiento: Edad Media

OCCIDENTE permanece en la oscuridad científica y solamente en el seno de iglesias y monasterios se acometen empresas intelectuales. La sombra de Aristóteles cubre todo pensamiento desde su lógica a la matemática y física. En la transición, la transmisión de la ciencia de griegos y árabes se produce de forma gradual comenzando en las Universidades de Bolonia, Salamanca, París, Oxford, Montpelier, ya asentadas, y comienza a separarse la filosofía de la teología.

En el siglo XIII aparecen dos figuras de excepción: Roger Bacon (1214-1294) y Pedro Peregrino. El primero afirma que «los científicos deben ser ante todo escépticos y no aceptar explicaciones que no se puedan probar por la observación y la experiencia». Fue estudiante de Oxford y contemporáneo de santo Tomás de Aquino (1225-1274), y realiza trabajos sobre la combustión, descubriendo que la llama desaparece en un recipiente cerrado, fenómeno que atribuye a la ausencia de aire. Afirma que en la combustión intervienen dos elementos: el aire y el combustible. No se desprende que observara que había una disminución de la cantidad de gas en el interior: menor presión. Consideró la teología como el último peldaño del conocimiento, y que la investigación solo podía confirmar los dogmas de la Iglesia.

La otra figura, Pedro Peregrino, se dedicó al magnetismo, y también se ocupa del estudio de la gravedad y del calor. Pero lo más importante de su contribución fue constatar las hipótesis con la experimentación, de gran trascendencia en el desarrollo del siglo XVII. Bacon conoce en París a Peregrino, quien en 1269 escribe al caballero Siger de Foucaucourt la epístola titulada *De magnete (Sobre el imán)*,[9] trabajo que fue citado por Bacon. De sus estudios solo queda constancia escrita en su carta a Bacon (1269), en la que describe sus experimentos sobre los imanes. Peregrino realiza un experimento fantástico en aquella época. Redujo una piedra imán a la forma de esfera, después

coloca sobre su superficie una serie de pequeñas agujas iman-
tadas, y observa, entre sorprendido y perplejo, como todas ellas
se orientan en líneas que convergen en el extremo superior e inferior: los polos del imán. Se le ocurre colocar la esfera sobre un
platillo flotante y, aproximando otra esfera imán, se da cuenta de
que en unos casos la esfera flotante se aleja y en otros es atraída,
descubriendo que polos del mismo signo se atraen mientras que
los contrarios se repelen. También construyó una brújula suspen-
diendo una aguja imantada sobre el extremo de un eje provisto
de una escala graduada, observando como la aguja se orienta según
una dirección determinada, y justificó el experimento afirmando
que los polos *celestes* se atraen. Parece que, después, descubrió la
declinación magnética, pero no describe la *inclinación magnética* o ángulo que forma la aguja magnética con el plano horizontal, que fue descubierta más tarde por Georg Hartmann en 1544.
Aunque ambos no experimentaron sobre el vacío, lo importante
es su forma de pensar, pues abandonan la escolástica y se basan
en el hecho experimental, actitud de gran trascendencia en el
Renacimiento científico.

En este momento el conocimiento se centra en la óptica y
en los fenómenos magnéticos. Como hemos indicado en el capítulo 1, las primeras noticias sobre la brújula se remontan al
año 1160 a. de J. C., procedentes de China, con el nombre de
balanza magnética. Este período parece que no dio más de sí
y no se tienen noticias de mayores estudios. Aunque es muy
interesante resaltar el desarrollo de la técnica de obtención del
vidrio plano por el francés Philippe de Cacquerai en 1330, y su
difusión y desarrollo posterior.

En el siglo xv no se encuentra ninguna contribución rele-
vante a la ciencia, excepto el gran descubrimiento de la imprenta en 1437 por Johannes Gensfleisch zur Laden, conocido
como Gutenberg. Murió pobre y embargado el 4 de febrero de
1468, aunque antes había conseguido imprimir un calendario
en 1447 y una gramática latina en 1451. Es importante señalar
este hecho, pues coincide con un acontecimiento que, sin duda,
incidió notablemente en el Renacimiento científico. En 1453
ocurre la ocupación de Constantinopla por los turcos. Esto produjo la huida hacia Italia de muchos estudiosos que se llevaron
gran número de escritos científico-técnicos bizantinos, con las

obras de la mayoría de los pensadores griegos y la aportación del islam a la tecnología. Este hecho, junto con el descubrimiento de la imprenta y su difusión en Italia, dio lugar a la impresión de muchos libros técnicos que tuvieron gran influencia en las universidades.

Otro estudioso que sigue las ideas de Arquímedes, con preferencia sobre las de los peripatéticos, fue Simon Stevin (1548-1620), nacido en Brujas, que cultivó la estática. Su principal ocupación era la construcción de diques, lo que requería el diseño y construcción de máquinas capaces de elevar cargas pesadas. También cayó en la tentación de desarrollar el *móvil perpetuo*, y se ignora cuántos modelos diseñó. Es famoso su experimento de las cadenas sobre un plano inclinado. Tomó un plano en forma de triángulo rectángulo de lados desiguales, con la hipotenusa horizontal y soportado en un brazo vertical. Rodeó los lados desiguales con una cadena cerrada y razonó de la siguiente manera: puesto que el lado más largo contiene mayor número de eslabones, la cadena debería desplazarse a lo largo de ese lado. Como consecuencia, más eslabones ascenderían por el lado más corto alimentado de eslabones al lado mayor, y así sucesivamente, produciendo, en definitiva, un movimiento continuo de la cadena. El resultado fue naturalmente que la cadena permaneció en reposo. Este experimento fallido le sirvió para enunciar la ley del plano inclinado: *El peso de los eslabones ejerce menos fuerza cuanto menor es la inclinación del plano*. La figura 2.1 reproduce la portada de su libro sobre estática. Enunció el principio del desplazamiento virtual y propuso que tanto los cuerpos livianos como los pesados caen con la misma velocidad (1586). Una contribución muy importante fue su enunciado sobre «la fuerza ejercida por un líquido sobre su base, que es igual al peso de la columna de líquido desde la base hasta la superficie libre y no depende de la forma del recipiente».[10] Sin duda este principio debió de tener gran repercusión en los trabajos tanto de Galileo como de Torricelli y Pascal.

Otro investigador importante fue el inglés William Gilbert (1544-1603), que experimentó sobre el magnetismo y la electricidad. Descubrió que, poniendo armaduras a los imanes, refuerzan su acción, y que la inducción magnética es responsable del magnetismo permanente que le confiere al acero.

El vidrio
y la técnica del soplado

Precursor de los grandes descubrimientos en relación con el vacío fue la disponibilidad de tubos y bulbos de vidrio, lo que requería dominar la técnica del soplado de vidrio. Anterior a la obtención de tubos fue la obtención del vidrio plano ya mencionada. En el siglo XII los artesanos del vidrio alemanes desarrollan la técnica de obtener vidrio plano. Partiendo de una bola suspendida de la caña de soplado, y mantenida verticalmente con el vidrio todavía a alta temperatura y gran viscosidad, por efecto de la gravedad se iba alargando en forma de cilindro hasta llegar a los 3 m de longitud y un diámetro de 45 cm. Con el vidrio todavía caliente se cortaban los extremos y el cilindro resultante se cortaba longitudinalmente. Por estiramiento de los dos bordes, se formaba una lámina de vidrio plana. Es posible que la formación de estos cilindros fuera el comienzo de la realización de tubos de vidrio.

El centro de los trabajos en vidrio recayó en Venecia, donde se crea una verdadera industria, y se convierte en el centro de manufactura y trabajo del vidrio de toda la Europa occidental. A finales del siglo XIII la industria del vidrio ocupaba a unos ocho mil trabajadores. Venecia publicó leyes de protección a la industria del vidrio. Por esos años, y debido al peligro que representaba la gran profusión de hornos y los frecuentes incendios que ocasionaban, se trasladó toda la industria a la isla de Murano, donde permanece hasta nuestros días. Pero hemos de describir el trabajo de un sacerdote, Antonio Neri (1576-1614), hijo de un médico y ordenado en la Iglesia católica. Recogió toda la tecnología de fabricación y trabajo del vidrio en una obra titulada *El arte del vidrio,* cuya portada se presenta en la figura 2.2. Del libro se publicaron tres ediciones: la primera en Florencia en 1612, la segunda también en Florencia en 1662, y la tercera en Milán en 1817. Esta obra se extendió por toda Europa, siendo la base del conocimiento y práctica de la industria del vidrio por casi dos centurias.

La importancia y trascendencia de la disponibilidad de tubos de vidrio de cierta longitud y diámetro uniformes fue crucial para el descubrimiento del vacío, el desarrollo de los barómetros y los experimentos sobre el comportamiento de gases. Como veremos más adelante, Magni en sus investigaciones estaba obligado a utilizar tubos de madera y se quejaba de la falta de sopladores de vidrio en Varsovia, hasta que llegó uno procedente de Venecia y pudo prepararle tubos de vidrio.

En la segunda mitad del siglo xv aparece la excepcional figura de Leonardo da Vinci (1452-1519). Hombre polifacético que profundiza en el estudio de la pintura, escultura, arquitectura, ingeniería, física y biología, pudiendo decirse que asimiló toda la ciencia que se conocía hasta ese momento. Hasta hace relativamente poco tiempo no se descubrieron sus manuscritos, que legó a su discípulo Francesco Melzi. Describe innumerables artefactos y máquinas, admirablemente ilustrados, que podrían ser técnicamente realizables. Aquí sigue las enseñanzas de Arquímedes. Realizó un descubrimiento que tendría un papel clave en el Renacimiento científico: la construcción de tubos de vidrio, pues permitía observar lo que ocurría en su interior. Basado en la técnica desarrollada por Cacquerai en 1330 de la fabricación del vidrio plano, desarrolla la técnica de obtención del tubo de vidrio que, en principio, se utilizó para proteger y canalizar los humos de las lámparas de iluminación. Descubre el fenómeno de la capilaridad, o sea, el ascenso que experimentan los líquidos en tubos delgados. Más tarde desarrolló un higrómetro. También hay que reseñar que dedicó gran parte de su tiempo al desarrollo de máquinas que produjeran trabajo sin consumir energía: *el móvil perpetuo.* Desdichadamente, la gran mayoría de sus descubrimientos no se llevaron a la práctica, eran demasiado futuristas para la mentalidad de la época. Parece que los trabajos de Leonardo da Vinci fueron conocidos por el matemático Gerolamo Cardano (1501-1576), pues su teoría de la palanca contiene ideas de Leonardo.

Otro matemático que se benefició de las ideas de Leonardo da Vinci fue Niccolò Fontana Tartaglia (1499-1577), que estudió el movimiento de los cuerpos y, aunque con premisas erróneas, dedujo el movimiento parabólico. Otro matemático, Giambattista Benedetti (1530-1590), es mucho más crítico con la teoría aristotélica del movimiento de los cuerpos, pues, en contra de la teoría de Aristóteles, niega que el aire fuera la causa del movimiento acelerado de caída de los cuerpos. Afirmaba que el aire, más que beneficiar el movimiento, lo retardaba.

Existen dos predecesores sobre la teoría de la materialidad del aire. Isaac Beckman (1588-1637), hábil experimentador, que en 1626 determina la relación entre la presión y un volumen determinado de aire. Más tarde rechaza la teoría del *horror vacui*, reconociendo que era la presión del aire la causa del equilibrio de la columna de agua. Jean Rey (1583-1645), graduado en Medicina por la Universidad de Montpelier, realiza estudios sobre la combustión, y en 1630 publica el resultado de sus experimentos en *Ensayo sobre la causa del aumento de peso del estaño y plomo*. Atribuye el peso del plomo y estaño durante la combustión al peso del aire.

Todos estos investigadores y experimentadores del siglo XVI abrieron el camino hacia el Renacimiento científico y evidenciaron algunos de los errores de la teoría de Aristóteles. Este proceso dio su pleno fruto en el siglo XVII, el siglo de las luces de la ciencia, especialmente la del vacío, máxima preocupación de todo el siglo, y en el que se estableció el concepto de presión atmosférica y se inició el desarrollo de los barómetros, de tanta trascendencia en la predicción del tiempo y, muy especialmente, para la navegación, principal medio de transporte de mercancías y de personas.

El Renacimiento científico

Galileo Galilei (1564-1642)

A finales del siglo XVI y comienzos del XVII tiene lugar la verdadera revolución de la ciencia, debida principalmente a los trabajos de Galileo. No entra en el marco de este libro un análisis y descripción de su obra, y los problemas y sinsabores que sus descubrimientos le plantearon ante la Iglesia con su teoría *heliocéntrica* (la Tierra es la que se mueve alrededor del Sol), en aparente contradicción con las Sagradas Escrituras. Lo que pone en relación al autor con la historia del concepto de vacío es su empeño en dar preeminencia a las evidencias experimentales que, sin duda,

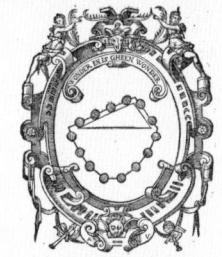

MEMOIRES MATHEMA-TIQVES,

Contenant ce en quoy s'eft exercé

LE TRES-ILLVSTRE, TRES-excellent Prince & Seigneur MAVRICE Prince d'Orange,
Conte de Naflau, Catzenellenboghen, Vianden, Moers, &c.
Marquis de la Vere, & Vliflingues, &c. Seigneur de la Ville de Grave,
& du Païs de Cuyck, Sainct Vyt, Daesburch, &c. Gouverneur
de Gueldres, Hollande, Zeelande, Weftrife, Zutphen,
Vtrecht, Overyffel, &c. Chef General de l'armée
des Provinces unies du Païs bas, Admiral
general de la Mer, &c.

Defcrit premierement en Bas Alleman par SIMON STEVIN de Bruges,
translaté en François par IEAN TVNING, Licentié és Loix, & Secretaire
de Monfigneur le PRINCE HENRY, Conte de Naffau, &c.

A LEYDE,
Chez Ian Paedts Iacobsz. Marchand Libraire,
& Maiftre Imprimeur de l'Vniverfité de ladite Ville.
L'An ꜩ. Iꜩ. c. VIII.

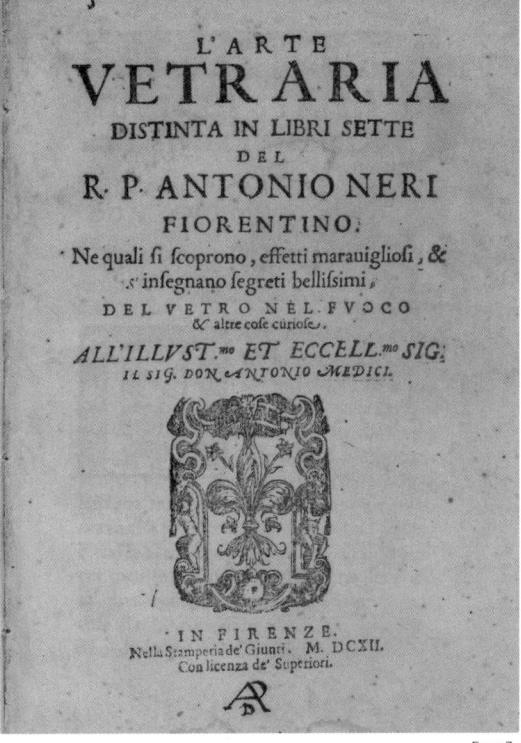

L'ARTE VETRARIA
DISTINTA IN LIBRI SETTE
DEL
R. P. ANTONIO NERI
FIORENTINO.
Ne quali fi fcoprono, effetti marauigliofi, &
s'infegnano fegreti belliffimi,
DEL VETRO NEL FVOCO
& altre cofe curiofe.
ALL'ILLVST.mo ET ECCELL.mo SIG.
IL SIG. DON ANTONIO MEDICI.

IN FIRENZE.
Nella Stamperia de' Giunti. M. DCXII.
Con licenza de' Superiori.

[2.1]

[2.2]

Galileo Galilei (1564-1642)

DISCORSI E DIMOSTRAZIONI
MATEMATICHE,
intorno à due nuoue fcienze
Attenenti alla
MECANICA & i MOVIMENTI LOCALI,
del Signor
GALILEO GALILEI LINCEO,
Filofofo e Matematico primario del Sereniffimo
Grand Duca di Tofcana.

Con vna Appendice del centro di grauità d'alcuni Solidi.

IN LEIDA,
Appreffo gli Elfevirii. M. D. C. XXXVIII.

[2.1] Portada del libro de Stevin, publicado
por Jan Paedts Jacobsz. Leyden, 1608.
[2.2] Portada de *L'arte vetraria*.
[2.3] Portada de los *Discorsi* de Galileo.

[2.3]

refutaban categóricamente las teorías de Aristóteles, aunque, paradójicamente, no creía en el vacío como ausencia de materia.

El cuadro de abajo muestra las discrepancias entre Aristóteles y Galileo. Este no pretendía minusvalorar el genio de Aristóteles, del que era un encendido admirador por la magnitud y universalidad de su obra. Lo que deseaba demostrar era que la ciencia no es un libro cerrado, con dogmas inalterables en el tiempo. Así entramos en una serie de experimentos sobre la caída de los cuerpos en los que el aire desempeña un papel importante, frenando a los ligeros y acelerando a los pesados. La gran diferencia con Aristóteles es que, mientras Galileo se basa en la demostración experimental, Aristóteles se basaba en la pura especulación. Basándose en el hecho experimental, demuestra que el aire es pesado; aunque Aristóteles reconocía que una vejiga llena de aire pesa más, Tolomeo (85-165)[11] afirmaba que pesaba menos, y Simplicio (490-560)[12] ya vislumbra que

DISCREPANCIAS ENTRE ARISTÓTELES Y GALILEO

ARISTÓTELES	GALILEO
1. Los cuerpos caen en el vacío con velocidad constante.	**1.** Los cuerpos caen en el vacío con movimiento acelerado.
2. El aire que se cierra detrás del cuerpo en movimiento es la causa del aumento de velocidad.	**2.** El aire es responsable de la disminución de velocidad.
3. Los cuerpos caen con velocidad proporcional a su peso.	**3.** La velocidad de caída es independiente de su peso.
4. La velocidad de caída es directamente proporcional al espacio recorrido.	**4.** La velocidad de caída es directamente proporcional al tiempo transcurrido.
5. Los cuerpos se mueven obedeciendo a una fuerza impulsora constante.	**5.** El cuerpo se mantiene en movimiento por sí mismo. La fuerza solo cambia el movimiento existente (inercia).
6. El vacío no existe. El espacio está lleno de un medio material: el éter.	**6.** El vacío está lleno de un tenue fluido que ejerce una fuerza atractiva sobre la materia: columna de mercurio.

puede existir el vacío, es decir, la ausencia de aire (aunque asume la presencia de un medio sutil y ligero: el *éter*).

En definitiva, Galileo, mediante el método experimental meticuloso y preciso, desmonta las teorías aristotélicas. Ya intuye que puede existir el vacío. Es decir, ausencia de aire.

Admite, no obstante, la presencia de un medio sutil y ligero, el éter, pues de otra forma los planetas se verían frenados en su movimiento, y por el hecho de que esferas huecas realizadas con materiales de diferentes densidades caen con la misma velocidad, ya que ofrecen la misma resistencia. Así, en este tiempo, queda abierto el camino hacia la existencia del vacío como ausencia de aire. Aunque Galileo había pesado el aire y también conocía que en los tubos de aspiración de las bombas el agua no superaba nunca la altura de dieciocho varas (aproximadamente 10 m), no se le ocurrió relacionar estos dos hechos con la presión del aire. Fiel partidario de la doctrina de Aristóteles *(la naturaleza aborrece el vacío, horror vacui)*, no supo ver la explicación del fenómeno y, aunque pesó el aire, determinó la altura máxima del sifón y su equilibrio mediante la presión atmosférica, no aceptó, como hemos indicado, la existencia del vacío. Sus trabajos fueron publicados en sus *Discorsi* (1637), cuya portada se reproduce en la figura 2.3.[13]

Giovanni Battista Baliani (1582-1666)

Giovanni Battista Baliani, en julio de 1630, construye el sifón de Génova con el fin de trasvasar agua del mar por encima de una colina de ochenta y cuatro palmos de altura (aproximadamente 22,4 m) sobre Génova, y observó que las bombas de aspiración no eran capaces de hacer que la columna de agua superara la altura de treinta y cuatro pies (unos 10,5 m). También observó que el sifón (utilizado por los egipcios ya en el año 1500 a. de J. C. para elevar el agua) no funcionaba a alturas superiores a esa medida. La figura 2.4 muestra su dibujo del sifón de Génova. Escribió a Galileo dándole amplia información de sus experimentos del sifón.[14] Cuando se encuentra abierto en su parte inferior, con la parte superior cerrada, el agua escapa por todas partes, pero si un lado permanece cerrado y el otro abierto, el agua sale por la parte abierta. Asimismo, le informó de que el agua descendió, antes de alcanzar el equilibrio, hasta un punto fijo, fenómeno que le dejó *estupefacto*.

Galileo, defensor de la teoría de Aristóteles del vacío, y a pesar de haber pesado el aire como ya hemos indicado, le contestó en el sentido de que la potencia del vacío mantiene el agua elevada, pero a cierta altura la cantidad de agua era tan grande que la fuerza del vacío no podía mantenerla. Es decir, para Galileo el vacío era fuerza física propia, capaz de ejercer influencia sobre otros cuerpos. Mantiene la idea de la existencia del *vacío*, pero incongruentemente *lleno* de algo que podía ejercer fuerza mecánica. El vacío está formado por infinitas partículas indivisibles separadas por el vacío. Era como si la columna estuviera suspendida por una cuerda de la cual pendía la columna de agua, y se rompía al superar su resistencia.

Gasparo Berti (1600-1643)

Las ideas de Baliani y Galileo llegaron a Roma en 1638 e intrigaron a los sabios de la época, que no se contentaron con la explicación de Galileo. A Gasparo Berti le entusiasmaron de tal manera que decidió producir vacío por un método mejor que el del sifón.

Entre 1640 y 1643 estuvo implicado en el estudio de la altura alcanzada por el agua en un sifón, que Galileo había establecido en dieciocho brazas (unos 13 m). En el año 1641, Berti construyó un tubo de plomo de aproximadamente dieciocho brazas y en su final le acopló un tubo de vidrio con junta hermética (probablemente cuero humedecido). El tubo lo fijó a la pared de su casa como indica la figura 2.5. En su parte superior estaba provisto de una válvula, así como otra en su parte inferior que se sumergía en una cuba con agua. Desde la tercera planta de su casa podía llenar el tubo vertical con agua. Llenado el tubo, cerró la válvula superior y al abrir la inferior observó que el agua descendía hasta una altura que resultó ser exactamente de ¡treinta y cuatro pies! (unos 10 m), dejando un espacio en la parte superior que había estado en contacto con el aire, y que podría haberlo ocupado. Este hecho le sugirió la idea de la existencia

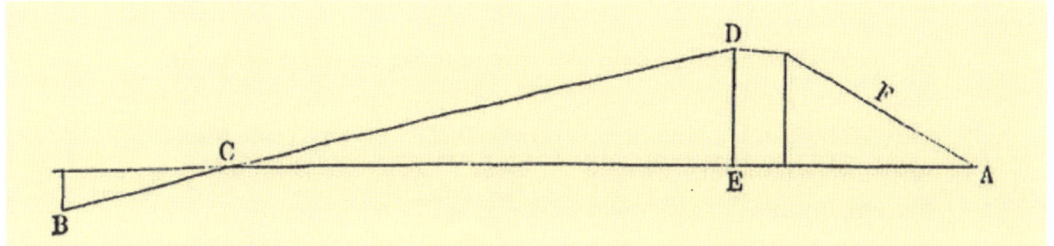

[2.4]

[2.5]

[2.6]

[2.4] Esquema de los dibujos de Baliani
sobre el sifón de Génova.
[2.5] Experimento de Berti para producir
vacío. Grabado de Gaspar Schott.
[2.6] Portada del libro de Athanasius Kircher.

de un espacio *vacío* en la parte superior. Hubo tres testigos de excepción: Raffaello Magiotti (1597-1656), Athanasius Kircher (1602-1680) y Gaspar Schott (1608-1666).[15] Otros historiadores dicen que fueron Emmanuel Maignan y el jesuita Niccolò Zucchi, además del mencionado Kircher.

Magiotti publicó en 1648 un trabajo sobre la resistencia del agua a la compresión,[16] y en carta a Mersenne en 1648 le hace relación del feliz período experimental, y le indica que había comunicado a Torricelli los experimentos realizados por Berti. Sugirió la utilización de agua del mar que por ser más densa alcanzaría una altura menor, lo que llevó a Torricelli a la utilización del mercurio, mucho más denso. Acerca de cómo el sonido no se transmite en el vacío, Kircher sugirió a Berti incorporar una campanilla en la parte superior que podía hacerse sonar mediante un pequeño imán. La figura 2.6 reproduce la portada de su publicación.[17] El experimento fracasó, pues se pudo percibir el sonido de la campanilla, lo cual demostraba que no existía un vacío en la parte superior. Años más tarde, Raffaello Magiotti recordó que durante el experimento había observado que ascendían burbujas de aire que podían reemplazar el vacío, y justificar el fracaso en la transmisión del sonido. Los aristotélicos no estaban dispuestos a abandonar su teoría y razonaron que, si la luz no se podía propagar en ausencia de materia, como entonces se creía, el espacio que dejaba el agua en la parte superior del tubo no podría ser atravesado por la luz y, efectivamente, lo hacía, luego no estaba *vacío*.

Evangelista Torricelli (1608-1647)

El aparente fracaso del experimento de Berti dejó plenamente satisfechos a los aristotélicos, pero no a un genio como Torricelli, discípulo de Galileo, a quien acompañó en sus últimos meses de vida. A raíz de la carta recibida de Raffaello Magiotti sobre el experimento de Berti, con la sugerencia de que utilizando agua del mar podía alcanzar una altura menor, razonó sobre la utilización de un líquido más pesado, inclinándose por el mercurio, unas trece veces más denso que el agua. Ya se habían realizado experimentos utilizando vino, y se vio que la altura alcanzada era mayor que la del agua, debido a su menor densidad.

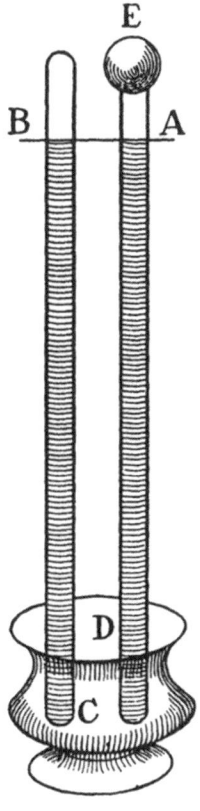

[2.7]

[2.8]

[2.9]

Evangelista Torricelli
(1608–1647)

[2.7], [2.8], [2.9]
Experimento
de Torricelli.

Con estos antecedentes, Torricelli en 1644 realizó el famoso experimento que dio lugar al desarrollo del barómetro y demostró la posibilidad de hacer vacío como ausencia de aire. Al utilizar mercurio, la altura alcanzada en el tubo debía ser unas trece veces menor, es decir, unos 2,4934 pies (76 cm) y, efectivamente, ¡fue! La figura 2.7 muestra el experimento de Torricelli. Utilizó un tubo de vidrio de pequeño diámetro cerrado por un extremo y de una altura de 1,20 m, tubo *CB*; invirtiéndolo, lo llenó totalmente de mercurio y lo sumergió en una cubeta, llena también con mercurio, con la parte abierta hacia abajo y tapada con el dedo. Al retirar el dedo, observó como la columna de mercurio descendía hasta los 76 cm, altura *B*. En un tubo similar, pero con el extremo tapado con un tapón, *E*, observó que la altura alcanzada era la misma que la del tubo cerrado. Al retirar el tapón *E*, el mercurio se derramó totalmente en la cubeta. Pero todavía realizó un nuevo experimento para rebatir la idea de Galileo de que el espacio aparentemente vacío ejercía una fuerza de atracción sobre la columna de mercurio.

El extremo del tubo estaba formado por un bulbo, *D*, de tal forma que el volumen total era mucho mayor que el de *B* (figura 2.8). Si era cierta la teoría de Galileo, el mercurio debería descender por encima del nivel *B*, pues la fuerza del *fluido* (el vacío) existente en el espacio vacío sería mayor. No ocurrió así, pues la altura fue la misma que en el tubo *CB*. Para Torricelli esta era la prueba definitiva, a la que Galileo no supo contestar, de la existencia de un espacio vacío en la parte superior del tubo, y que la columna de mercurio estaba equilibrada por la presión atmosférica que se ejercía sobre la superficie del mercurio situado en la cubeta.

Todavía realizó más experimentos. Observó que la altura de la columna se veía influida por la temperatura, y que, en días de sol y en calma, la columna alcanzaba una altura mayor que en los días de lluvia. Así, estableció el principio del barómetro, que tanta repercusión tuvo en la predicción del tiempo y en una mayor seguridad de la navegación. La figura 2.9 muestra la disposición de algunos experimentos, y puede observarse el instrumento que hoy denominamos *manómetro en U*. Sobre sus experimentos, Torricelli razonó de la siguiente forma (de la carta de Torricelli a Michelangelo Ricci):

Muchos dicen que el vacío no existe y otros admiten, no fácilmente, que sí, aun a pesar de la aversión con su naturaleza. No conozco ninguno que haya dicho que existe el vacío sin dificultad y sin resistencia a su naturaleza. Yo argumento así: si allí (el vacío) pudiera encontrarse una causa manifiesta de la cual deriva esa aversión, tal como se siente si probamos a hacer vacío, me parece tonto probar a atribuir al vacío aquellas operaciones, las cuales derivan, evidentemente, de otra causa. Así, realizando algunos fáciles cálculos, he encontrado que la causa encontrada por mí (esto es, el peso de la atmósfera) podría por sí misma ofrecer una mayor resistencia (fuerza) que cuando probamos hacer vacío.

Así, mientras Torricelli negaba que el vacío ejerciera una fuerza atractiva sobre la columna de agua o mercurio, los aristotélicos proponían las siguientes explicaciones para la no existencia del vacío: a) el agua producía alguna clase de *espíritu* o tenue vapor que llenaba el espacio vacío y b) el espacio se llenaba de la sustancia llamada *éter*, propuesta inicialmente por Aristóteles que, a través de los poros del vidrio, llenaba el espacio vacío —teoría sustentada, entre otros, por Descartes (1596-1650)—. En ambos casos —argüían— se ejercía una fuerza atractiva sobre la columna de líquido. Con estas hipótesis justificaban también el paso de la luz y del sonido a través del espacio que se suponía vacío.

La prueba de la no existencia del vacío, basada en la transmisión del sonido en el experimento realizado por Kircher (1602-1680), fue rebatida más tarde por Emmanuel Maignan (1601-1676) en el sentido de que la campana permanecía físicamente unida al exterior a través de los soportes, y el sonido podría trasmitirse a través de esos soportes. Respecto de la transmisión de la luz, asumía que estaba formada por una sustancia extremadamente tenue que podía atravesar fácilmente el vacío. Inadvertidamente se refiere a la teoría corpuscular de la luz, mucho más tarde propuesta por Newton (1643-1727), aunque no aceptada hasta el siglo XIX. Antes, la teoría de la luz que prevalecía era la teoría ondulatoria de Huygens (1629-1695).

Valeriano Magni (1586-1661)

Magni nació en Milán, pero desde pequeño vivió en Praga, ingresó en la orden de los capuchinos y adquirió gran reputación como orador. Fue un gran viajero, recorriendo la mayor parte de Europa por motivos religiosos, políticos y culturales. Fue enemigo de mantener la filosofía de Aristóteles en las universidades europeas, hasta el punto de rechazarle en términos *feroces (sic)* en su publicación *De atheismo Aristotelis* (1647),[18] calificándole de tirano. Desarrolló un nuevo sistema filosófico basado en la escuela platónica que constituyera una alternativa al *aristotelismo cristianizado,* sancionado en el Concilio de Trento e impartido por la hegemonía de los jesuitas en la educación de la Europa católica. Fue posiblemente esta controversia con las ideas de Aristóteles lo que le hizo experimentar con el vacío.

Tuvo conocimiento de los experimentos de Galileo y su teoría sobre el vacío con ocasión de la publicación de los *Discorsi* en 1636 en Moravia, con el patrocinio del cardenal Dietrichstein, que falleció antes de finalizar la tarea. Este manuscrito le llevó a realizar los experimentos de vacío con el fin de demostrar su existencia. Según la afirmación de Galileo de que la altura que podía alcanzar el agua en un tubo no podía superar las dieciocho brazas (aproximadamente 10,26 m), Magni pensó que en el caso de utilizar mercurio la altura sería 13,5 veces menor, debido a su mayor densidad. Es interesante relatar, aunque brevemente, la cronología de los experimentos de Magni, pues fue acusado de plagio quitándole toda originalidad a sus experimentos y, efectivamente, todo el crédito se le concedió a Torricelli.

En 1648 publicó su *Demonstratio ocularis*[19], en la que describe sus experimentos sobre el vacío (Torricelli en 1644), pero habrá que tener en cuenta el tiempo transcurrido desde su experimento hasta la publicación. Reconoce que leyó los *Discorsi* de Galileo, donde relata que no es posible elevar agua en un tubo a una altura superior a dieciocho brazas. Razonó que, si utilizaba mercurio, la altura sería de unas dos brazas (76 cm), debido a la diferencia entre las densidades del agua y del mercurio, aproximadamente 13,5:1. Se debió de sentir muy estimulado para la realización del experimento, pero no encontró en Varsovia ningún soplador de vidrio que pudiera preparar tubos que le permitieran visualizar el experimento sobre el que ya existía una gran disputa en el mundo, así que preparó tubos de madera. Realizó la demostración públicamente en la corte de Varsovia bajo el reinado de Wladislaus IV. Su decepción debió de ser grande al observar que la altura del mercurio no era la esperada y, además, variaba en los diferentes experimentos. Reconoció que la causa de estas variaciones se debía a la porosidad de la madera, que permitía el paso de aire en la parte superior al nivel del mercurio. Estos experimentos parece que los realizó unos ocho años antes (1639) de la publicación de su *Demonstratio ocularis*. Siguió tratando de construir los tubos de vidrio, y sus problemas terminaron cuando un experto soplador de vidrio de Venecia llegó a Varsovia. Este soplador le proporcionó tubos de diferentes diámetros y secciones, así como finalizados en bulbos. Con estos tubos ya pudo ver realizado su sueño de demostrar la existencia del vacío.

Inmediatamente, varios investigadores le calificaron de plagiario de los trabajos de Torricelli, realizados en 1644. Según los datos publicados por Magni, sus experimentos se realizaron entre 1639 y 1640. Como Magni visitó Italia entre 1644 y 1645, se le recrimina que pudo tener conocimiento de los trabajos de Torricelli. Pero alega que él nunca se reunió con Torricelli, no porque este no fuera famoso, sino que no era conocido de él. Aunque reconoció la prioridad del experimento de Torricelli, reiteró que él había preparado su propio plan para vencer la idea sobre la imposibilidad del vacío. Con el fin de probar su honestidad y la independencia de sus experimentos de los de Torricelli y, muy particularmente, sobre su teoría de la luz, preparó una demostración pública de sus experimentos y de los equipos utilizados. Entre el público de la corte de Varsovia se encontraba un interlocutor de Mersenne y el secretario de la reina. Preparó una exhibición del material utilizado: la balanza hidrostática, la colección de tubos de madera utilizados en sus fracasados experimentos, una copia de los *Discorsi* de Galileo y dos cartas de frailes eminentes de las órdenes de capuchinos y dominicos en Roma. Estos confirmaban que antes de la publicación de la *Demonstratio ocularis* nadie había oído hablar de experimentos sobre el vacío en Roma. Incluso dan a conocer la visita que, dos años antes, había realizado el padre Giovanni Battista de la Compañía de Jesús, que presenció los experimentos y su completa novedad.

En definitiva, de acuerdo con estas aportaciones se puede concluir que Magni no fue un plagiario, aunque se reconoció la primacía de los experimentos de Ricci-Torricelli. Esto suele ocurrir con alguna frecuencia en ciencia. Es evidente que sus experimentos tuvieron gran repercusión en Polonia, lo que indica la atención que a la investigación daba la corte de Varsovia.

Blaise Pascal (1623-1662)

Nació en Clermont-Ferrand y su padre le introduce en la disciplina de las matemáticas, además de estudiar filosofía. Dotado de gran talento, en 1632, a la edad de dieciséis años, publicó el ensayo sobre las figuras cónicas *Essai pour les coniques*. Afincado en París en 1631, estableció contacto con el grupo de Mersenne, donde los grandes temas filosóficos y científicos estaban en discusión. En ese ambiente se despierta su interés sobre el comportamiento y propiedades de los fluidos, demostrando que el aire tiene peso y definiendo la presión atmosférica.

Con el fin de probar, una vez más, que el peso del aire era el responsable del equilibrio de la columna de mercurio y, como consecuencia, probar la existencia del vacío, Pascal diseñó un excelente experimento, que propuso a los aristotélicos para probar la falsedad de la teoría del *vapor espirituoso*.[20] Realizó el experimento públicamente e invitó a los aristotélicos. Como era conocido y admitido que el vino era más *espirituoso* que el agua, propuso realizar el experimento utilizando vino, preguntando a los aristotélicos qué altura alcanzaría el vino: ¿sería mayor o menor que la del agua? (nótese que el vino es ligeramente menos denso que el agua). Inmediatamente los aristotélicos con una seguridad absoluta afirmaron que la altura sería menor; ¡pero fue mayor! Habrá que imaginarse la rechifla y la corrida que sufrieron los aristotélicos delante de todos los espectadores.

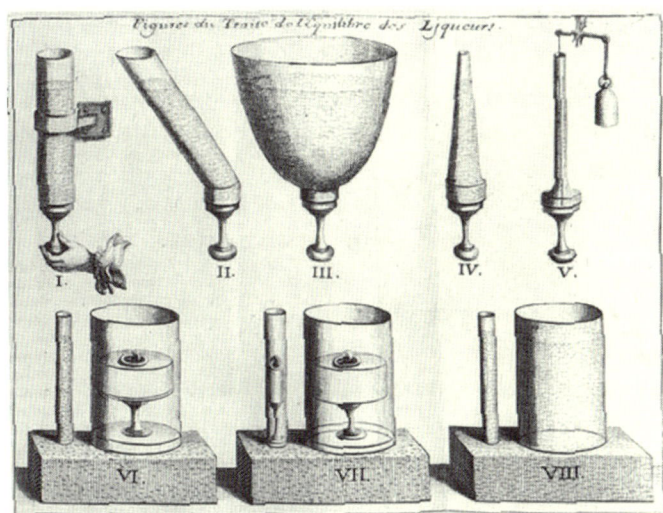

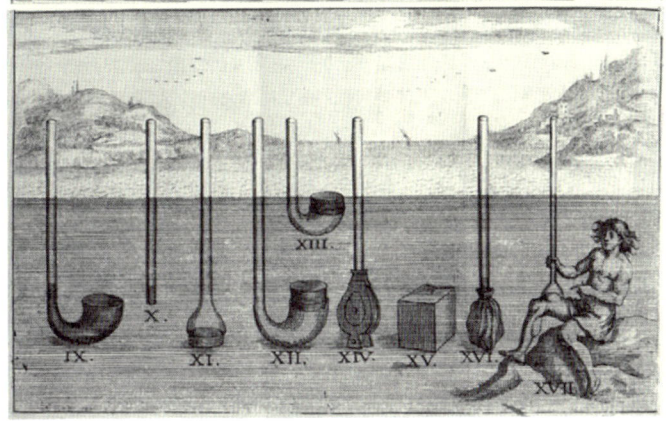

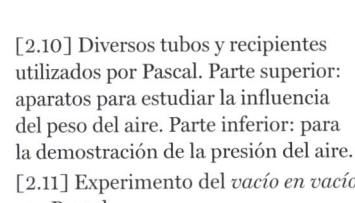

[2.10] Diversos tubos y recipientes utilizados por Pascal. Parte superior: aparatos para estudiar la influencia del peso del aire. Parte inferior: para la demostración de la presión del aire.

[2.11] Experimento del *vacío en vacío* por Pascal.

Blaise Pascal (1623-1662)

Para de rematar la faena y demostrar sin duda que el peso del aire es el responsable del equilibrio de la columna, propuso a su cuñado Florin Périer el siguiente experimento (1648), que en esencia consistía en repetir el experimento de Torricelli, pero a diferentes alturas (el enrarecimiento de la atmósfera con la altura era ya admitido), y le dice: «Toma una columna barométrica y determina su altura en la base de la elevada montaña francesa del Puy de Dôme (famosa por el Tour de Francia, donde nuestro inolvidable ciclista Bahamontes cosechó tantos triunfos), después, asciende a su cima y determina nuevamente la altura de la columna». El resultado fue que la columna disminuyó en 8,5 cm. Valor que coincide con la predicción de Pascal. Pero la contribución experimental de Pascal al conocimiento del vacío y su estructura fue muy extensa, en general basada en demostrar que la altura de la columna era consecuencia del peso del aire.

La figura 2.10 muestra diversos dispositivos diseñados para demostrar el peso del aire y la altura que la columna alcanza en condiciones diversas. En la parte superior muestra diversas columnas de formas distintas, para demostrar que la altura no dependía de la forma. La parte central corresponde a tubos que contienen aire o mercurio inmersos en agua. La parte inferior muestra diversos experimentos con la columna inmersa en agua.

Con la intención de confirmar el espacio vacío que deja la columna de mercurio ideó el experimento representado en la figura 2.11, llamado del *vacío en vacío,* donde se superponen dos columnas de mercurio. Al hacer el vacío, el mercurio asciende por la columna M y el resto permanece en vacío. Al introducir aire, el mercurio de la columna M se derrama en la cubeta, mientras que el mercurio del depósito B asciende hasta la altura de 76 cm, demostrando que el mercurio pasa a ocupar el espacio vacío en A. Hay que reconocer el ingenio e intuición de Pascal. Sus trabajos fueron publicados póstumamente en 1663.[21] Estos experimentos sacudieron fuertemente a los aristotélicos, aunque la disputa entre *plenistas* y *vacuistas* se prolongó hasta comienzos del siglo XX.

La Academia del Cimento

La Academia del Cimento fue fundada por el príncipe Leopoldo de Medici y el gran duque Fernando II en 1657. Su principal objetivo fue el de comprobar una serie de principios de la filosofía natural que hasta entonces habían sido aceptados exclusivamente por la autoridad de Aristóteles. Entre los miembros de la Academia figuran Vincenzo Viviani (1622-1703), Giovanni Alfonso Borelli (1608-1679) y Francesco Redi (1626-1697). El secretario era Lorenzo Magalotti.

La Academia se reunía ocasionalmente y su actividad concluyó en 1667. Sus trabajos fueron publicados en 1666[22] con el título de *Saggi di naturali esperienze fatte nell'Accademia del Cimento*, donde se describen los resultados de sus experimentos más importantes realizados en el transcurso de su existencia. El libro, profusamente ilustrado, tuvo un considerable éxito. En 1684 apareció la primera traducción al inglés, *Essays of Natural Experiments Made in the Academy del Cimento*, llevada a cabo por Richard Waller. En 1731, el científico neerlandés Pieter van Musschenbroek supervisó la edición latina *Tentamina experimentorum naturalium captorum in Academia del Cimento*. Entre las ediciones publicadas más tarde figura la promovida por V. Antinori para el Tercer Congreso de Científicos Italianos, que tuvo lugar en Florencia en 1841. Entre sus trabajos destacan los relativos a desmontar la teoría del *horror al vacío* de Aristóteles.

La figura 2.12 consta de tres grabados sobre la Academia del Cimento. El de la izquierda muestra un experimento para demostrar el paso de la luz a través del vacío y la evaporación del material en el interior de ese espacio, el vacío de Torricelli y la columna de mercurio. La energía del Sol es concentrada sobre el material mediante un espejo cóncavo. Fue un experimento bastante decisivo sobre la existencia del vacío en el volumen dejado por la columna de mercurio. En el centro figura la portada de la publicación de la Academia del Cimento. El grabado de la derecha representa una reunión de los miembros de la Academia, donde observan con gran interés diversos instrumentos experimentales.

Otro de los experimentos realizados en la Academia por Roberval aparece en la figura 2.13. Se efectuó con el fin de

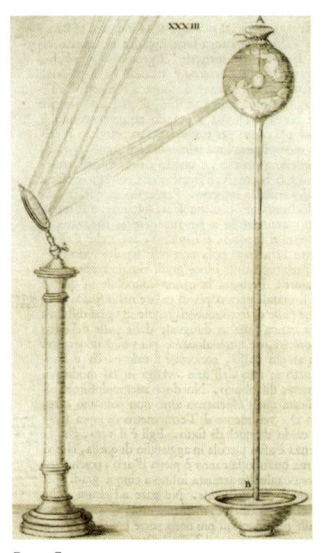
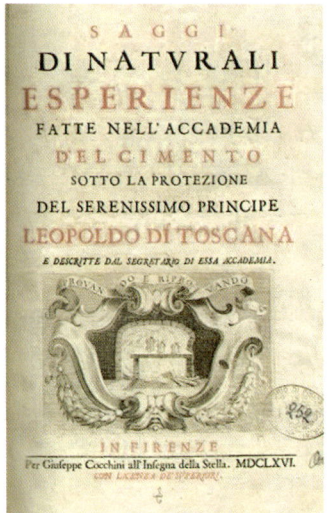

[2.12]

[2.12] Izquierda:
experimento para
demostrar el paso de la
luz a través del vacío y la
evaporación del material en
el interior. Centro: portada
de la publicación de la
Academia del Cimento.
Derecha: una sesión
de la Academia con sus
miembros observando
diversos instrumentos.

[2.13] Experimento de
Roberval para demostrar el
efecto de la presión del aire.

[2.14] Experimento del
vacío en vacío realizado en
la Academia del Cimento.

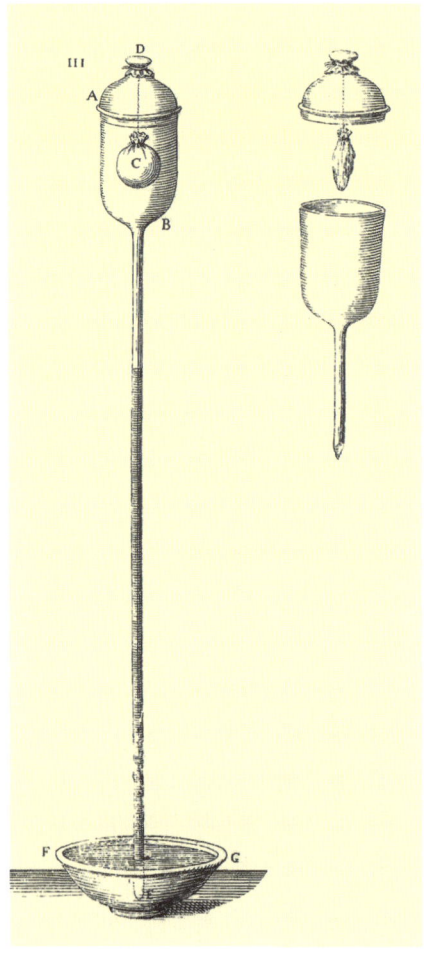

[2.13]

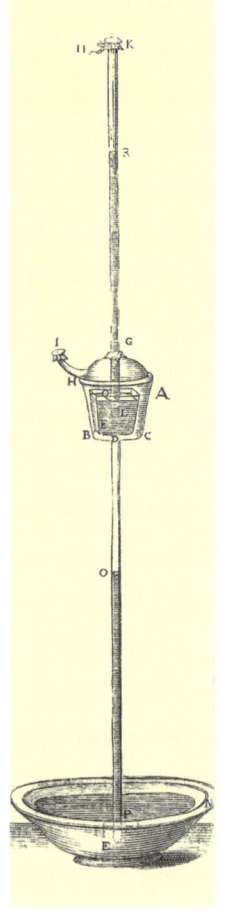

[2.14]

demostrar también la existencia del vacío y la acción del aire ejerciendo presión. En la parte superior se puede insertar una pequeña campana que contiene una vejiga flexible llena de aire a la presión atmosférica. La campana se ajusta a la parte superior de la columna y cierra herméticamente mediante una junta de cuero humedecida. Al hacer el vacío, la vejiga se hincha como consecuencia del aire contenido en su interior, al desaparecer el aire externo al producirse el vacío. Sin duda fue un experimento más para demostrar la existencia del vacío como ausencia de materia en su interior.

La Academia realizó muchos más experimentos entre los que sobresalieron la columna barométrica como medio de determinar la presión de la atmósfera y su aplicación a la predicción del tiempo. A pesar de estas evidencias, los *plenistas* no cedieron y siguieron considerando que el vacío contenía el fluido llamado *éter*.

Diversos experimentos para demostrar la ausencia de aire

Además de los trabajos descritos, otros investigadores contribuyeron con experimentos diversos realizados en vacío. Gilles Personne Roberval (1602-1675) diseñó el experimento que llamó *vacío en vacío*, y que se representa en el grabado de la figura 2.14, realizado en la Academia del Cimento. Este aparato fue el que permitió a Pascal realizar su experimento. Se trata de dos columnas de mercurio puestas una encima de la otra, pero de tal forma que la cubeta que recoge el mercurio, situada en la parte superior, se encuentra en el vacío producido por la columna inferior. Consistía en que, al hacer el vacío con la columna inferior, el mercurio de la columna superior descendía y se derramaba en la cubeta. De esta forma probaba que la presión atmosférica existente en la cubeta superior era la que mantenía la columna; en cuanto se hacía el vacío, la columna descendía.

Un interesante experimento, ideado con el fin de demostrar la hipótesis de Galileo de que todos los cuerpos caen en el vacío con la misma velocidad e independientemente de su masa, fue desarrollado por el físico francés Jean-Antoine Nollet (1700-1770). La figura 2.15 corresponde al grabado del aparato. En la columna de vidrio podía hacerse el vacío. En la parte superior colocó una pluma y una moneda de oro; hecho el vacío, ambos cayeron con la misma velocidad, y alcanzaron la base al mismo tiempo. Experimento similar fue realizado por el físico neerlandés Isaac Beeckman (1588-1637). Es interesante señalarlo, por la influencia que pudo tener sobre los trabajos de Boyle en su estudio sobre la relación entre presión y volumen de una determinada cantidad de gas. Observa que la presión crecía a una velocidad ligeramente mayor que la disminución de volumen. También hay que resaltar que refutó la explicación de que la altura de la columna de agua en las bombas se debiera a la teoría del *horror vacui*, es decir, a la presencia de un fluido etéreo, reconociendo que era debida a la presión ejercida por el aire (presión atmosférica).

Otro destacable experimento para demostrar que la presión atmosférica es la responsable de la altura alcanzada por la columna de mercurio fue realizado por Adrien Auzout (1622-1691). Mantuvo estrecha relación con los científicos franceses Roberval y Picard. En 1666 fue admitido en la Academia de Ciencias de París, pero en 1668 se trasladó definitivamente a Roma.

En 1647 realiza su experimento de *vacío en vacío* con el aparato que se representa en la figura 2.16. En forma similar a los de Roberval y Pascal, Auzout introdujo una columna de mercurio y su cubeta inferior en la parte superior del bulbo de otra columna de mercurio, columnas *B* y *F*. En el momento en que en la columna inferior se hacía el vacío, el mercurio de la columna superior descendía y llenaba la cubeta situada en su parte inferior. De la observación de la figura no se desprende fácilmente cómo realizaba el experimento. Con la salida *A* cerrada, llenaba de mercurio toda la columna *AFBD* y el bulbo superior con la salida *G* abierta para expulsión del aire durante el llenado. Estando completamente lleno con *G* y *F* cerrados, el mercurio descendería en las columnas *BF* y *E*, hasta la altura barométrica de 76 cm. Al abrir la válvula *G*, el mercurio de la columna *E* se derramaría en la cubeta inferior, al estar la parte superior a presión atmosférica, mientras que el mercurio de la columna *BF* permanecería a la misma altura, pues el mercurio de la cubeta

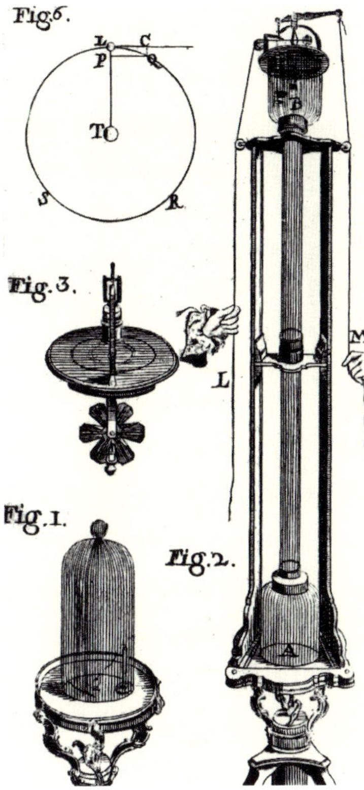

[2.15]

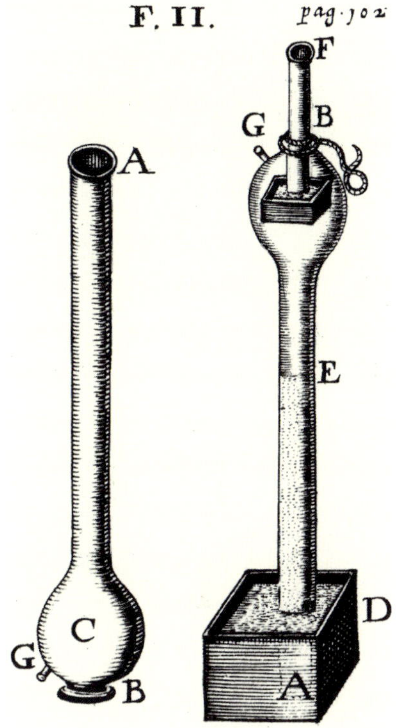

[2.16]

[2.17]

[2.15] Aparato experimental para demostrar la caída de los cuerpos en vacío.

[2.16] El experimento de Auzout.

[2.17] Experimento de determinación de la densidad del aire.

superior está a presión atmosférica. La determinación del peso del aire también fue motivo de investigación de otros científicos, entre ellos, Galileo.

El grabado de la figura 2.17 representa una demostración sobre el peso del aire. El recipiente situado en el brazo izquierdo podía ser evacuado y el equilibrio de la balanza establecido. Al introducir aire, la balanza se desequilibra demostrando sin ningún género de duda primero la existencia del vacío y, en segundo lugar, podía determinarse la densidad del aire si el volumen del recipiente era conocido. Más adelante insistiremos en este tema.

La controversia entre *vacuistas* y *plenistas*. Detractores de la evidencia del vacío

Definitivamente fue demostrada la existencia del vacío y, como consecuencia, de la presión atmosférica. Se inventa el barómetro, se descubre el método para producir vacío, y queda probada la inexactitud de la teoría de Aristóteles y la gran importancia que adquiría el empirismo sobre la especulación filosófica sin base experimental. Pero no fueron pocos los científicos que siguieron luchando contra la existencia del vacío, especialmente científicos jesuitas. Los científicos se dividieron en *vacuistas* y *plenistas*. Los primeros no admitían la existencia de materia alguna en el espacio vacío, mientras que los segundos afirmaban la existencia de un tenue fluido, el *éter*, teoría que permaneció hasta comienzos del siglo xx, en que el experimento de Michelson-Morley la hizo desvanecerse. Algunos vacuistas tampoco llegaron a desecharla definitivamente, aunque dejando claro que este medio no ejercía fuerza alguna sobre la columna de líquido, de la cual era responsable únicamente la presión atmosférica.

Repasemos algunos aspectos de la controversia. Sobre la controversia del vacío es muy completa e interesantísima la tesis doctoral de M. J. Gorman, que la estudia desde 1580 hasta aproximadamente 1670.[23] Según este autor, en 1660 Honoré Fabri escribe a Lorenzo Magalotti, secretario de la Academia

VACVVM
PROSCRIPTVM.
DISPVTATIO PHYSICA
AVTHORE
PAVLO CASATO
PLACENTINO
● SOCIETATIS IESV:

In quâ

NVLLVM ESSE IN RERVM NATVRA
Vacuum oſtenditur ; & potiſſimùm
examinatur,

AN AB ARGENTO VIVO
deſcendente in fiſtulâ ſupernè clausâ
Vacuum relinquatur,

Huiuſque experimenti Symptomata explicantur .

GENVÆ,

Imprimi curabat Ioannes Dominicus Peri. M.DC.XLIX.
Superiorum permiſſu.

[2.18] Portada del libro de Paulo Casato en el que rebate la existencia del vacío.

del Cimento, felicitándole por los experimentos de la Academia florentina, pero, al mismo tiempo, le previene sobre los peligros de esos trabajos, naturalmente se refiere a los experimentos de Torricelli. Entre los detractores destaca Niccolò Zucchi (1586-1670), que rebatió los experimentos de Torricelli y Pascal. También Paulo Casato (1617-1707) discutió sobre la teoría del *horror vacui* en su tesis, publicada en Génova en 1649, *Vacuum proscriptum* (figura 2.18),[24] donde rechaza tanto la existencia del vacío como de la presión atmosférica. Utiliza el argumento de que la ausencia de materia implicaría la ausencia de Dios.

El matemático y filósofo René Descartes (1596-1650) afirmaba que la materia carecía de solución de continuidad, por tanto, todo lo materialmente existente debe ocupar un espacio. Afirmaba que aun el espacio físico, aunque parezca estar vacío, lo llena una materia muy enrarecida y tenue. Esta materia es lo que llaman vacío. La cuestión es la siguiente: ¿cuál es la evidencia que impide la admisión del vacío como espacio ausente de materia? La principal, sin duda, es la transmisión de la luz a través del espacio vacío, pues la del sonido se producía a través de los soportes. Ya hemos indicado que desde los tiempos de Grecia se hablaba de la existencia de un espíritu universal que se extendía por todo el espacio sideral (Anaxímenes, *ca.* 588-524 a. de J. C.). Idea en la que profundizó Aristóteles. Todos los científicos admitían que para que se transmitiera la luz era necesaria la existencia de un medio material. Descartes estableció que la principal propiedad de la materia era su *extensión*, nada físico podía existir si no ocupaba un espacio, en consecuencia, el vacío no podía existir. El espacio aparentemente vacío estaría *lleno* de una materia diferente a la del medio físico ordinario, muy rarificada e imperceptible, a la que llamó *materia sutil*. El gran peso del filósofo francés ejerció una decisiva influencia sobre los vacuistas, que se resignaron a admitir esta fantasmagórica sustancia.

Una iconografía muy interesante es la que se representa en la figura 2.19 de un experimento descrito por Otto von Guericke.[25] El dispositivo muestra un tubo telescópico y, en la parte media inferior, un gran volumen mucho mayor que el volumen del tubo telescópico y que se supone en vacío. Dos personas realizan el experimento: una observa un objeto lejano a través del tubo telescópico, mientras que la otra maneja el gran volumen vacío. Al comunicar el tubo con el gran volumen vacío la presión decrece a un valor dado por la relación de volúmenes. El resultado fue que el objeto era perfectamente visible tanto si el tubo estaba con aire como en vacío, concluyendo que la luz se trasmitía independientemente del medio en que se transmite. Todo ello parecía afianzar, como los filósofos griegos afirmaban, la existencia de ese medio sutil y espirituoso formado por partículas extremadamente pequeñas que podía atravesar los poros del vidrio en el espacio vacío y, así, facilitar el paso de la luz.

[2.19] Experimento sobre la transmisión de la luz en el vacío.

Un pensador tan renombrado como el alemán nacido en Leipzig Gottfried Wilhelm Leibniz (1646-1716) afirmaba que el espacio vacío del tubo de Torricelli poseía minúsculos poros que permitían pasar la luz y otros fenómenos físicos como el campo magnético y otras sustancias. En carta al príncipe de Gales decía: «Asumir la naturaleza del vacío es como atribuir a Dios una creación muy imperfecta». Todavía se afianza más cuando fue enunciada la teoría ondulatoria de la luz por el famoso físico, matemático y astrónomo neerlandés Christiaan Huygens (1629-1695) en 1678. Huygens se encontró con Newton y Boyle, pero no compartía la teoría de gravitación universal. No comprendía cómo podrían atraerse dos masas sin ningún medio físico entre ellas. En su teoría ondulatoria de la luz asumía que cada punto alcanzado por el frente de onda se convertía en un nuevo manantial de emisión de la misma frecuencia y fase, más tarde modificada por Fresnel admitiendo la presencia de vibraciones transversales junto a las longitudinales. De esta forma podía explicar los fenómenos de refracción, reflexión, interferencia, doble refracción, polarización y difracción.

El gran genio Isaac Newton enuncia su teoría de la gravitación universal, pero tropieza con el concepto de acción a distancia. Él se limita a explicar que la atracción mutua es un hecho verificado experimentalmente, y su ley, la explicación matemática. En su tratado de óptica y en la teoría corpuscular de la luz, ve la posibilidad de la existencia de un medio extraordinariamente enrarecido. Calcula que es seiscientos millones de veces menos denso que el agua y 490 000 millones de veces más elástico que el aire, preguntándose si estaría allí la causa de la gravitación.

En resumen, basándose en la potencialidad, en ese tiempo de la teoría ondulatoria de Huygens, se afianzó y permaneció la hipótesis del éter, hasta el famoso experimento de Michelson-Morley, que no pudo demostrar que la velocidad de la luz cambiara por la presencia del éter. Su famoso interferómetro, de una gran precisión, permitía detectar diferencias de velocidades entre los dos brazos normales muy pequeñas, basado en la interferencia producida por las dos señales. Si el éter arrastrara a uno de ellos debería reflejarse en una diferencia de velocidad. El experimento demostró que no se observaba diferencia alguna y, por tanto, ponía en tela de juicio la teoría del éter. El éxito del fallido experimento condujo a Einstein a formular su teoría de la relatividad. Era necesario revisar nuevamente la teoría de la luz y surge el genio de Planck, que en 1900 enuncia su teoría de los *cuanta*. Es decir, la emisión o absorción de energía radiada se realiza en cantidades discretas que denominó *cuantos*.

Para poner punto final, en 1923 el físico francés Louis de Broglie enuncia su teoría de la luz basada en la dualidad corpúsculo-onda. A partir de aquí, ya no fue necesario sustentar la teoría del éter como medio de la transmisión de fenómenos tanto luminosos como gravitatorios a distancia. Esto no quiere decir que podamos hablar de vacío absoluto en un volumen definido. Las paredes emiten radiación al encontrarse a temperatura superior al cero absoluto, esta radiación interacciona con las paredes internas produciendo nuevas emisiones. Solamente si el volumen pudiera adquirir la temperatura del cero absoluto podría hablarse de la existencia en su interior del vacío absoluto. Más adelante insistiremos en la obra de Huygens, que desarrolló diversos instrumentos para realizar vacío. En definitiva, él creía que en el volumen evacuado no quedaba materia alguna, pero sí creía que en los espacios siderales existía la materia sutil o éter.

REFERENCIAS ————————

9. Peregrino de Maricourt, Pedro. *De magnete* [Sobre el imán]. 1269. **10**. Stevin, Simon. Su libro más célebre es *De Beghinselen der Weeghconst* [La estática o el arte de pesar], Leyden, 1586. Sobre hidrostática: *De Beghinselen des Waterwichts* [Principios sobre el peso del agua], Leyden, 1586. **11**. Stevenson, Edward Luther (trad. y ed.). *Geography of Claudius Ptolemy*. The New York Public Library, 1932. Esta es la única traducción completa al inglés de la más famosa de las obras de Tolomeo. Desafortunadamente, presenta numerosos errores y los nombres de lugar aparecen en su forma latinizada y no en la original griega. **12**. Hadot, Ilsetraut (ed.). «Simplicius, sa vie, son oeuvre, sa survie». *Actes du Colloque International de Paris*. Centre de Recherche sur les Oeuvres et la Pensée de Simplicius, 28 de septiembre-1 de octubre de 1985. De Gruyter, 1987. **13**. Galilei, Galileo. *Discorsi e dimostrazioni matematiche*. Leyden, 1638. **14**. *Carta de Baliani a Galileo*. Génova, 27 de julio de 1630. **15**. Schott, Gaspar. *Technica curiosa, sive mirabilia artis, in libris XII comprehensa*. Herbipoli (hoy Würzburg, Alemania), 1664. **16**. Magiotti, Raffaello. *Renitenza certissima dell'acqua alla compressione*. Roma, 1648. **17**. Kircher, Athanasius. *Musurgia universalis sive ars magna consoni et dissoni in X libros digesta*. Roma, 1650. **18**. Cygan, Jerzy. *Valerianus Magni (1586-1661). Vita prima, operum recensio et bibliographia*. Istituto Storico dei Cappuccini, 1989. **19**. Magni, Valeriano. *Demonstratio ocularis, loci sine locato: corporis successive moti in vacuo: luminis nulli corpori inhaerentis*. Bolonia, 1648. **20**. Knowles Middleton, William Edgar. *The History of the Barometer*. Johns Hopkins Press, 1964. **21**. Pascal, Blaise. *Traitez de l'équilibre des liqueurs et de la pesanteur de la masse de l'air*. París, 1663. Versión en inglés: *The Physical Treatises of Pascal. The Equilibrium of Liquids and the Weight of the Mass of the Air* (trad. I. H. B. y A. G. H. Spiers). Columbia University Press, 1937. **22**. Academia del Cimento. *Saggi di naturali esperienze fatte nell'Accademia del Cimento*. Florencia, 1666. **23**. Gorman, Michael John. *The Scientific Counter-Revolution: Mathematics, Natural Philosophy and Experimentalism in Jesuit Culture, 1580-c.1670*. Tesis. European University Institute, 1999. URL: https://hdl.handle.net/1814/5821. **24**. Casato, Paulo. *Vacuum proscriptum*. Génova, 1649. **25**. Guericke, Otto von. *Experimenta nova (ut vocantur) magdeburgica de vacuo spatio*. Ámsterdam, 1672.

El inicio de la ciencia y tecnología del vacío

Los experimentos de Galileo, Torricelli, Pascal y Berti recorren el mundo occidental y dan lugar al despegue de la ciencia y tecnología del vacío; es decir, a las investigaciones sobre gases enrarecidos y al desarrollo de una serie de dispositivos que pueden producir vacío de forma sistemática y medir la presión en su interior (el desarrollo del barómetro).

Otto von Guericke (1602-1686)

NACIDO en Magdeburgo, estudia Derecho en Leipzig y Jena, después pasa a la Universidad de Leyden, donde cursa Matemáticas, pero en 1646 es elegido alcalde de su ciudad de nacimiento. Podemos considerarle el iniciador de la tecnología del vacío. Es espectacular, para aquellos tiempos, la gran variedad de instrumentos y experimentos que desarrolló como físico e ingeniero. Participa en la guerra de los Treinta Años, y su interés sobre el vacío despierta cuando supo de las investigaciones de Torricelli y Berti a través de Valeriano Magni en la reunión de Regensburg de 1654. Parece que Magni trató de convencerle de que él fue quien realizó primero el experimento sobre el vacío, pero Von Guericke conoció pronto que fue Torricelli. Discrepó sobre la forma de realizarlo, pues encuentra que entre el mercurio y el vidrio existían burbujas de aire que influían en él. Llegó a creer que el sonido no se transmitía en vacío, pero sí la luz.

A continuación, presentamos varios de sus descubrimientos y experimentos. La figura 3.1 muestra un grabado del que pudo ser su primera tentativa para realizar vacío. Estos experimentos estuvieron precedidos por el desarrollo de una bomba muy primitiva que, en esencia, se trataba de una bomba de agua invertida, tal como la que están manejando los dos hombres de las figuras 3.1 y 3.2. La cuba estaba llena de agua y, de la misma manera que con el barril de madera, pensaba que al ir evacuando el agua se produciría un vacío en la parte superior. La sorpresa fue que, a poco de evacuar cierta cantidad de agua, el barril se resquebrajó, produciéndose, otra vez, una gran *implosión*. Otra observación fue la gran fuerza que era necesario ir aplicando para poder extraer el agua, tal que ni dos hombres podían manejar la bomba. No es de extrañar la fuerte impresión que recibieron los testigos del experimento, y que inmediatamente accediera a sus mentes el *horror vacui* de Aristóteles. Sin embargo, pensó que la poca resistencia de la madera y su porosidad eran los causantes del fracaso, así que decidió utilizar en lugar del barril una esfera de cobre, tal como muestra el grabado de la figura 3.2. Su sorpresa

[3.1]

debió de ser también grande, pues ahora la esfera se aplastó.
Parece que Guericke ya tenía en mente que era la presión del
aire la responsable de la deformación. Pero fue más allá y pensó
que la presión era lo suficientemente grande como para vencer
la resistencia tanto de la madera como del cobre. Así que preparó un nuevo experimento, pero ahora utilizando una esfera de
cobre de mucho mayor espesor de pared. El éxito fue completo,
pudiendo evacuar el agua del interior. Su intuición le indujo a
abandonar la idea de que la esfera estuviera llena de agua y tratar,
sin más, de extraer simplemente el aire del interior. Esto le exigió
perfeccionar la bomba en cuanto a la hermeticidad de las juntas
utilizadas y facilidad de manejo. Como consecuencia, desarrolla
la primera bomba específicamente dedicada a hacer el vacío de
forma sistemática, y sin necesidad de requerir la fuerza de más
de un hombre, y, además, mejorar la hermeticidad. Parece que
esta la logra utilizando cuero humedecido.

La figura 3.3 muestra la primera bomba realizada. Estaba
formada por el cilindro *gh* que se soporta en el trípode, *Fig. I*. El
pistón *hf* era de madera, y en su parte superior está la junta de
cáñamo que hace hermético el cierre con el cilindro, *Fig. V*. En la
parte superior del cilindro se sitúa el conjunto *n*, *Fig. IV*, formado

76

[3.2]

[3.1] Dos hombres tratan de evacuar el agua del barril. Puede observarse el despiece de la bomba de vacío, en esencia una bomba de agua invertida.

[3.2] Von Guericke repite el experimento de la figura 3.1, pero utilizando una esfera de cobre.

[3.3] La primera bomba realizada expresamente para hacer el vacío. Obsérvese el despiece. Esta bomba permite hacer el vacío en volúmenes que pueden retirarse y manejarse de forma autónoma.

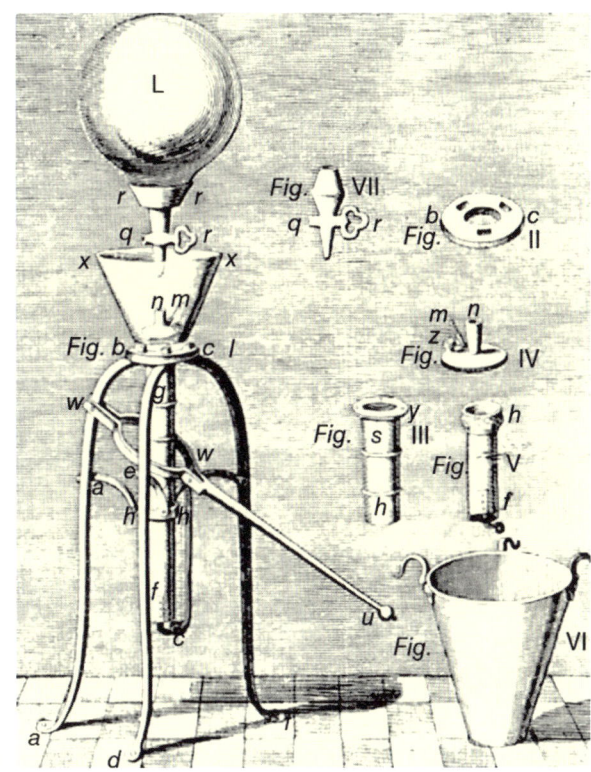

[3.3]

[3.4]

por las válvulas z y m. La válvula z está formada por una junta de cuero y un muelle que, cuando la presión todavía es alta, se abre por la presión ejercida por el pistón. Cuando la presión decrece y no es suficiente para abrir la válvula z, se utiliza la válvula manual m. Cuando el pistón alcanza su punto máximo superior, durante la expulsión del aire aspirado por el pistón, la válvula qr (*Fig. VII*), que comunica con el recipiente a evacuar L, permanece cerrada. Durante la fase de aspiración, la válvula permanece abierta y las z y m cerradas. Al recipiente L de vidrio se le acopla el conjunto de la válvula qr, fabricada en latón, mediante un cemento de unión. Por último, se acopla en la parte superior el recipiente cónico, *Fig. VI*, que se llena con agua para asegurar la hermeticidad de las juntas. En definitiva, la realización del vacío se efectuaba en dos etapas. En la primera, con la válvula qr abierta y el pistón en la parte superior, se accionaba la palanca para hacer descender el pistón, con lo que el cuerpo del cilindro se llena con el aire procedente del recipiente L. En la segunda etapa, al llegar el pistón a su máximo recorrido inferior, se cerraba la válvula qr. En su movimiento ascendente, el pistón comprimía el aire encerrado en el cilindro, y la válvula z o m se abría para expul-

[3.4] Experimento de los hemisferios de Magdeburgo. Dos tiros de ocho caballos cada uno tratan de separar los dos hemisferios en los que se ha hecho el vacío. [3.5] Experimento para demostrar el efecto de la presión atmosférica.

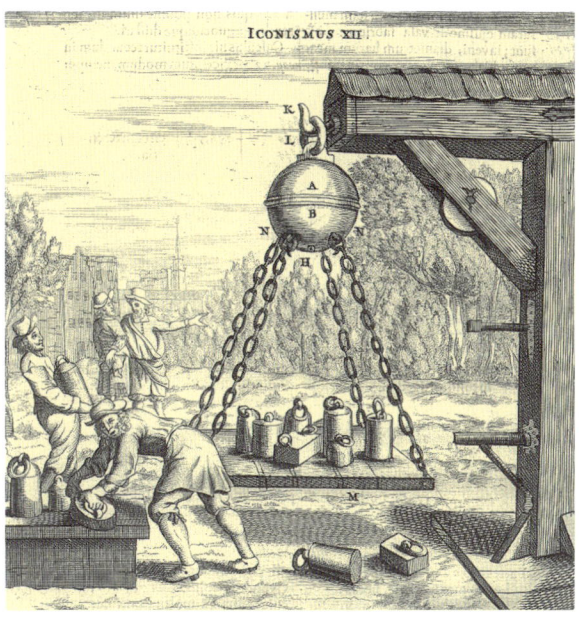

ICONISMUS XII

[3.5]

sar el aire a la atmósfera. El ciclo se repetía el número de veces suficiente para llegar al vacío máximo que la hermeticidad del conjunto permitía. En todo caso, no podría ser nunca inferior a la presión de vapor de agua a la temperatura ambiente, pues las juntas utilizadas estaban humedecidas. Convencido ya de que la presión de aire era la causa de la fuerza ejercida, planificó el espectacular experimento llamado *hemisferios de Magdeburgo*.

La figura 3.4 muestra el grabado del experimento. Dos hemisferios de cobre, uno provisto de una válvula, podían conectarse a la bomba de vacío. Los hemisferios se unían mediante una junta de cuero, tenían un diámetro de unos 20 cm, y estaban provistos de anillas que permitían engancharles cuerdas o eslabones metálicos. A las anillas se les engancharon dos tiros de ocho caballos cada uno a ambos lados. Sin duda el experimento llevado a cabo públicamente debió de resultar muy espectacular. Realizado el vacío y situados los tiros en posición, parece que su fuerza no fue suficiente para separar los hemisferios. Un simple cálculo: supuesto el diámetro de 20 cm, nos daría una fuerza debida a la presión atmosférica de aproximadamente 1256 kg. Dos tiros de ocho caballos debían ser más que suficientes para separar los hemisferios. A pesar de lo que figura en el grabado, es posible que los tiros fueran de dos caballos. En este supuesto, lo impresionante del experimento sería que, mientras los caballos ejercían la fuerza de separación, la válvula de los hemisferios fuera abierta, y los caballos salieran disparados en sentido contrario. Fue una prueba irrefutable de que la presión atmosférica era la responsable de la unión de los hemisferios. El experimento no es fácil de realizar, pues las fuerzas no son aplicadas de forma uniforme y, parece que muchas veces, no se conseguía satisfactoriamente. Aunque debió de ser un espectáculo digno de admirarse. Al disponer de una bomba de vacío y poder evacuar volúmenes autónomos, pudo realizar muchos experimentos en relación con el efecto de la presión atmosférica y el vacío. Demostró que ni la combustión ni la vida eran posibles en el vacío.

Pero muy interesante fue el experimento para determinar la presión atmosférica, como se muestra en la figura 3.5. Los hemisferios eran soportados por el brazo de una grúa de madera de gran robustez. Del hemisferio inferior colgaba una plataforma donde se iban colocando pesas hasta que los hemisferios se separaban. Hay que imaginar el estruendo producido tanto por la separación como por la caída de la plataforma al suelo. Pero esto le permitió determinar el efecto de la presión atmosférica, aunque no realizó el cálculo final.*

Otro experimento muy interesante fue probar la influencia de las burbujas de aire presentes entre el mercurio y la pared de vidrio en los tubos de Torricelli. La figura 3.6 muestra el

* NOTA DEL EDITOR. En el año 2003, para celebrar el XL aniversario de Telstar, se organizó la recreación del entrañable experimento de Magdeburgo, con unas esferas de 450 mm de diámetro, que nunca los ocho potentes percherones fueron capaces de separar. Así lo describe Josep Garriga, antiguo empleado de Telstar:

> La gracia del experimento está en hacerlo muy participativo con el público que acciona la bomba manual de vacío, hace los primeros intentos de separzación, luego se prueba con cuatro caballos y finalmente con ocho. Un peque de entre el público abre la espita y recibe el aplauso del público al conseguir separar los hemisferios sin dificultad. Fundamental también la parafernalia y la liturgia del evento, con los figurantes de Otto von Guericke y su fiel ayudante Johannes, con sus disquisiciones filosóficas sobre la *fuerza del vacío* y la supuesta imposibilidad de su existencia como aseguraban los aristotélicos, y la competencia con el entrometido italiano Torricelli. Hablando por supuesto con acento germánico. Al final del evento, se mencionaban tanto los nombres de los figurantes como el nombre y pedigrí de cada uno de los caballos, para compensar su fracaso en separar las esferas, y conseguir un fervoroso aplauso.

Las esferas y los correspondientes arreos son ahora propiedad de Museo de la Ciencia de Terrassa, donde se realizó el evento. El reportaje sobre el experimento se puede ver en el siguiente canal: https://www.youtube.com/watch?v=-Fazeijkv8M.

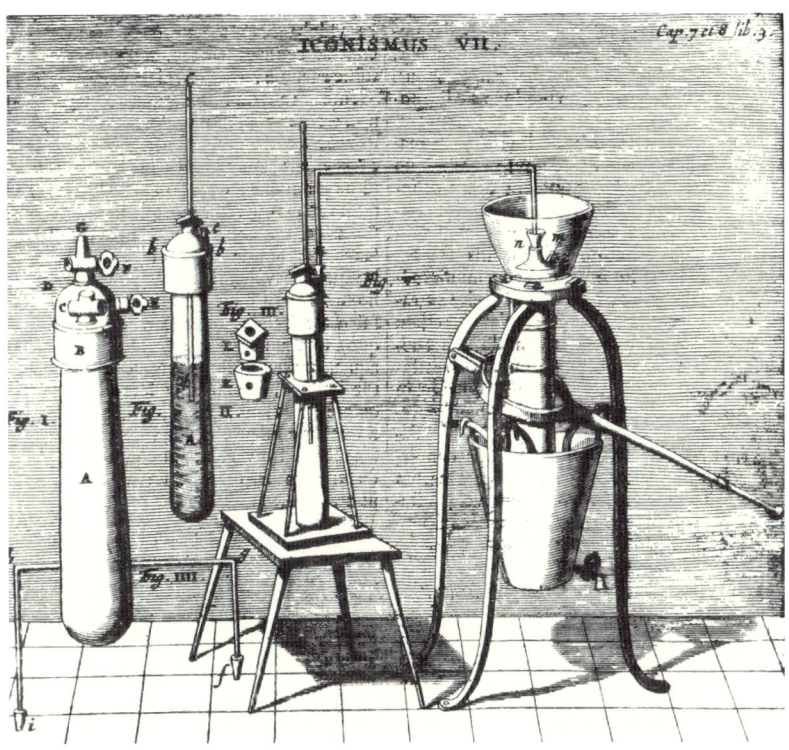

[3.6] Experimento para demostrar la influencia de las burbujas de aire en los tubos de Torricelli.

dispositivo instrumental empleado: la bomba de vacío, *Fig. V*, el recipiente de vidrio con mercurio hasta algo más de la mitad, *Fig. II*, al que se le podía acoplar la columna *C* llena de mercurio que se sumergía en el mercurio del recipiente *A*. Mediante el tubo *if*, *Fig. III*, se podía evacuar el volumen *A*. Observó que entre el mercurio y la pared del tubo de vidrio existían burbujas de aire. Haciendo el vacío, la columna descendía, y observó que las burbujas aumentaban de tamaño y algunas ascendían hacia la parte superior del mercurio, en la región llamada el *vacío de Torricelli*. En estas condiciones la altura de la columna de mercurio *C* era inferior al valor inicial. Esto le indujo a enunciar el concepto de *elasticidad del aire:* expansión del aire al reducir la presión y su compresión al aumentar la presión. Estas ideas condujeron a Von Guericke a construir un barómetro con el que podía determinar las variaciones de la presión atmosférica, especialmente en relación con el cambio del tiempo. Observó como descendía la presión barométrica dos horas antes de producirse una fuerte tormenta alrededor de su casa. Estableció las bases de la utilización del barómetro como instrumento de predicción del tiempo, y estos instrumentos se hicieron muy populares hacia el fin del siglo XVII. Otto von Guericke publicó sus trabajos en 1672 en su obra titulada *Experimenta nova (ut vocantur) magdeburgica de vacuo spatio.*[25]

Robert Boyle (1627-1691)

Robert Boyle nació en Lismore, Irlanda, y estudia en Eton. A la edad de doce años, junto a su tutor, realiza numerosos viajes por Europa. En 1655 se establece en Oxford, donde se dedica a tiempo completo a la investigación científica. Mantuvo contactos con investigadores que trabajaban en la nueva *filosofía experimental*. Estimulado por la lectura de los experimentos realizados por Von Guericke, en 1657 se pone a desarrollar una bomba que pudiera realizar vacío fácilmente. En este proyecto cuenta con la inestimable ayuda de su socio Robert Hooke, de gran destreza experimental y facilidad para resolver los problemas tecnológicos que se planteaban en aquella época, lo que les condujo, finalmente, a la bomba de vacío.

La figura 3.7 muestra el dibujo de la bomba y sus componentes. *Fig. 1* es el conjunto formado por el recipiente a evacuar, la válvula de latón de ajuste cónico, *Fig. 2*, unida mediante un cemento al bulbo de vidrio; la válvula de latón de conexión a la bomba de vacío, *Fig. 14*, también unida con cemento al bulbo de vidrio; el cuerpo de la bomba, *PQR33*, y la cremallera de movimiento del pistón. Aquí también se ve la válvula de expulsión manual *R*. La figura se acompaña de diversos dispositivos para realizar experimentos con gases enrarecidos: barómetro, *Fig. 16*, columna de mercurio, *Fig. 6*, bulbo de vidrio con llave, *Fig. 7*, columna barométrica, *Fig. 2*, junto con otros varios dispositivos. El principio de funcionamiento es el siguiente: con el pistón en la parte superior del cilindro, la válvula *S* del recipiente a evacuar abierta, la válvula de expulsión *R* cerrada, se acciona la manivela haciendo descender el pistón, con lo que se aspira aire del recipiente a evacuar. Al llegar el pistón a la parte inferior

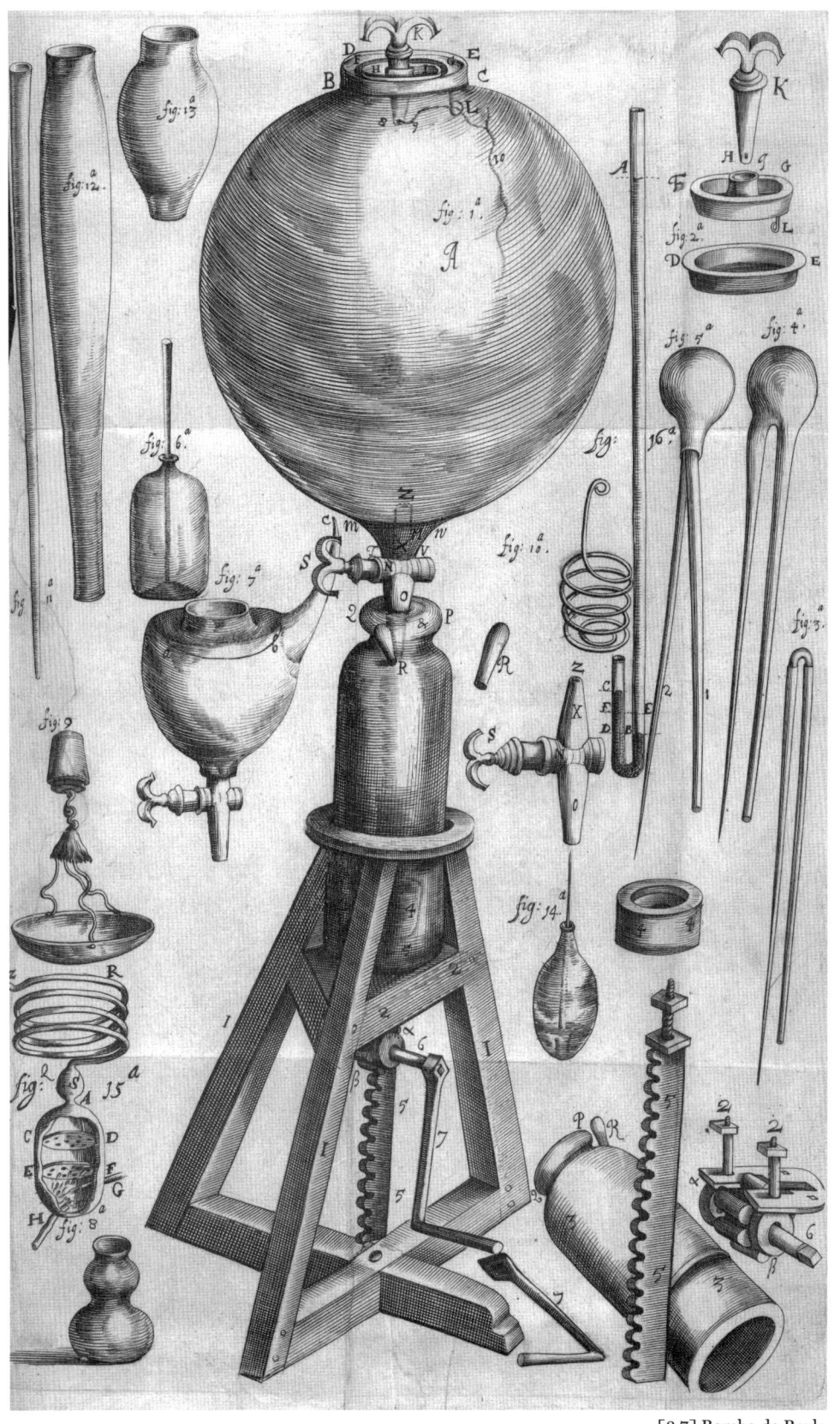

[3.7] Bomba de Boyle.

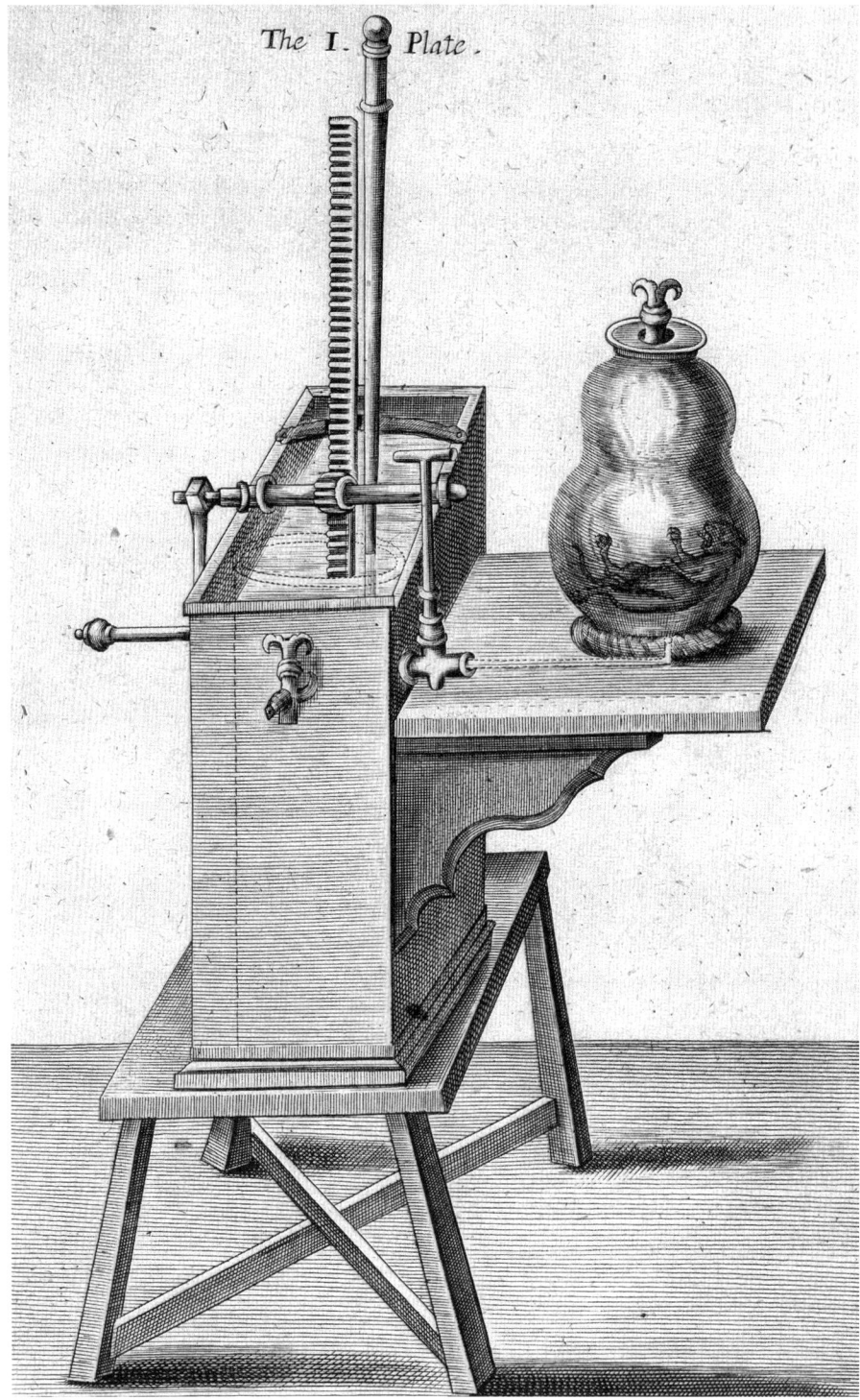

The I. Plate.

[3.8]

[3.8] Boyle perfecciona su bomba y la sumerge en agua para evitar fugas.
[3.9] Izquierda: diversos dispositivos desarrollados por Boyle para el estudio del comportamiento de los gases enrarecidos. Derecha: portada del libro de recopilación de obras de Edme Mariotte.

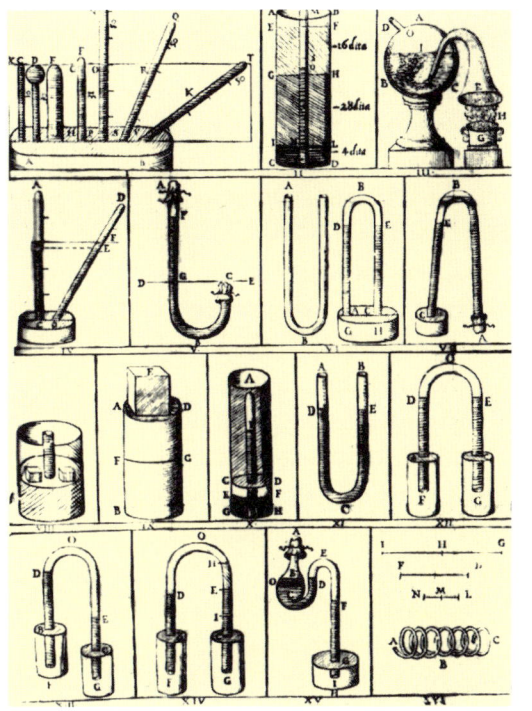

OEUVRES
DE
Mʳ. MARIOTTE,
de l'Académie Royale des Sciences;
DIVISÉES EN DEUX TOMES,
Comprenant tous les Traitez de cet Auteur,
tant ceux qui avoient déja paru féparément,
que ceux qui n'avoient pas encore été publiez;
Imprimées fur les Exemplaires les plus exacts & les plus complets;
Revuës & corrigées de nouveau.
TOME PREMIER.

A LEIDE,
Chez PIERRE VANDER Aa,
Marchand Libraire, Imprimeur de l'Univerfité & de la Ville.
MDCCXVII.

[3.9]

Robert Boyle (1627-1691)

de su recorrido, se retira el cierre *R* y se cierra la válvula *S*; al comenzar a ascender el pistón, expulsa el aire contenido en el cuerpo de la bomba a la atmósfera. Llegado el pistón a su parte superior, se cierra la válvula *S* y, seguidamente, se abre la válvula *R*. A partir de aquí se repite el ciclo las veces necesarias hasta llegar al vacío deseado o al vacío límite de la bomba. Las juntas, generalmente de cuero humedecido, no permitirían presiones inferiores a la presión de vapor del agua a la temperatura del ambiente, siempre que no existieran fugas externas. Es probable que el cuerpo interior del cilindro contuviera cierta cantidad de una mezcla de agua y aceite, que sería expulsada con el aire. Este principio de funcionamiento de las bombas mecánicas permaneció hasta bien entrado el siglo XIX.

La figura 3.8 muestra una versión muy mejorada de su bomba, en la que se observa un avance muy importante, como fue sumergir el cuerpo de la bomba en agua para evitar fugas. Este principio de sumergir el cuerpo de la bomba permanece en nuestros días en todas las bombas rotatorias, pero el agua es sustituida por un aceite de muy baja presión de vapor. Esta cuestión de la existencia de fugas en una bomba rotatoria, que asalta a los principiantes en la tecnología del vacío, es siempre de contestación negativa: una bomba rotatoria no puede nunca tener fugas externas, el posible retorno del aire expulsado a través de las válvulas de salida y entrada y el cuerpo de la bomba es debido a un deficiente funcionamiento. La figura 3.9 muestra algunos de sus dispositivos desarrollados para la experimentación sobre el comportamiento de gases enrarecidos. Muchos de sus trabajos de esta primera etapa aparecen descritos en su obra *New Experiments Physico-Mechanical, touching the Spring of the Air and its Effects*.[26]

El genio de Boyle, ya equipado con medios de producir y medir el vacío de forma regular y reproducible, no tiene limitaciones para la experimentación científica, siendo uno de sus principales descubrimientos la ley de los gases perfectos que establece que *el producto de la presión por el volumen ocupado por el gas es constante*. Sus trabajos aparecen publicados posteriormente en una nueva edición de *New Experiments*. Aquí es necesario reconocer que el físico francés Edme Mariotte (1620-1684), padre prior del monasterio de Saint-Martin-sous-Beaume y miembro fundador de la Academia de Ciencias de París, da a conocer que *el volumen cambia inversamente con la presión*, en 1676, en su obra *Discursos*, de forma independiente de la ley de Boyle, parece que añadiendo que es *a temperatura constante*. A partir de entonces se conoció como ley de Boyle-Mariotte.[27] La figura 3.9 muestra en su parte derecha la portada de la publicación de Mariotte.

Las conclusiones esenciales de Boyle fueron que la suspensión del mercurio en la columna barométrica de Torricelli es debida a la presión atmosférica, la transmisión del sonido en el vacío es imposible, el aire es imprescindible para la combustión, y que la principal característica del aire es su *elasticidad*. Boyle, como hemos indicado, no solamente mostró su interés en desarrollar bombas de vacío como un *hobby* para obtener recipientes donde se podía extraer todo o la mayor parte del aire, también diseñó un dispositivo con el que pudo enunciar su ley de los gases.

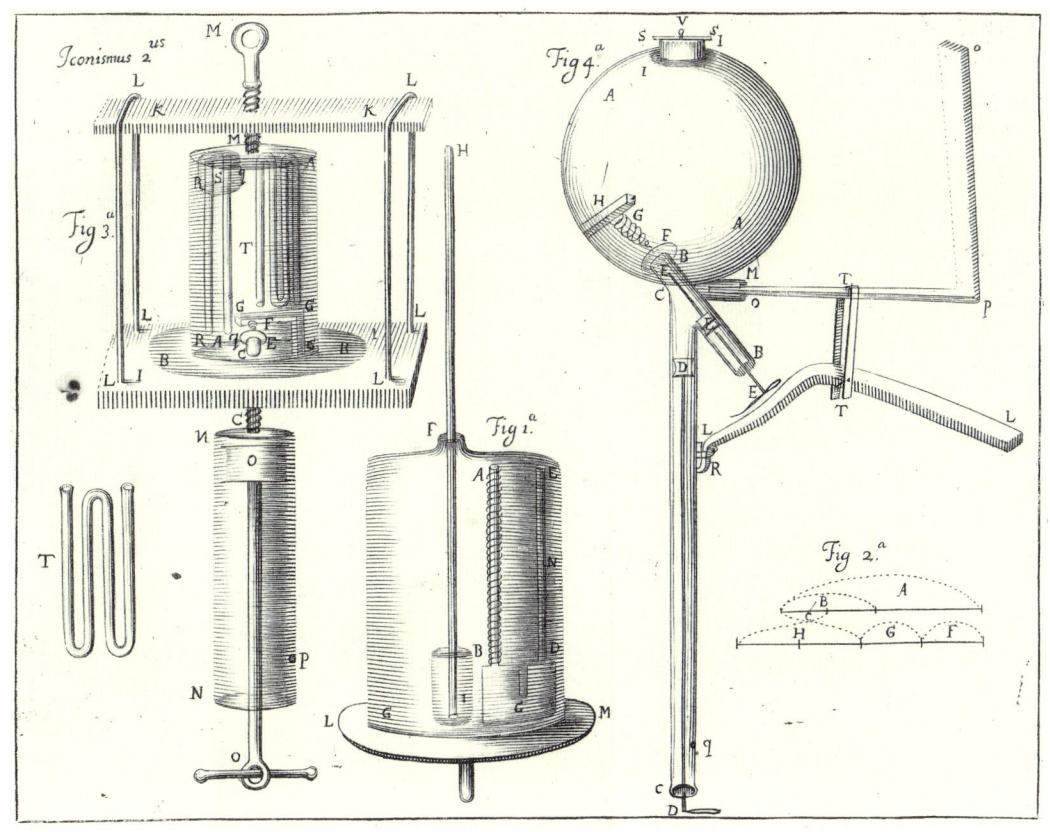

[3.10] El manómetro de R. Boyle.

La figura 3.10 muestra su manómetro, que le permitía establecer una cierta relación entre variaciones de presión en un recipiente y el volumen de gas evacuado o comprimido. El manómetro *EDCBA, Fig. 1* en el grabado, consiste en dos tubos verticales, con el tubo *AB* abierto en su parte superior y de mayor diámetro que el *ED*. Ambos tubos se sueldan a un recipiente *DCB*, donde el volumen del tubo *AB* es menor, pero mayor que el *ED*. En definitiva, sería lo que hoy conocemos como un manómetro diferencial. Este manómetro podía ser incluido en una campana de vacío *AG*, que tenía un orificio practicado en su parte superior *F*. A través del orificio *F* introdujo una columna barométrica *HI*, y todo el conjunto soportado en la base *ML*, que, mediante un orificio practicado en su centro y unido a un tubo, comunicaba con la bomba de vacío. La columna *HI* le permitía medir la presión en la campana de vacío, mientras que el manómetro podía seguir la expansión que experimentaba el aire encerrado en *ED*, inicialmente a la presión atmosférica, por el ascenso que experimentaba el mercurio en el brazo *AB* a medida que disminuía la presión en la campana de vacío. No solamente podía producir presiones inferiores a la atmosférica, sino también comprimir el aire. Para ello diseñó el dispositivo que aparece con la identificación de *Fig. 3*. En el mismo grabado, en *Fig. 2*, no representado, aparece la relación presión-volumen. Al aplicar una presión *F*, el volumen de aire es *A*. Cuando la presión se aumenta en *F*, *F + G (2F)*, el volumen se reduce a *A/2*, al aumentar la presión en *H*, *F + G + H (4F)*, el volumen se reduce a *A/4*. Lo que demuestra la ley de razones inversas del volumen con la presión. Boyle no utilizó la representación cartesiana. Con la identificación *Fig. 3* representa la instrumentación desarrollada para obtener presiones superiores a la atmosférica.

Un interesante experimento realizado en vacío por Boyle fue el de la *suspensión anormal,* que resultó fallido: dos láminas de mármol pulidas que están en íntimo contacto era difícil separarlas. Boyle puso las dos láminas en un recipiente donde el vacío estimado era de unos 22 mmHg, y las láminas se separaron. Aunque repitió el experimento a una presión ligeramente menor, el resultado fue el mismo. Concluyó que el aire era el responsable de la *adhesión* de las dos láminas. Este experimento fue repetido por Huygens y Newton con resultado contrario, como describiremos más adelante.[28]

Gaspar Schott (1608-1666)

Es muy interesante la contribución al desarrollo del vacío de este físico, matemático y filósofo, nacido en Königshofen, Alemania. Profesó en la Compañía de Jesús. Estudió en la Universidad de Würzburg, pero debido a la guerra de los Treinta Años se trasladó a Palermo, donde concluyó sus estudios en esa universidad. En el año 1662 se le envía a Roma, donde trabaja bajo la dirección de Kircher.

No se le conoce ninguna contribución original, pero recogió y difundió extensamente en sus varias publicaciones todos los adelantos científicos de su época en Europa; para ello, o fruto

[3.11] Grabado de la publicación de Gaspar Schott.

[3.12] La fuerza del vacío. Grabado de Gaspar Schott.

[3.13] Portada de la obra de Gaspar Schott.

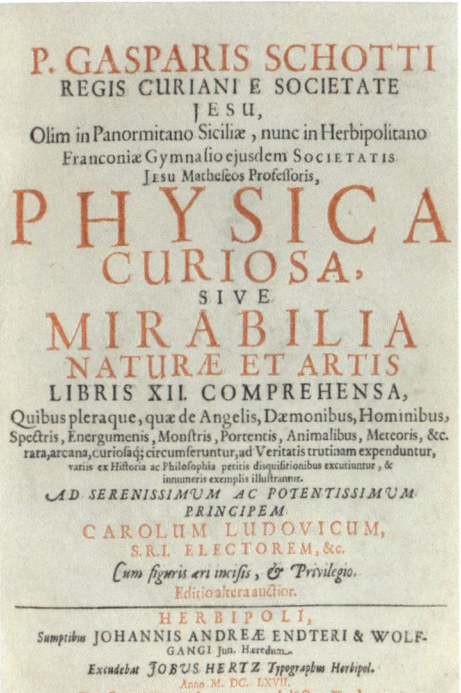

P. GASPARIS SCHOTTI
REGIS CURIANI E SOCIETATE
JESU,
Olim in Panormitano Siciliæ , nunc in Herbipolitano
Franconiæ Gymnasio ejusdem SOCIETATIS
Jesu Matheseos Professoris,

PHYSICA
CURIOSA,
SIVE
MIRABILIA
NATURÆ ET ARTIS
LIBRIS XII. COMPREHENSA,
Quibus pleraque, quæ de Angelis, Dæmonibus, Hominibus,
Spectris, Energumenis, Monstris, Portentis, Animalibus, Meteoris, &c.
rara, arcana, curiosaq; circumferuntur, ad Veritatis trutinam expenduntur, &
variis ex Historia ac Philosophia peritis disquisitionibus excutiuntur , &
innumeris exemplis illustrantur.
AD SERENISSIMUM AC POTENTISSIMUM
PRINCIPEM
CAROLUM LUDOVICUM,
S.R.I. ELECTOREM, &c.
Cum figuris æri incisis , & Privilegio.
Editio altera auctior.

HERBIPOLI,
Sumptibus JOHANNIS ANDREÆ ENDTERI & WOLF-
GANGI Jun. Hæredum.
Excudebat JOBUS HERTZ Typographus Herbipol.
Anno M. DC. LXVII.
Prostant Norimbergæ apud dictos Endteros.

de ello, mantuvo contactos con numerosos investigadores, pero, especialmente, con Otto von Guericke, Huygens y Boyle. Hizo una descripción inicial de la primera bomba de Otto von Guericke, como representa la figura 3.11, junto a otros dispositivos utilizados en la época para demostrar la presencia de la presión atmosférica. Existe otro interesante grabado en relación con la fuerza del vacío, que se reproduce en la figura 3.12 y aparecido en la misma publicación de la figura 3.11. Hizo una cuidadosa e ilustrada explicación de los experimentos de Torricelli. Aunque creyó en la existencia del vacío, asumió que ese espacio era llenado con una materia sutil e imperceptible, el éter. Sin embargo, rebatió la teoría del *horror vacui,* explicando que era debido a la presión y *elasticidad* del aire.[29]

Christiaan Huygens (1629-1695)

Nace en el seno de una familia acomodada en La Haya, donde su padre había estudiado filosofía y era diplomático. Esta situación le dio la oportunidad de realizar numerosos viajes y tener acceso a los más importantes círculos científicos. A través de profesores particulares adquiere sus conocimientos de geometría y mecánica. Cuando Descartes visitó su casa, tuvo la oportunidad de conocer su pensamiento científico, especialmente en matemáticas. Prosiguió sus estudios en la Universidad de Leyden y, posteriormente, en la de Breda. En 1649 se puede decir que da por finalizada su formación académica.

Aparte de sus trabajos sobre astronomía y mecánica, y de su habilidad como experimentador, como demuestra en la construcción y diseño de lentes, su obra cumbre fue el desarrollo de la *teoría ondulatoria de la luz,*[30] que requería la existencia de un medio para su trasmisión. Con motivo de esta publicación, estableció una gran controversia con Newton, en relación con la existencia o no del *vacío físico,* es decir, ausencia completa de materia. Controversia que hemos detallado en el capítulo anterior.

Cuando Huygens emprende estudios sobre el vacío lo hace como consecuencia de su visita a la Royal Society, en Londres, y su entrevista con Boyle y otros miembros de la Sociedad. Después de la bomba de Boyle-Hooke, Huygens construye su

Gaspar Schott (1608-1666)

Christiaan Huygens (1629-1695)

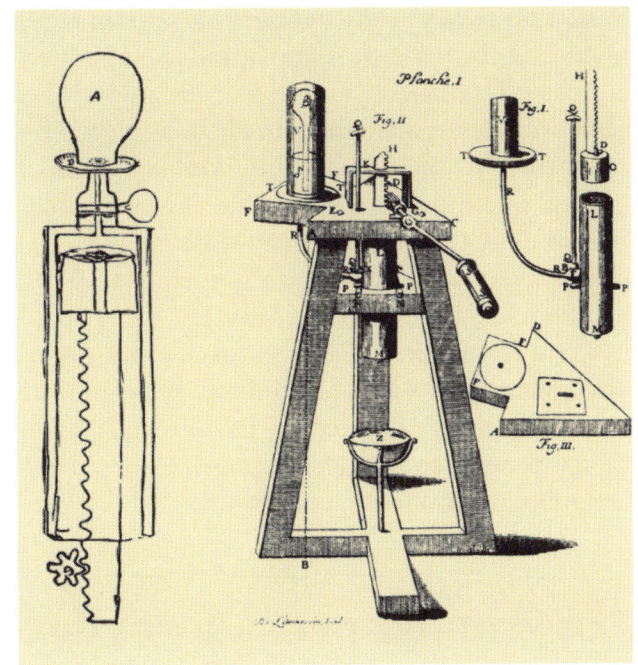

[3.14] Bomba de Huygens (1662). Izquierda: modelo preliminar. Derecha: modelo perfeccionado.

Isaac Newton (1642-1727)

René Descartes (1596-1650)

primer modelo en 1661,[31] un segundo modelo más perfeccionado data de 1662.[32] La figura 3.14 muestra ambos esquemas tal como los publicó en sus *Obras completas*. A la izquierda aparece el modelo formado por un pistón que se desliza en un cilindro mediante un eje de cremallera. En la parte superior del pistón se sitúa una válvula que se abre cuando el pistón comprime el aire aspirado, y la válvula que comunica con el recipiente permanece cerrada. El grabado de la derecha corresponde al modelo más perfeccionado. *V* es el recipiente a evacuar. *ACD*, tabla soporte. *R*, tubo de cobre. Válvula *B*, válvula de cuero de boca estrecha. *Z*, platillo para recoger las gotas de líquido. *L*, cilindro o cuerpo de la bomba, de 35,5 cm de alto y 7,6 cm de diámetro. *H*, cremallera de accionamiento del pistón. *S*, manivela con piñón de acción sobre la cremallera. Espacio libre por encima del pistón, de 5 cm, lleno con una mezcla de agua y aceite que se desplaza con el pistón. Con esta bomba efectuó el vacío en un bulbo y se mantuvo durante toda la noche. La mezcla de agua y aceite mejoró grandemente la obtención de un vacío final mucho más bajo, pues hacía de cierre entre el pistón y el cilindro reduciendo considerablemente la fuga. La falta de sopladores de vidrio les obligaba a utilizar frascos de botica como recipientes a evacuar. La boca del recipiente se apoyaba en la placa soporte, y se cerraba utilizando una mezcla de cera y trementina.

Por último, pues su obra podría ser motivo de un libro completo, mencionaremos únicamente sus experimentos sobre la compresibilidad y enrarecimiento del aire. Para los dispositivos de compresión se empleó el famoso fuelle utilizado para avivar la lumbre, ligeramente modificado.[33]

Los grandes pensadores de los siglos XVII y XVIII y el vacío físico

No se pretende aquí entrar en la filosofía del vacío, que ha llenado páginas y páginas y sigue haciéndolo (puede verse a este respecto la *Biografía del vacío,* de Albert Ribas i Massana),[34] pero ya hemos señalado que el descubrimiento del vacío, como ausencia de aire, produjo gran controversia entre plenistas y vacuistas aunque, de una u otra forma, todos asumieron la teoría del *éter.* Pero ¿cuál fue la postura de los grandes pensadores? La teoría del éter ya fue asumida por los filósofos griegos (Anaxímenes) y especialmente por Aristóteles, que no admitía su existencia y proclamó el *horror vacui.* El principal escollo para admitir la existencia del vacío como ausencia de materia era la transmisión de la luz en el espacio evacuado.

Galileo enunció como teoría de la sustentación de la columna de agua la existencia de un fluido sutil, extremadamente lábil, inmaterial, pero con propiedades mecánicas capaces de ejercer fuerza y sostener la columna de agua o de mercurio, el éter. Sugerida la idea del éter, Descartes la interpreta y explica en el párrafo 53 de sus *Principios de filosofía,*[35] que se resume de la forma siguiente: la naturaleza de un cuerpo, su materia, la forma su extensión. Imagina una piedra y le quitamos todas sus propiedades materiales: peso, dureza, color y cualquier otra propiedad material o física; la piedra pierde su naturaleza corporal. Realizada esta abstracción, ¿qué queda? Un espacio caracterizado por largo, ancho y alto, magnitud puramente lineal. De esta forma ha creado un *espacio* con los mismos atributos primarios que la piedra y concluye: el hecho es claro y no existe diferencia entre la *extensión* del espacio (o espacio interno) y la *extensión* de un cuerpo. Pues si el espacio está constituido por extensión deber ser sustancia material, de otra forma sería una fuerte contradicción creer que una extensión concreta pertenece a nada. Así, si el espacio tiene extensión, debe tener materia; por tanto, el vacío no existe. Perfecciona su pensamiento en relación con la gravedad, y la necesidad de un medio en el espacio que facilite la transmisión a distancia de cualquier acción, con la teoría del *vortex* o torbellino de partículas colisionantes. Las colisiones suministran la fuerza necesaria para mantener los planetas hacia el Sol. Un hecho muy importante ocurre: la determinación del peso del aire (Galileo Galilei) y la determinación de la compresibilidad del aire (Boyle y Mariotte) cambian el concepto de *cuerpo material* tal como lo aceptamos hoy día. No obstante, el éter sigue formando parte del pensamiento de científicos como Kepler, que lo consideraba el elemento productor del movimiento de los planetas.

Johannes Kepler (1571-1630)

Leibniz siguió la teoría de Descartes en sus tratados dedicados a la Royal Society y a la Academia de París en 1671, esbozando una completa explicación de todas las formas de movimiento en el universo. En particular, explica el movimiento de los planetas debido a que el espacio está completamente lleno de un éter formado por partículas extremadamente pequeñas. El Sol en su rotación arrastra el éter en forma de remolino y los astros son arrastrados en forma similar a un pequeño barco en un remolino de agua en el desagüe de una piscina. Naturalmente que la teoría resulta errónea por cuanto las trayectorias son elípticas y no circulares. Pero fue Huygens el que configura definitivamente el éter, al que confiere propiedades y características determinadas. En su teoría ondulatoria de la luz (sugerida por Robert Hooke en 1664) supone que su transmisión es posible al existir un medio en el espacio en el que cada punto alcanzado por la onda se convierte, a su vez, en centro emisor de nuevas ondas, y así sucesivamente. De este modo, confiere al éter la propiedad de poder vibrar en forma similar a lo que ocurre cuando una piedra cae en la superficie de un estanque en reposo y vemos como nacen a su alrededor ondas que se transmiten en el tiempo y espacio. Este éter vibrante es el que alcanza, por ejemplo, el ojo humano y recibe la sensación de la luz. Newton no recibe de buen grado la teoría de Huygens, sus convicciones no eran tan firmes como las derivadas de la observación, el cálculo o la experiencia. Claro que Newton[36, 37] asumía para su teoría de la gravitación universal que la *acción a distancia* no requería de medio alguno, era un simple hecho confirmado por la experiencia. Pero el éxito de Huygens al demostrar las leyes de la refracción, reflexión y difracción dieron al traste con la teoría corpuscular de Newton.

Hasta principios del siglo XIX llegaron diversas teorías sobre nuevos fluidos o agentes, como el calórico, la electricidad (positivo, negativo y neutro), y tres magnéticos (neutro, boreal y austral). Así que fue Fresnel en su reinterpretación de la teoría ondulatoria de Huygens quien modifica sustancialmente el concepto primitivo del éter. Se basa en los fenómenos de interferencia, doble refracción y polarización para emitir su teoría de la transversalidad de las ondas luminosas. De este modo, concluye que, como un gas solo puede vibrar longitudinalmente, el éter debería ser un sólido de una gran elasticidad que permitiera la transmisión de las vibraciones a la velocidad de la luz. De acuerdo con la ecuación de Newton sobre la velocidad de propagación, que resulta proporcional a la raíz cuadrada de la elasticidad e inversamente proporcional a la raíz cuadrada de la densidad, la elasticidad del éter ha de ser muy pequeña y concluye que debe de tratarse de un fluido perfecto, con coeficiente de viscosidad prácticamente nulo.

En definitiva, la teoría del éter permaneció hasta que el experimento de Michelson-Morley y la teoría de la relatividad de Einstein pusieron fin a la controversia. De todas formas, el vacío absoluto no existe, en cualquier sistema de vacío, aunque se llegaran a evacuar todas las moléculas, siempre estarán presentes radiaciones que podrían *arrancar* partículas nuevas de las paredes del sistema o formar nuevos pares de partícula-antipartícula.

REFERENCIAS ————————

26. Boyle, Robert. *New Experiments Physico-Mechanical, Touching the Spring of the Air and its Effects*. Oxford, 1660. Bartoli, Daniello. *La tensione e la pressione disputanti qual di loro sostenga l'argentovivo ne' cannelli dopo fattone il vuoto. Discorso del P. Daniello Bartoli*. Roma, 1677. **27**. Mariotte, Edme. *Nouvelle découverte touchant la veüe*. París, 1668. *Traité du nivellement, avec la description de quelques niveaux nouvellement inventés*. París, 1672. **28**. Boyle, Robert. *The Works of the Honourable Robert Boyle in Five Volumes. To wich Is Prefixed the Life of the Author*, vol. 4. Londres, 1744. **29**. Schott, Gaspar. *Technica curiosa, sive mirabilia artis, in libris XII comprehensa*. Herbipoli (hoy Würzburg, Alemania), 1664. **30**. Huygens, Christiaan. *Traité de la lumière*. Leyden, 1690. — *Oeuvres complètes de Christiaan Huygens*. Publ. por la Société Hollandaise des Sciences. La Haya, 1888. **31**. *Ibid.*, vol. 17, p. 313, fig. 36. **32**. *Ibid.*, vol. 17, p. 333, fig. 47. **33**. *Ibid.*, cap. IV: «Compression et raréfaction de l'air, machines pneumatiques, recherches expérimentales sur le sujet du vide, poids de l'air», p. 39, fig. 30 y 31. **34**. Ribas i Massana, Albert. *Biografía del vacío. Su historia filosófica y científica desde la Antigüedad a la Edad Moderna*. Sunya, 2008. **35**. Descartes, René. *Principia philosophiae*. Ámsterdam, 1644. **36**. Se ha seguido a Cortés Pla en su biografía de Newton: *Isaac Newton*. Buenos Aires, Espasa-Calpe, 1945. **37**. Newton, Isaac. *Opticks* (4.ª ed.). Londres, 1730.

La manufactura de dispositivos de vacío, experimentos en vacío y la electricidad en los siglos XVII y XVIII

El arte se funde con la tecnología en la fabricación de bombas de vacío. Se desarrolla la industria de fabricación de barómetros y termómetros. La meteorología adquiere rango de ciencia: predice el tiempo y la navegación se aprovecha de estos desarrollos. Se multiplican los generadores de electricidad, se descubre el condensador y se experimenta con la descarga eléctrica.

Fabricantes de bombas
y su diseminación

LAS bombas de vacío desarrolladas por Huygens, Boyle y Otto von Guericke fueron el germen, de una parte, de la explosión del desarrollo de la tecnología del vacío y, de otra, del comienzo de la investigación en vacío. La figura 4.1 muestra la distribución de bombas de vacío durante el siglo XVII según el trabajo de Shapin y Schaffer.[38] Entre 1659 y 1661 se produce una gran diseminación de las bombas de vacío: la bomba de Boyle desde Londres se distribuye a Oxford y Halifax, y alcanza lugares donde se centra la investigación en vacío como en París, La Haya y Würzburg (Alemania). A su vez la bomba de Huygens desde La Haya alcanza París: grupos de Montmor y Academia Real. Al mismo tiempo, la bomba revisada y mejorada de Otto von Guericke llega a París y La Haya. Estas bombas fueron versiones muy desarrolladas sobre las ya descritas en el capítulo 3. Mientras que en las bombas de Otto von Guericke la acción de evacuación se realiza mediante una palanca, las de Boyle y Huygens incorporan una barra dentada que se acciona mediante un piñón solidario con una manivela. La acción de bombeo es acompañada por un juego de válvulas que aíslan el recipiente a evacuar cuando se expulsa el aire aspirado en el cilindro, y abren la comunicación a la atmósfera para expulsarlo, y viceversa. Los pistones se realizan en madera recubierta de cuero. Para evitar fugas y facilitar el movimiento del pistón, se introducía en el cuerpo del cilindro un aceite que se desplazaba siguiendo los movimientos del pistón, tal como se hace actualmente en las bombas de pistón. Los recipientes utilizados para los experimentos, a falta de sopladores de vidrio que se incorporaran a los trabajos para el vacío, eran los frascos utilizados en las boticas. El cierre entre el frasco y la placa base del sistema de vacío se realizaba con una junta de cuero engrasada. A pesar de lo primitivos que en nuestro tiempo nos parezcan estos métodos, hay que resaltar el ingenio de los investigadores para preparar sus experimentos. Dado el éxito alcanzado por el barómetro y su inmediata aplicación a la predicción del tiempo, y especialmente en la navegación, surgió una gran demanda de bombas de vacío para fabricarlos, con lo que fueron diversos los talleres experimentalistas y mecánicos que comenzaron a producirlos. El mercurio había que purificarlo por destilarlo en vacío.

Sobre lo expuesto en este capítulo hay que destacar dos obras de gran importancia: *A Course in Experimental Philosophy* (vols. I y II), de John Theophilus Desaguliers,[39, 40] y el *Traité de météorologie*, de Louis Cotte.[41] Es interesante hacer notar, tal como ocurría con muchos de los instrumentos de la época, que, además de la función para la que se construían, eran verdaderas obras de arte. Con el fin de ilustrar este apartado, vamos a presentar algunos de los modelos desarrollados en la época.

La figura 4.2 muestra la bomba desarrollada por Francis Hauksbee en 1705.[42] Físico inglés y fabricante de instrumentos científicos, realiza su primera demostración de la bomba en una reunión de la Royal Society de Londres en diciembre de 1703, presidida por Isaac Newton. En su demostración indica que era capaz de obtener un vacío de 1,9 mmHg (2,5 mbar) en un recipiente de 0,7 l en dos minutos. Dado el éxito de sus demostraciones fue nombrado demostrador oficial de los experimentos de la institución. Demostraciones a las que asistieron Robert Hook y Robert Boyle. El mueble de montaje era una magnífica obra de arte. La bomba era de doble efecto, es decir, dos cilindros de acción complementaria: cuando un pistón aspira, el otro expulsa el aire a la atmósfera. Toda la construcción es de latón, y en la parte superior se observa una campana de vidrio donde se realiza el experimento.

La figura 4.3 muestra una bomba construida por Pieter van Musschenbroek (1692-1761) en 1745. Científico neerlandés nacido en Leyden, que fue, además, el inventor del primer condensador eléctrico: la famosa *botella de Leyden*. Descubre en 1746 que un recipiente de vidrio lleno de agua y con una varilla de latón introducida en su parte central es capaz de almacenar electricidad, que solo puede descargarse mediante una conexión externa o, por ejemplo, colocando la mano en la parte externa de la botella, pasando la corriente a través del cuerpo (cuando se tratara de corrientes pequeñas, pues podría ocasionar serias lesiones o incluso la muerte). La botella era cargada poniendo

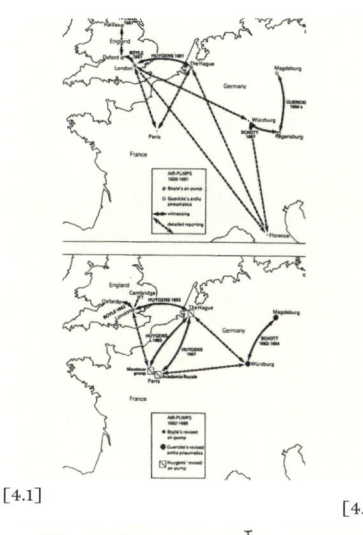

[4.1]

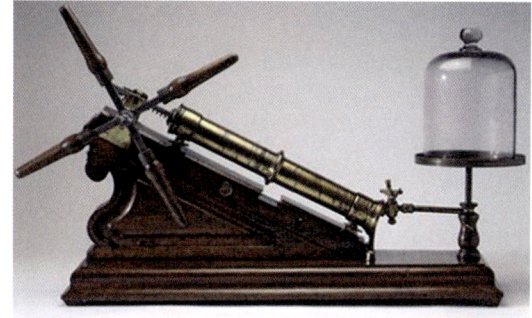

[4.3]

[4.2]

TAB. I.

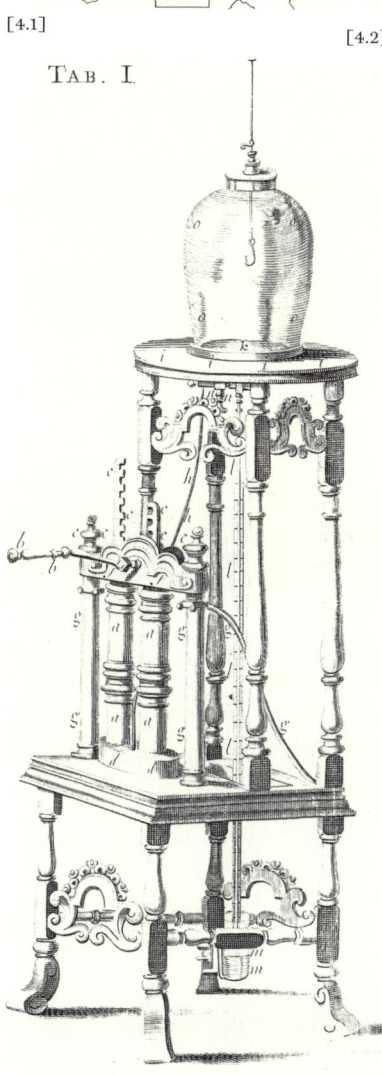

[4.4]

[4.1] Distribución de las bombas de Huygens, Boyle y Guericke. Parte superior: 1659-1661. Parte inferior: 1662-1669.

[4.2] Bomba de vacío diseñada y construida por F. Hauksbee en 1705.

[4.3] Bomba de vacío diseñada y construida por Pieter y Jan van Musschenbroek.

[4.4] Bombas de vacío del siglo XVIII. Arriba: del tipo de Boyle con doble pistón, que incorpora un manómetro de columna de mercurio para la medida de la presión. Ambas disponen de la campana de vacío de vidrio para realizar los experimentos. Debajo: del tipo desarrollado por Otto von Guericke.

en contacto la varilla central o electrodo con un generador de electricidad por fricción. Por su forma, las bombas se parecen al modelo desarrollado por Von Guericke, y son accionadas por un volante que actúa sobre el piñón, que arrastra el eje dentado solidario con el pistón del cilindro. Parece que las bombas las utilizaba para sus experimentos sobre electricidad.

La figura 4.4 muestra dos bombas pertenecientes a la colección de Telstar. La de la parte de arriba corresponde al modelo de Boyle-Huygens, mientras que la de abajo es similar a la desarrollada por Otto von Guericke. En la primera de ellas se observa claramente el manómetro de columna de mercurio que permitía medir la presión en la campana. Puede observarse también que se trata de una bomba de doble efecto, pues tiene dos cilindros de aspiración y descarga a la atmósfera.

En resumen, durante finales del siglo XVII y el XVIII las bombas mecánicas obedecen a los modelos creados por Guericke y Boyle-Huygens, sin que se conozcan más desarrollos que los que permitían los avances en la mecanización de los diversos componentes: juntas, válvulas y fontanería, casi siempre utilizando como materiales de construcción latón y madera, y como cierre, juntas de cuero. Habremos de entrar en el siglo XX para que comience el desarrollo de las bombas de mercurio. Con las bombas descritas las presiones logradas no eran inferiores a los 0,45 mmHg (0,6 mbar). En esta época, casi todos los avances se materializaron en la fabricación de barómetros.

Medida del vacío y presión atmosférica

En ese tiempo, la columna barométrica de Torricelli fue el manómetro por excelencia para la medida del grado de vacío alcanzado. La figura 4.5 muestra el extracto de la figura 3.10. La primera medida de presiones por debajo de la atmosférica fue realizada por Boyle, basada en la utilización de un tubo de vidrio de longitud un poco mayor de 80 cm, como se indica en la figura, que se hacía pasar al interior de una campana de vidrio por su parte superior, y con la unión cerrada mediante junta de cuero. La parte abierta del tubo se introduce en un vaso de vidrio con mercurio. El nivel del tubo, inicialmente lleno de mercurio, al introducirlo en el mercurio del vaso, desciende hasta los 760 mm de altura, o la altura correspondiente a la presión atmosférica del lugar. Esta disposición le concede la propiedad de utilizarse como *vacuómetro* o manómetro absoluto: al hacer vacío, la altura alcanzada por el mercurio disminuye e indica la presión en el interior de la campana y, por tanto, el grado de vacío alcanzado. Este descubrimiento permitiría realizar experimentos en atmósferas controladas, como lo fue el de la ley de los gases del propio Boyle. En la misma figura se observa un dispositivo semejante a un tubo en U en el que, con su rama cerrada y llena de mercurio, al hacer el vacío en la campana se observa como la altura del mercurio en la parte cerrada desciende, mientras que en la abierta asciende; la diferencia de alturas es la presión reinante en la campana de vacío. Acoplando escalas graduadas a las columnas, se podía medir fácilmente la presión. De todas formas, la precisión de la medida no podía superar los 0,5 mm, que es la mejor resolución que se apreciaría en las escalas graduadas.

Es interesante resaltar que todavía en nuestros días se sigue utilizando la columna de mercurio; obviamente la moderna tecnología permite medir las alturas o sus diferencias por medio de la interferometría láser, con lo que se pueden apreciar hasta los 10,5 mmHg. Con el fin de aumentar la precisión, se utilizaban aceites y agua. Esta última tiene el inconveniente de su alta presión de vapor que a la temperatura ambiente es de unos 20 mmHg (26,6 mbar). Para facilitar la lectura e, incluso, aumentar la sensibilidad, las variaciones en la altura del mercurio se convertían en variaciones de una aguja que se desplazaba sobre una escala graduada, como indica la parte derecha de la figura 4.6. Un flotador colocado en la rama abierta de la columna era solidario con una leva que accionaba una rueda dentada. De este modo se podían seguir las variaciones de la presión por la lectura analógica.

En definitiva, en esta centuria el barómetro o columna de mercurio fue el elemento de elección para su utilización como barómetro y *vacuómetro* o manómetro absoluto. La parte izquierda de la figura 4.6 muestra una reproducción de diversas

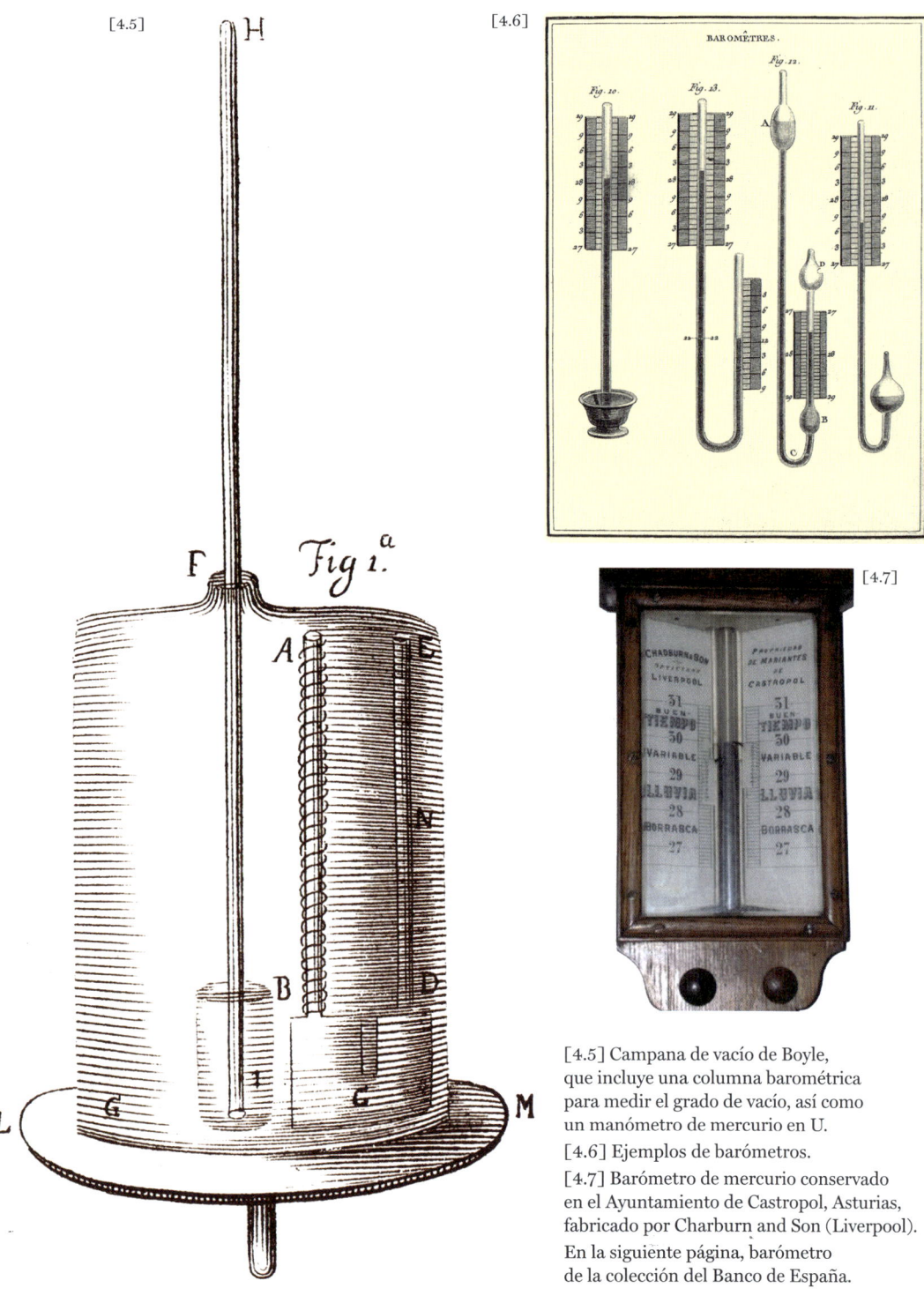

[4.5]

[4.6]

BAROMÈTRES.

[4.7]

[4.5] Campana de vacío de Boyle,
que incluye una columna barométrica
para medir el grado de vacío, así como
un manómetro de mercurio en U.

[4.6] Ejemplos de barómetros.

[4.7] Barómetro de mercurio conservado
en el Ayuntamiento de Castropol, Asturias,
fabricado por Charburn and Son (Liverpool).

En la siguiente página, barómetro
de la colección del Banco de España.

[4.7]

formas de utilización de la columna barométrica.[43] Todos incluyen una escala graduada que permitía leer la altura alcanzada. El barómetro situado primero a la izquierda es la típica columna de Torricelli para determinar las variaciones de altura y, por consiguiente, las variaciones de presión atmosférica. El segundo por la izquierda posee dos escalas: una sobre la columna cerrada y otra sobre la rama abierta. Comunicada la rama abierta con la campana de vacío o el dispositivo provisto en su parte superior de una escala que para donde se efectuaba el vacío, permitía obtener la presión por diferencia entre ambas lecturas. El tercero por la izquierda muestra una modificación del manómetro diferencial, que incorpora dos bulbos con mercurio. En estos modelos ya se observa que los sopladores de vidrio comenzaban a contribuir al trabajo científico, siendo capaces de curvar, ensanchar y soldar tubos a bulbos de mucho mayor diámetro.

El barómetro como dispositivo para predecir el tiempo abrió el campo a la meteorología, y uno de sus mayores beneficiarios fue la navegación, ya que permitía a los barcos sortear las tempestades o prevenir con antelación los medios para afrontarlas. Pero pronto los miembros de la alta sociedad incorporaron en sus mansiones el barómetro, costumbre que perdura en nuestros días, aunque extendida a estratos más bajos de la sociedad.

Un ejemplo de estos barómetros se muestra en la figura 4.7. Se trata de un magnífico barómetro de mercurio con predicción del tiempo que se conserva en el Ayuntamiento de Castropol, Asturias, perteneciente al Gremio de Mareantes. Fue fabricado por Charburn and Son, de Liverpool, con el texto en español. Actualmente, debido a la prohibición en la utilización del mercurio, no se fabrican y solo podrían encontrarse en los comercios de antigüedades. John Smeaton (1724-1792), ingeniero y físico inglés, también contribuyó al desarrollo de los manómetros, que podían medir presiones de 1 mbar.*

Experimentos en vacío

En esta centuria, desarrollados los instrumentos para crear y medir de forma reproducible y controlada el vacío en recipientes apropiados y de diversas formas y dimensiones, comienza también una etapa muy fructífera de investigación con atmósferas enrarecidas; es decir, a presiones por debajo de la atmosférica. Experimentos que contribuyeron a la *explosión* que experimentaría la ciencia en los siglos XIX y XX.

Acción ejercida por la presión

Ya hemos indicado en el capítulo 3 el interés en demostrar la existencia del vacío como ausencia de materia, es decir, de aire. Uno de los primeros fenómenos observables objeto de estudio fue la transmisión del sonido. Cuando se lleva a cabo el primer experimento de Berti (capítulo 3), en presencia de Kirchner, este sugirió incluir en el recipiente de vacío una campana, con el fin de demostrar que el sonido no se transmitía. Pero el experimento fracasó, pues la transmisión del sonido a través del soporte de la campana enmascaró el resultado.

---

* NOTA DEL EDITOR. A finales del siglo XIX y principios del XX, los barómetros de columna y los aneroides llamados *columnas meteorológicas* comienzan a formar parte del mobiliario urbano, especialmente en las localidades costeras. Algunos de estos barómetros fueron verdaderas obras de arte, como las columnas de La Coruña, San Sebastián y Palma de Mallorca. Más información se puede encontrar en la excelente presentación de José Miguel Viñas en http://hdl.handle.net/20.500.11765/9823.

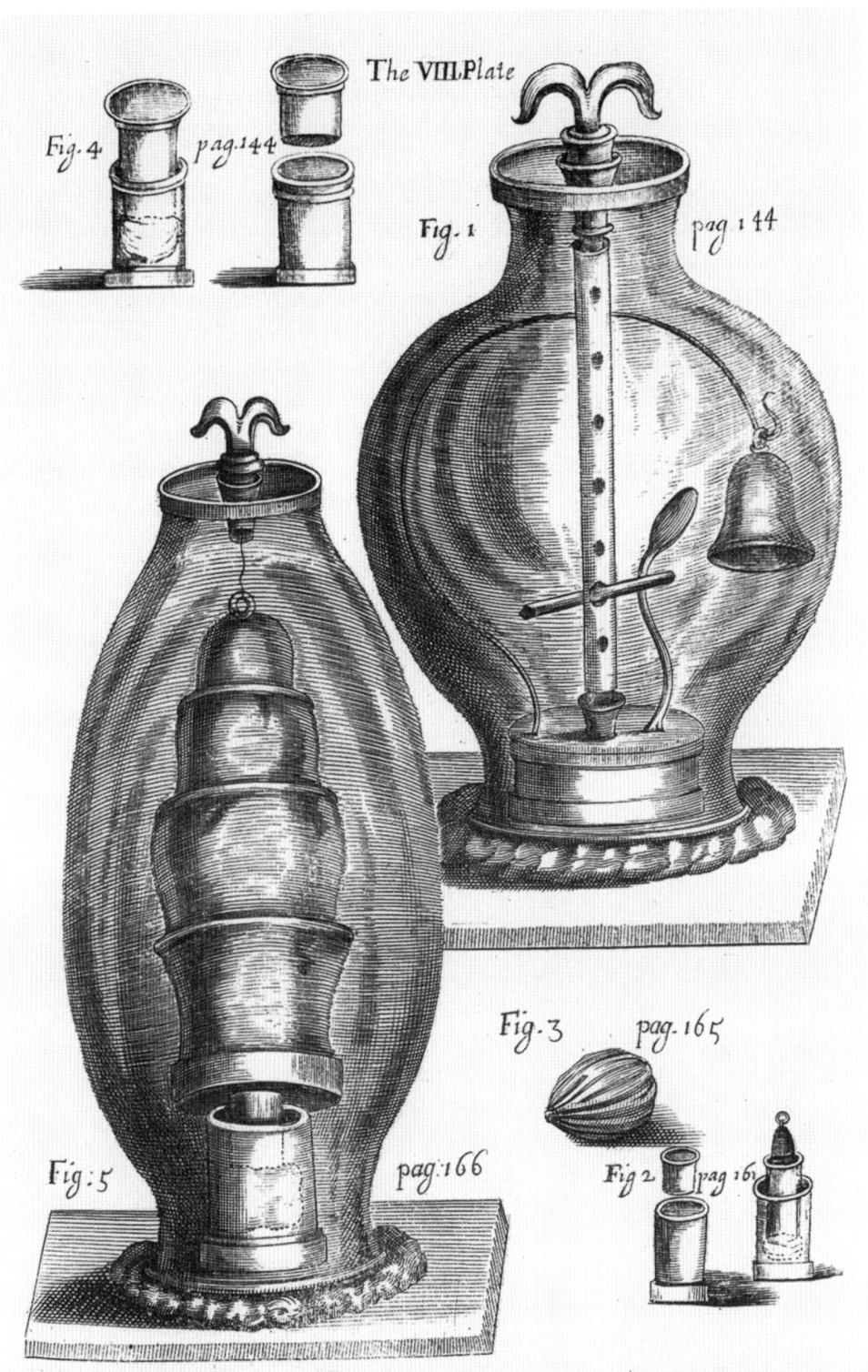

The VIII Plate

Fig. 4   pag. 144

Fig. 1   pag: 44

Fig. 3   pag. 165

Fig: 5   pag: 166

Fig. 2   pag. 161

[4.8] Experimento de Boyle para demostrar que el sonido no se transmite en vacío.

Fue Boyle en 1660 el que demostró positivamente que en vacío el sonido no se transmite. Mejoró el dispositivo experimental para evitar que la transmisión a través de los soportes de la campanilla fuera despreciable en comparación con la transmisión del sonido a presión atmosférica. La figura 4.8 muestra la campana de vacío donde se puede observar la campanilla, junto a otros elementos, para demostrar la ausencia de aire y el comportamiento del aire a diferentes presiones. Desde el exterior se podía accionar el pequeño martillo que golpeaba la campanilla. Tomó la precaución de que ambos dispositivos se unieran al exterior mediante elementos con una baja transmisión del sonido. El experimento fue un éxito, pues al hacer vacío el sonido de la campana se extinguía. Otro experimento muy interesante fue el realizado en la Academia del Cimento en 1666, que fue muy revelador también para demostrar el efecto del aire a presión atmosférica.

Otros dos experimentos ingeniosos ya se mencionaron en el capítulo 2. El primero fue realizado por Roberval para demostrar el efecto de presión de aire retenido en una vejiga colgada dentro de un bulbo de vidrio que fue evacuado con una bomba de vacío (figura 2.13). El otro fue ideado por el físico francés Jean-Antoine Nollet para demostrar que todos los cuerpos caen en el vacío con la misma velocidad e independientemente de su masa (figura 2.15).

Inicio de las leyes relativas al comportamiento de los gases

En 1716, Jacob Hermann (1678-1733) propone que la presión es proporcional a la densidad y al cuadrado de la velocidad media de las moléculas. Era pariente lejano de Euler y estudió Teología y Matemáticas en la ciudad de Basilea, bajo la dirección de Jacob Bernoulli. En 1701, con el apoyo de Leibniz, fue elegido miembro de la Academia de Berlín, y en 1733 de la Academia Real de Ciencias de París. En 1787 el científico francés Jacques-Alexandre-César Charles enuncia la ley de expansión de los gases: *Dado un cambio de temperatura, los gases experimentan la misma variación, independientemente de su naturaleza*. A pesar de la gran importancia de su descubrimiento, pasó a la historia como el primero que construyó y ascendió en un globo lleno de hidrógeno, en 1783. El hidrógeno había sido descubierto por el físico inglés Henry Cavendish en 1766.

Ya en los comienzos de siglo XIX se enuncian dos leyes muy importantes sobre los gases. John Dalton (1766-1844) en 1801 enuncia su famosa ley de las presiones parciales: *En una mezcla de gases, a temperatura constante, cada gas ejerce la misma presión que si él solo ocupara todo el volumen.* En 1802 el químico francés Joseph-Louis Gay-Lussac (1778-1850) propone su famosa ley, que dice: *A una presión dada, los cambios de volumen de un gas son proporcionales a la temperatura.* La precursora de todas estas leyes fue, sin duda, la de Robert Boyle, cuando presentó su famosa ley de la relación inversa entre volumen y presión de un gas, mediante el dispositivo experimental mostrado en la figura 4.5, en el que se podía modificar y medir la presión del gas encerrado en la campana de vidrio.

Daniel Bernoulli (1700-1782) nace en Groninga, Países Bajos, donde su padre era profesor de Matemáticas. Fue profesor de la Academia de Ciencias de San Petersburgo y, más tarde, de la de Basilea, de donde era originaria su familia. Su relación con su padre no fue buena, pues compitieron por los mismos premios. Realiza el primer estudio estadístico sobre la teoría cinética de los gases (1728-1733), y en 1738 publica su *Hidrodinámica.*

Fenómenos de capilaridad y adhesión

Boyle ya señaló la altura anormal que experimentaban las columnas barométricas, y que no pudo explicar satisfactoriamente. Sí puso de manifiesto que la limpieza del tubo y mejora de las bombas era fundamental para el éxito de los experimentos. Es muy interesante describir el experimento de Boyle que llamó de *flat-plate*, ya conocido en la Antigüedad, y consistente en que, deslizando una superficie sobre otra, era muy difícil separarlas. Otto von Guericke realizó experimentos similares con una placa de bronce sobre una placa de mármol, resultando imposible separar la placa de bronce excepto si se deslizaba hacia el exterior. Pascal fue más lejos y, sospechando que la presión atmosférica era responsable del fenómeno, puso dos láminas de mármol o metálicas limpias y pulidas juntas y las introdujo en una campa-

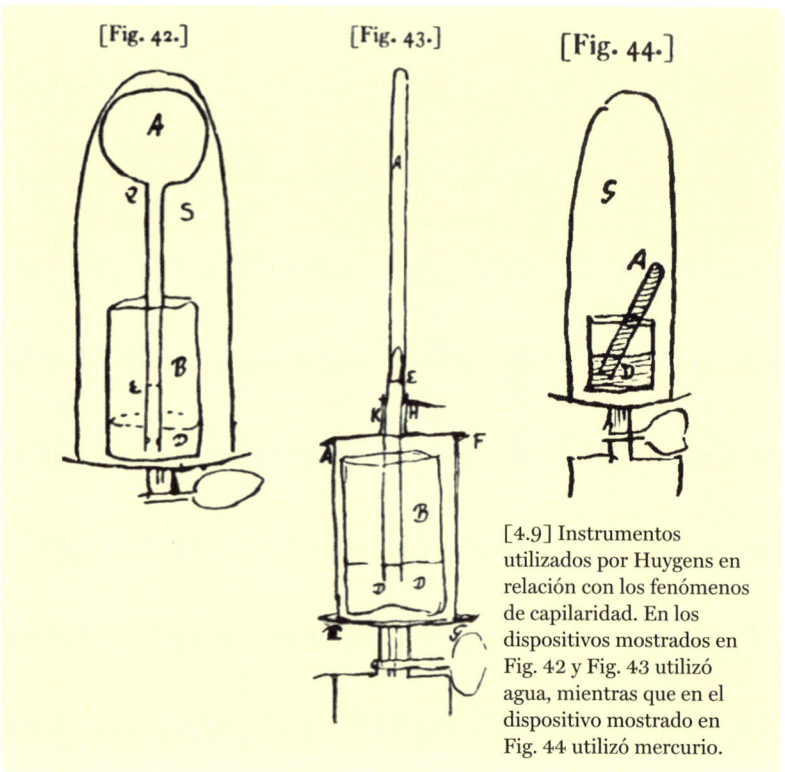

[Fig. 42.] [Fig. 43.] [Fig. 44.]

[4.9] Instrumentos
utilizados por Huygens en
relación con los fenómenos
de capilaridad. En los
dispositivos mostrados en
Fig. 42 y Fig. 43 utilizó
agua, mientras que en el
dispositivo mostrado en
Fig. 44 utilizó mercurio.

na de vacío, observando que la fuerza necesaria para separarlas era mayor cuanto mayor era la presión.

Provisto Huygens de medios para producir vacío de forma permanente, realiza diversos experimentos relacionados con propiedades de los materiales, biología, suspensión anómala, transmisión de la luz en vacío y unión de superficies planas. En el experimento de la *flat-plate*, Huygens fue más lejos y utilizó una lámina de metal y otra de mármol, ambas muy pulidas y cuidadosamente limpias. Una vez en contacto, las colocó en vacío a una presión de una pulgada de agua, según afirma, equivalente a unos 2 mmHg. A diferencia del experimento de Boyle, ni con una fuerza de tres libras (1,35 kg) fue posible separarlas. Interpreta el fenómeno siguiendo a los aristotélicos: en ausencia de aire, la presencia de una sustancia sutil, sin masa, extremadamente lábil, causaba la fuerza que mantenía unidas las láminas. Estos experimentos se repitieron colocando entre las láminas agua y otros líquidos, observando que, dependiendo de la separación entre las láminas, el líquido ascendía a una altura en razón inversa de la separación.

Estos fenómenos condujeron más adelante al desarrollo de la teoría de la capilaridad (Laplace, 1806). Aquí le surge a Huygens la gran contradicción de congeniar su teoría ondulatoria de la luz y del sonido con la necesidad de un medio físico para su propagación. Así, se preguntaría: ¿cómo es posible que se mantengan ambas superficies unidas, incluso a ese vacío? Con gran renuencia asumió la presencia, en ausencia de aire, es decir vacío, de una sustancia *sutil*, el éter, que suministraba el medio para la propagación del sonido y la luz, así como la fuerza que mantenía unidas las láminas. Estos experimentos entraban dentro de la constitución de la materia, así como la necesidad de eliminar la suciedad y otros contaminantes. A Newton[45] también le intrigó el fenómeno, pero lo explica basándose en cierta fuerza de atracción entre las placas, atracción a nivel de partículas y diferente de la fuerza de gravedad.

Otro experimento de Huygens muy importante, en cuanto a la influencia que el estado de limpieza de los elementos empleados podía ejercer sobre el resultado de los mismos, fue el fenómeno ya observado por Boyle de la altura que alcanza la columna líquida al hacer el vacío en esta. La figura 4.9 muestra el esquema de los dos experimentos que realizó a este respecto.[46] El tubo terminado en un bulbo construido en vidrio y muy limpio se llena de agua y el extremo inferior es introducido en un vaso también con agua; el conjunto se introduce en una campana a la que se podía hacer vacío. Al evacuar la campana, la columna de agua descendía y se derramaba en el vaso, ascendiendo su nivel. Hasta aquí todo parecía correcto, pero observó que la columna de agua no alcanzaba, como cabría esperarse, la misma altura que la del vaso. Hay que hacer notar que en otras ocasiones el nivel de agua de la columna era inferior al nivel en el vaso. Con el fin de profundizar más en el fenómeno, diseñó otro experimento. La diferencia consistía en que el tubo de vidrio que emergía del recipiente a evacuar era mucho más pequeño; de esta forma, al hacer el vacío, pudo observar como burbujas, sin duda de aire disuelto en el agua, emergían en el tubo produciendo una presión mayor en el tubo de vidrio que la existente en el vaso. El experimento lo repitió con mercurio, como indica el esquema de la parte derecha de la figura 4.9.

[4.10] El pintor Joseph Wright of Derby (1734-1797) plasmó en una magnifica pintura el experimento para demostrar que en vacío no podía existir vida.

Experimentos biológicos

Varios fueron los experimentos para demostrar que en vacío era imposible la vida. Entre ellos sobresale el plasmado por el pintor Joseph Wright of Derby (1734-1797) en un magnífico cuadro (figura 4.10): el macabro experimento de introducir un pajarillo dentro de una campana de vacío y observar como, al hacer el vacío, perdía la vida. Es tremendamente expresivo y se observa la reacción de los participantes. El experimentador introduce el pajarillo entre la angustia y la expectación. Un caballero explica el experimento a una dama, que cierra los ojos y rehúsa mirar. El niño mira fijamente, mientras que otro trata de evadirse. Otra dama parece escuchar la explicación del caballero situado a su derecha. Una niña contempla angustiada la campana de vacío.

El último espectador observa con aparente interés el resultado del experimento. Se realizaron otros experimentos con plantas con el resultado que, ahora, nos parece obvio.

Medida de la temperatura

La medida de temperatura fue motivo de gran atención por su repercusión en la vida e interpretación de los fenómenos naturales, de forma importante en la meteorología, junto al barómetro y el comportamiento de los gases. Ya hemos mencionado que Ctesibio (capítulo 1) realizó un primer termómetro. Galileo descubrió que la densidad de los líquidos disminuye al elevar la temperatura. Miembros de la Academia del Cimento italiana desarrollaron la idea y diseñaron y construyeron un primer termómetro con algunos de los discípulos de Galileo presentes. En honor del descubridor del principio, se denominó *termómetro de Galileo*.

La figura 4.11 muestra una réplica realizada por Ad-Glass (Oklahoma, Estados Unidos) en 1994 del desarrollado en 1592. Consiste en un largo tubo de vidrio lleno de un líquido denso, y que contiene varias ampollas de vidrio huecas, con un indicador en su parte inferior de la temperatura. Introducido el líquido y las ampollas, se cerraba por su parte superior. Los cambios de temperatura producían una variación apreciable de la densidad del líquido, pero no de las esferas flotantes, a las que solo alteraban su flotabilidad. Las esferas se desplazaban, y la que se situaba en una posición de flotabilidad neutra indicaba la temperatura.

Otto von Guericke también desarrolló un termómetro en 1672, cuyo grabado se representa en la figura 4.12, que es una verdadera obra de arte y parece de gran altura. El conjunto lo situó en la fachada de su casa. De una gran esfera de cobre pende un tubo de vidrio en U, que contiene alcohol, en la rama abierta existe un pequeño flotador que es contrabalanceado por la figura de un ángel, y que actúa como indicador de la temperatura en una escala de siete divisiones, cuya parte superior indica *gran calor* y la inferior *gran frío*. Valores intermedios quedan a la sensibilidad del lector.

La palabra *termómetro* fue comunicada por Jean Leurechon[47], quien describe uno que poseía ocho divisiones. Pero parece que fue el físico alemán Daniel Gabriel Fahrenheit[48] quien en 1709 inventó el primer termómetro construido en vidrio, cerrado y con alcohol como elemento sensible a los cambios de temperatura. Poco después, en 1714, describe el termómetro cargado con mercurio. Este descubrimiento evita el problema de los anteriores termómetros de depender, además de la temperatura, de la presión atmosférica. En 1724 determina tres puntos fijos: el primero, 0 °F (aproximadamente -18 °C), corresponde a la temperatura de una mezcla de hielo y sal, eutéctico de agua y sal; el segundo, 32 °F (0 °C), corresponde a una mezcla de agua y hielo, y el tercero, 96 °F (36 °C), correspondiente a la temperatura del cuerpo humano tomada en la axila. De esta forma ya queda establecida una escala de temperatura y con puntos que podían ser generados en cualquier laboratorio y, así, uniformar las lecturas de temperatura. Sin embargo, la escala adoptada por Fahrenheit resultaba un tanto artificiosa.

El profesor de Astronomía de la Universidad de Upsala, Suecia, Anders Celsius, estableció en 1741 una nueva escala, denominada *centígrada*, al dividir en cien partes iguales la altura de la columna de mercurio entre el punto correspondiente a la mezcla hielo-agua, 0 °C, y el de ebullición a 100 °C, que también se denomina *escala de Celsius* en reconocimiento a su descubridor. Parece que Huygens sugirió el establecimiento de puntos fijos.

De esta forma, el termómetro ya puede utilizarse no solo para la medida de la temperatura del aire o ambiente, sino también para experimentos en los que el termómetro formaba parte del dispositivo experimental, sobre todo en el estudio del comportamiento de la materia en función de la temperatura, entre ellos, el de los gases.

La figura 4.13 muestra varios termómetros probablemente construidos por René-Antoine Ferchault de Réaumur. Nacido en La Rochelle en 1683, muere en Saint-Julien-du-Terroux en 1757. Los termómetros cargados con alcohol están graduados en la escala establecida por Réaumur, donde al punto de ebullición del agua se le asigna 80° y al de agua más hielo 0°. ¿Por qué eligió este intervalo? Razona de la siguiente forma: alcohol de mil partes por volumen a la temperatura de fusión del hielo pasa a mil ochenta partes a la temperatura de ebullición; así que dividió el intervalo en ochenta partes, en lugar de asumir la división centesimal.

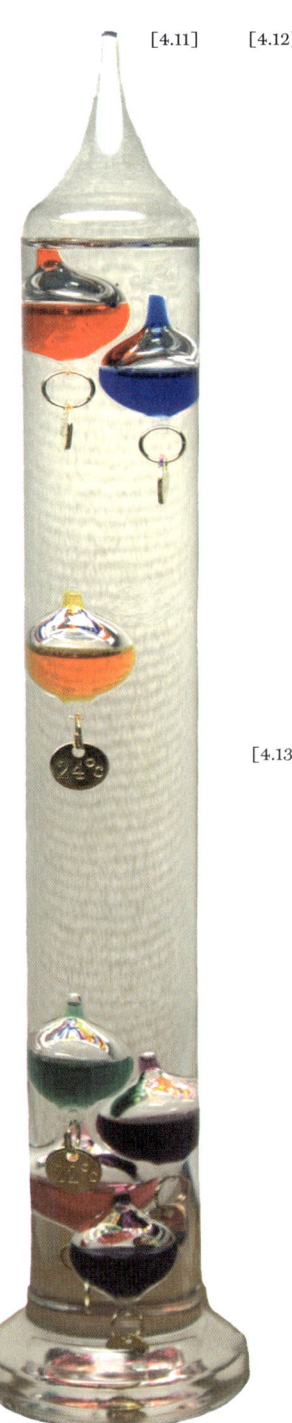

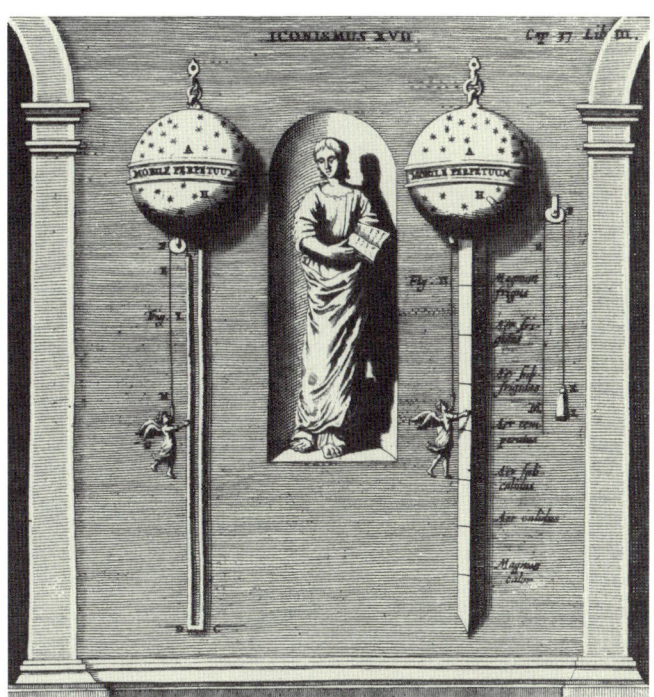

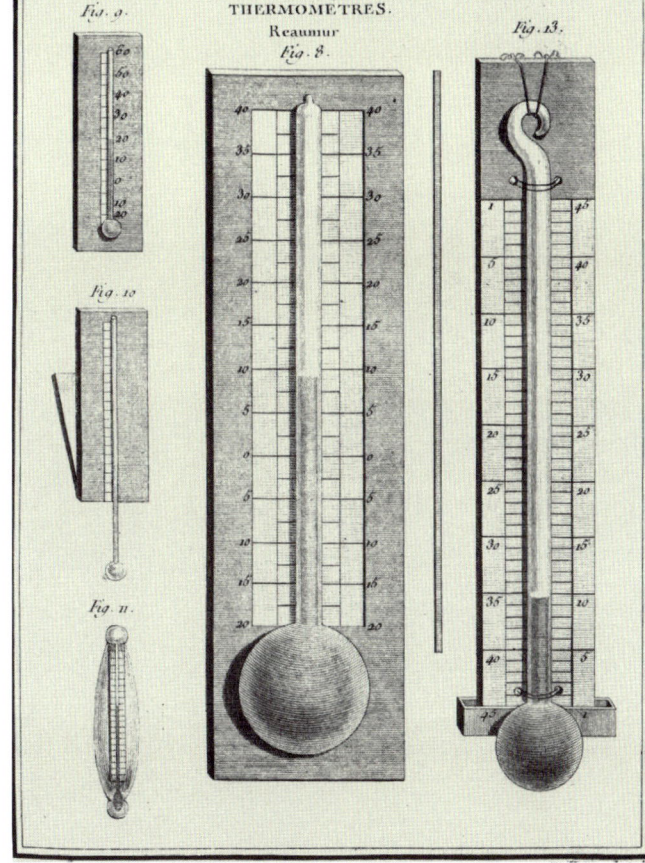

[4.11] Réplica del termómetro
de Galileo (1592).

[4.12] Termómetro
de Von Guericke.

[4.13] Termómetros
desarrollados por Réaumur.

[4.14]

[4.15]

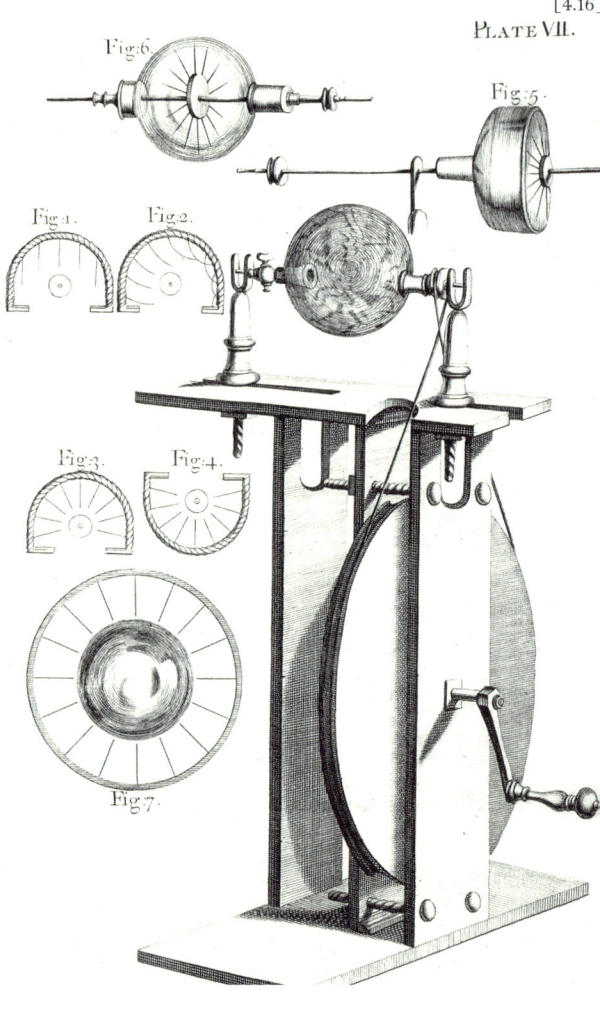

[4.16]

[4.14] Generador electrostático
de Otto von Guericke.

[4.15] Trágico desenlace del profesor
Richmann al tratar de cargar una
batería de condensadores de botellas
de Leyden, aprovechando las descargas
eléctricas durante una tormenta.

[4.16] Generador de electricidad
diseñado y construido por F. Hauskbee
para estudiar la luminiscencia
producida en el bulbo por la descarga
eléctrica en vacío.

Fenómenos eléctricos

Se ha introducido este capítulo dedicado a la electricidad por la gran importancia que tuvo en el estudio de la descarga en los gases a bajas presiones. Ya hemos descrito la gran producción científica y tecnológica sobre el vacío de Otto von Guericke, pero también tuvo una significativa contribución a la electricidad. En 1660 dio a conocer su generador de electricidad. Consistía en una bola de azufre a la que se hacía girar en una cuna de lana, tal como indica la figura 4.14. Una vez cargada la bola, se transfería la carga eléctrica a otra bola provista de un mango de madera, y que podía transportarse al lugar donde se realizaba el experimento. Es muy ingeniosa la manera de construir la bola de azufre: se llenaba una bola hueca de vidrio de azufre fundido. Una vez enfriado, se rompía el cristal y se recuperaba la bola de azufre. El mango aislante de baja conductividad, término todavía no conocido, donde se sujetaba la bola de azufre permitía con cierta facilidad llevarla de un lugar a otro. Más adelante se descubrió que la bola de vidrio hueca también podía cargarse. Una vez que se pudo producir carga eléctrica de forma continua y reproducible, el problema era cómo almacenar la electricidad. La llamada *botella de Leyden*, ya mencionada anteriormente, fue el dispositivo que permitía almacenarla. Fue inventada por Ewald Jürgen von Kleist (1700-1748), físico alemán que tuvo la idea de almacenar energía eléctrica, ¡y se le ocurrió llenar una botella! La botella, que disponía de un electrodo colocado a través del cuello, contenía agua o mercurio; recubierta con una lámina de metal conectada a tierra, formaba el condensador. Independientemente, un año más tarde el físico neerlandés Pieter van Musschenbroek, de Leyden, inventó la misma botella, que se denominó *botella de Leyden*, mientras que en Alemania se la conocía por *botella de Kleist*. El familiar primer nombre es el que ha prevalecido hasta nuestros días. Con el fin de aumentar la capacidad eléctrica, se utilizaron muchas botellas en paralelo, y para cargarlas se aprovechaban las descargas eléctricas durante las tormentas, método muy peligroso y que ocasionó la muerte de algún científico.

La figura 4.15 muestra un grabado del experimento realizado por el profesor Richmann y su ayudante en 1783, en el que el primero encontró la muerte. Richmann junto con Lomonosov estudiaban la electricidad atmosférica intentando profundizar en los experimentos de Franklin. El 26 de julio de 1873, Richmann trataba de cargar una batería de botellas de Leyden aprovechando la descarga eléctrica durante una tormenta. Desafortunadamente su cabeza quedó cerca del conductor eléctrico, recibiendo una tremenda descarga de la que no pudo recuperarse. Su ayudante fue despedido a una distancia considerable, pero no sufrió daños. El desarrollo del vacío junto con la electricidad impulsa el descubrimiento de nuevos fenómenos eléctricos.

Jean Picard (1620-1682),[49] astrónomo francés, realiza diversos experimentos en vacío, centrándose en la columna de mercurio de Torricelli, y en 1675 descubre que al subir y bajar la columna se observa una fosforescencia de tenue luminosidad en el vidrio de esta, aunque fue más conocido por ser el primero en medir el tamaño de la Tierra en 1669 o 1670 con una razonable incertidumbre. Por su interés describimos su medida. Realiza treinta triangulaciones con base en París, y la final en la torre del reloj de Sourdon, en Amiens. Llega a la conclusión de que un grado de latitud corresponde a 110,46 km, lo que da un valor de 6328,9 km para el radio terrestre. El descubrimiento de la luminosidad en la columna de mercurio también indujo a Newton a realizar estudios de espectroscopia.

Otro investigador de esta centuria fue el científico inglés Francis Hauskbee (1666-1713) (no debe confundirse con el creador de diversas bombas de vacío), que realiza experimentos de descarga eléctrica en vacío. La figura 4.16 muestra un grabado del dispositivo que desarrolló en 1705 para realizar sus experimentos de electricidad.[50] Una esfera de vidrio a la que se pueden acoplar sendos electrodos horizontalmente, en la que previamente se había introducido una pequeña cantidad de mercurio, y que podía ser evacuada. Al comunicar una carga eléctrica a uno de los electrodos y poner la mano sobre el vidrio, podía observarse una luminosidad. La luminosidad fue lo suficientemente intensa como para poder leerse con ella. La descarga tenía una apariencia como la del fuego de san Telmo. Este descubrimiento es la base de las lámparas de vapor de mercurio actuales.

Joseph Priestley (1733-1804) fue un sacerdote inglés e investigador, más conocido por sus trabajos en el campo de la química,

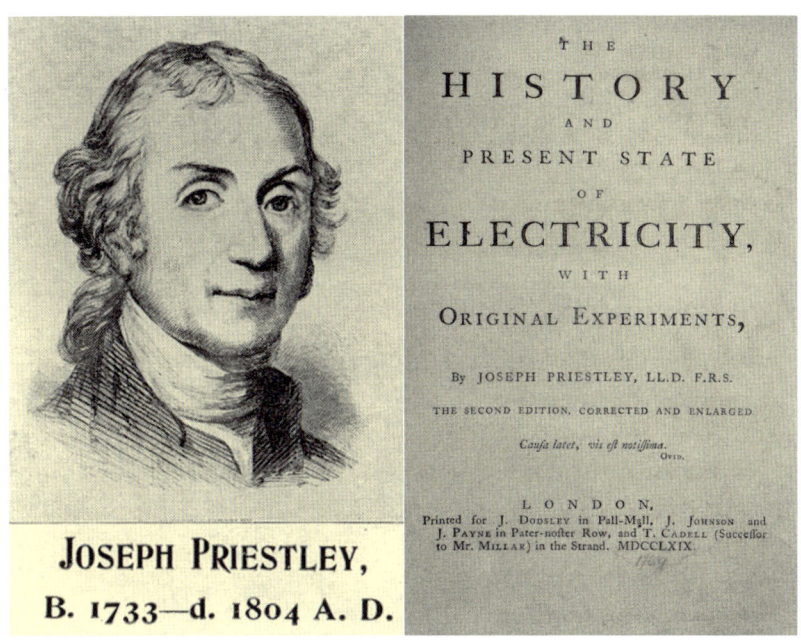

[4.17] Joseph Priestley y la portada de su libro sobre electricidad.

donde descubrió un nuevo *gas* en el que una vela podía arder, que llamó gas *desflogistizado,* pues consideraba que el aire residual después de una combustión en recinto cerrado, que ya no permitía la combustión, estaba saturado de *flogisto.* La idea del flogisto no es nueva, pues Aristóteles lo consideraba una de las cuatro sustancias básicas. Priestley, en su viaje a través de Europa, conoció a Lavoisier, a quien comentó su descubrimiento sobre la combustión. Repitió los experimentos entre 1775 y 1780 y al gas obtenido lo denominó *oxígeno,* que consideró el elemento activo de la atmósfera responsable de la combustión. Priestley no compartió la teoría de Lavoisier y, además, quedó muy enfadado, pues este ignoró mencionar sus experimentos. Nada nuevo en ciencia. Pero sus investigaciones en química oscurecieron una importante contribución al estudio de la electricidad. Priestley publicó sus trabajos en 1767.[51] La figura 4.17 muestra la portada de la publicación. Es de señalar que en sus experimentos con las descargas en tubos de vacío observó la erosión que se producía en el cátodo y la deposición de material catódico en las paredes (1766). Descubrimiento precursor de la *pulverización catódica* actual.

El físico inglés William Watson (1715-1787), nacido en Londres, cuya dedicación principal fue la botánica, tuvo, sin embargo, una significativa contribución a la electricidad. Mejora la capacidad de la botella de Leyden, al recubrir la parte interna de la misma con una lámina de cobre. También propone que las dos clases de electricidad, vítrea y resinosa, propuestas por Du Fay, consistían en un exceso de carga (carga positiva) y un defecto (carga negativa), formando parte un fluido simple que denominó *éter eléctrico*. Volvemos al éter cuando un fenómeno no se puede explicar. Resulta evidente que el éter era la panacea de las teorías. A partir de este momento tanto científicos como charlatanes emprendieron una gran actividad en diversas demostraciones y descubrimientos.

Con el fin de evidenciar el estremecimiento producido por el beso de una bella dama cargada eléctricamente se efectúa el siguiente experimento: a una bella mujer subida en un taburete aislante se la comunica con un generador de electricidad, tal como indica la figura 4.18. Una vez cargada, la dama se acerca al caballero y le besa con todo cariño. La historia no cuenta la impresión recibida por ambos, el *estremecimiento* estaba asegurado. Es un experimento divulgativo realizado por Georg Mattias Bose, el inventor del primer dispositivo para el almacenamiento temporal de la carga electróstatica utilizando un conductor aislado. Posteriormente, esta invención permitió desarrollar la botella de Leyden.

[4.18] *Venus electrizante* o *beso eléctrico de Bose:* una dama cargada eléctricamente y aislada de tierra da un *estremecedor* beso a un caballero.

REFERENCIAS ——————

38. Shapin, Steven, y Schaffer, Simon. *Leviathan and the Air-Pump*. Princeton University Press, 1985. **39**. Desaguliers, John Theophilus. *A Course in Experimental Philosophy*, vol. 1. Londres, 1704. **40**. — *A Course in Experimental Philosophy*, vol 2. Londres, 1704. **41**. Cotte, Louis. *Traité de météorologie*. París, 1774. **42**. Hauksbee, Francis. *Physico-Mechanical Experiments on Various Subjets*. Londres, 1709. **43**. Cotte, Louis. *Traité de météorologie*. París, 1774. **44**. Nollet, Jean-Antoine. *Leçons de physique expérimentale*. París, 1743-1748. **45**. Newton, Isaac. *Opticks, query 31*. Londres, 1717. **46**. *Ibid.*, p. 323, fig. 42 y 43. **47**. Leurechon, Jean. *La récréation mathématique*. Universidad de Pont-à-Mousson (Francia), 1624. **48**. Fahrenheit, Daniel Gabriel. «Experimenta et observationes de congelatione aquae in vacuo factae». *Philosophical Transactions of the Royal Society of London*, vol. 33, abril de 1724, pp. 78-84. DOI: https://doi.org/10.1098/rstl.1724.0016. **49**. Fox, William. «Jean Picard». *The Catholic Encyclopedia*, vol. 12. Robert Appleton Company, 1911. URL: http://www.newadvent.org/cathen/12073b.htm. **50**. Hauskbee, Francis. *Physico-Mechanical Experiments on Various Subjects* (2.ª ed.). Londres, 1719. **51**. Priestley, Joseph. *The History and Present State of Electricity, with Original Experiments* (2.ª ed.). Londres, 1769.

El vacío: ciencia y herramienta en el siglo XIX. La centuria del mercurio y la teoría de los gases

El mercurio, por su carácter metálico, baja presión de vapor y facilidad de manejo, se impone en la tecnología del vacío y los experimentos.

Leyes y propiedades de los gases

L A disponibilidad de campanas de vidrio, sistema de vacío, bombas y manómetros que permitían producir y controlar la presión, junto con los primeros estudios del siglo anterior sobre las propiedades de los gases enrarecidos, estimula la continuación de estos estudios. Al mismo tiempo son abordados los estudios teóricos, especialmente la mecánica estadística, que condujeron al desarrollo de la teoría del comportamiento de los gases.

John Dalton (1766-1844): ley de proporciones múltiples

Físico y químico inglés, de familia bastante humilde dedicada a labores del campo y al tejido de telas para vestidos. Encontró personas que detectaron su capacidad intelectual y le ayudaron. Este es el caso de un cuáquero rico, Elihu Robinson, que le protegió y estimuló en el estudio de las matemáticas. Es muy interesante resaltar que con doce años fundó una escuela en su ciudad natal, Eaglesfield, donde enseñaba a alumnos mucho mayores que él. Al poco tiempo abandonó por problemas económicos y volvió a las labores del campo.

La figura 5.1 reproduce una fotografía y la 5.2 muestra a Dalton recogiendo metano en un pantano. En 1793 inicia estudios sobre meteorología.[52] En 1801 enuncia la ley de las presiones parciales y proporciones múltiples: *En una mezcla de gases, la presión total corresponde a la suma de las presiones que cada gas ejercería por separado sobre el volumen, a igualdad de temperatura.* Siguiendo al filósofo griego Demócrito con el fin de explicar su teoría, ¡propone que los gases están formados por átomos o moléculas individuales e indivisibles! La siguiente ley que formula fue la ley de las proporciones múltiples: *Cuando dos sustancias se unen para formar varios compuestos, dada una cantidad fija de una de ellas, las cantidades correspondientes de la otra para obtener el compuesto están en relación de números enteros.*

Otra contribución de Dalton fue en el campo de la visión. Padecía la enfermedad denominada *acromatopsia*, que se caracteriza por la dificultad de diferenciar los colores, y que estudió y describió científicamente. En su honor se la conoce por *daltonismo*. La Real Sociedad de Londres le concedió la Medalla de Oro en 1826. También fue condecorado por la Academia Francesa de Ciencias.

Amedeo Avogadro (1776-1856): contando el número de moléculas

Físico y químico italiano. Seguidor de la teoría atómica de Dalton y la ley de Gay-Lussac sobre el movimiento de las moléculas, enunció la ley que lleva su nombre, en la que afirma que volúmenes iguales de gases diferentes contienen el mismo número de moléculas a igualdad de presión y temperatura.[53] Determina que este número es de $6,02 \times 10^{23}$ mol^{-1}. Su biografía ha sido realizada por Morselli.[54] La Universidad de Turín le ofrece una cátedra creada para él en 1820. Participa en los movimientos políticos relacionados con el reino de Cerdeña, lo que le ocasiona la pérdida de la cátedra.

John James Waterston (1811-1883): concepto cinético de la presión

John James Waterston fue un físico escocés. Estudió en la Escuela Superior de Edimburgo, y fue aprendiz de ingeniería civil en la compañía de Grainger y Miller, donde los empleados le animaron a que ingresara en la Universidad de Edimburgo. En 1839 fue propuesto para instructor naval de la East India Company en Bombay. Durante su estancia en la India realiza los estudios sobre la teoría cinética de los gases, que publica, costeado por él mismo, en el libro *Thoughts on the Mental Functions* en 1843, en la que enuncia la famosa relación:

$$P = N M \, \overline{V}^2$$

Siendo N la concentración de moléculas (m^{-3}), M la masa de la molécula (kg), $\overline{V}$ la velocidad media de las moléculas (m s^{-2}),

[5.1] John Dalton,
grabado de W. H.
Worthington, 1823.
[5.2] John Dalton
recogiendo metano en
un pequeño pantano.

Amedeo Avogadro
(1776–1856)

[5.1]

[5.2]

DALTON COLLECTING MARSH FIRE GAS

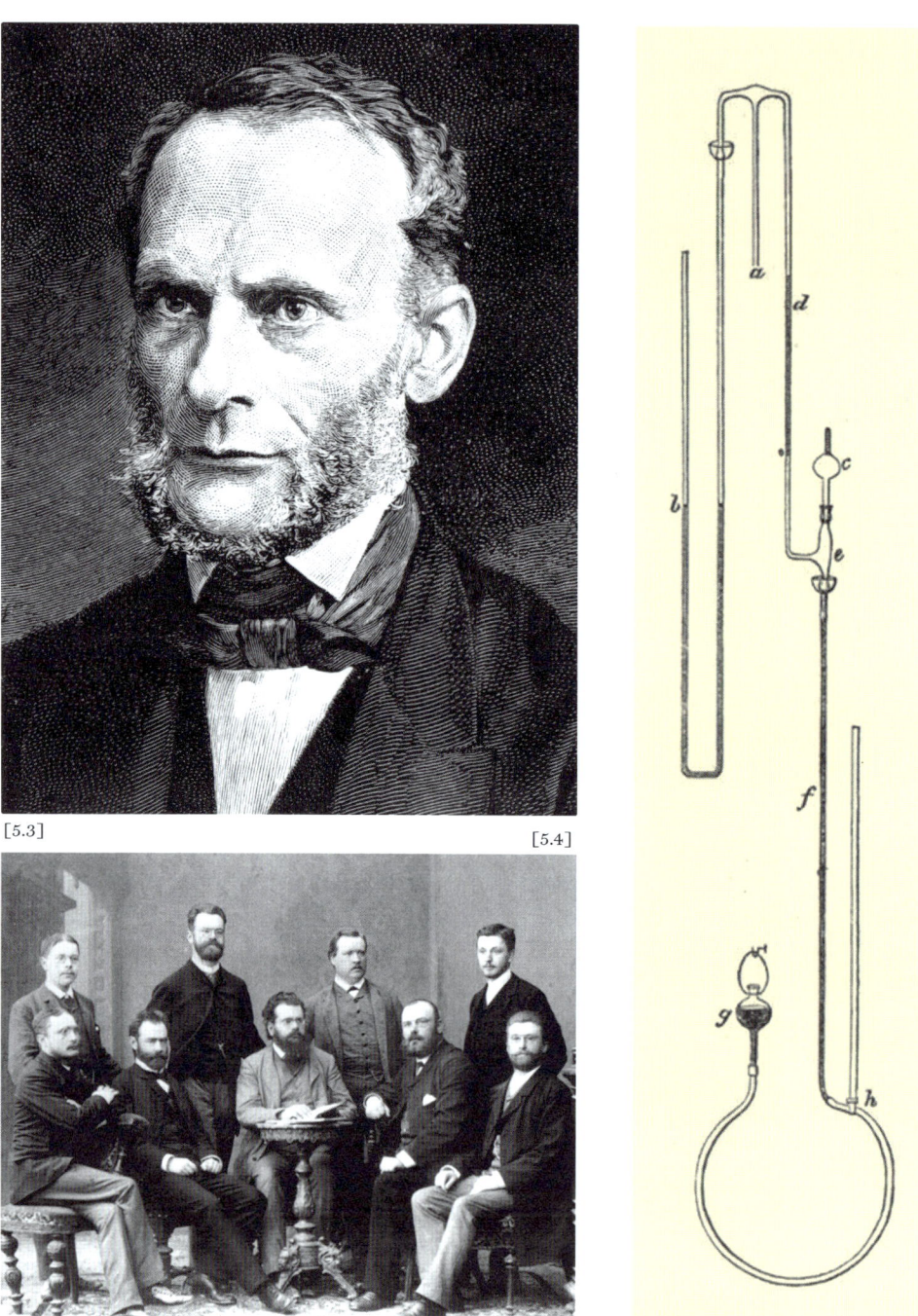

[5.3]

[5.4]

[5.5]

[5.3] Rudolf Clausius.

[5.4] Grupo de trabajo de Boltzmann en Graz. De pie, de izquierda a derecha: Walter Nerst, Heinrich Streintz, Svante Arrhenius y Richard Hiecke. Sentados, de izquierda a derecha: Eduard Aulinger, Albert von Ettingshausen, Ludwig Boltzmann, Ignacij Klememčič y Victor Hausmanninger. Foto tomada en 1887.

[5.5] Dibujo original del manómetro de McLeod.

que afirma que la presión es consecuencia del choque de las moléculas con las paredes del recipiente que las contiene, comunicándoles una energía cinética dada por su velocidad media. Agrega que la velocidad cuadrática media molecular es inversamente proporcional al peso específico de la molécula. Mientras que la energía cinética de una molécula de velocidad V es $1/2mV^2$, la energía calorífica es proporcional a la temperatura.

Apoyado por Beaufort, remitió su teoría a la Royal Society en 1845, pero fue rechazada; el censor del estudio, sir John William Lubbock, dijo que «el trabajo no es nada y carece de sentido», y quedó en el olvido. Estas cosas también ocurren actualmente. Años después de su muerte, lord Rayleigh, secretario de la institución, desempolvó el manuscrito, que fue finalmente publicado en las *Philosophical Transactions of the Royal Society* en 1892.[55]

Rudolf J. Emmanuel Clausius (1822-1888): crea la *mecánica estadística*

Físico alemán, nacido en Köslin, Pomerania, ahora Koszalin, Polonia. Fue el creador de la mecánica estadística, propuso la segunda ley de la termodinámica e introdujo el concepto de entropía.[56] Contribuyó al perfeccionamiento de la teoría cinética de los gases, incluyendo los movimientos traslacional, rotacional y vibracional de las moléculas. Su trabajo más famoso fue el relacionado con la teoría del calor produciendo trabajo mecánico publicado en 1850.[57] Recibió numerosas distinciones: miembro de la Royal Society en 1868, Medalla Huygens en 1870, Premio Poncelet en 1883, doctor *honoris causa* por la Universidad de Würzburg en 1882.

William Ramsay (1852-1916): composición del aire, descubrimiento de gases nobles

Químico escocés, galardonado con el Premio Nobel de Química en 1904 por el descubrimiento de la composición del aire y su situación en la tabla periódica de los elementos. Descubre que el helio se encuentra en piedras minerales y concluye que es el resultado de la desintegración radiactiva del radio. En 1894, en colaboración con Rayleigh, descubre el argón. Junto a M.W. Travers descubre en 1898 el neón, xenón y kriptón.

Ludwig Boltzmann (1844-1906): constante y microestados

Físico austriaco nacido en Viena, estudió Física en la Universidad de Viena y se doctoró en 1866 con un trabajo sobre la teoría cinética de los gases, bajo la supervisión de Josef Stefan, quien le introdujo en la teoría de Maxwell. En 1869 es contratado como profesor de Física Matemática por la Universidad de Graz. En el año 1873 accede a una plaza de profesor de Matemáticas en la Universidad de Viena, donde permanece hasta 1876. Vuelve a Graz y tiene como alumnos a Arrhenius y Nernst. Es en esta universidad donde consolida sus trabajos sobre la concepción estadística de la naturaleza. Introduce la distribución de velocidades de las moléculas, conocida como *distribución de Maxwell-Boltzmann*. Considera el gas formado por partículas, átomos y moléculas, pero esto le lleva a una gran disputa con el editor de *Journal of Physics* alemán, que no le consiente hablar de átomos y moléculas más que como un conveniente artificio teórico.

Fue Planck quien publica y afirma que la relación entre la entropía de un sistema y la probabilidad de ocurrencia de un determinado *microestado* viene dada por $S = k \ln W$, donde k representa la famosa constante de Boltzmann de valor $1{,}38 \times 10^{-23}$ J/K, y W representa la frecuencia de encontrar un *microestado,* o el número de posibles microestados que corresponden a un estado macroscópico del sistema. Su teoría de la constitución de la materia no fue bien recibida por la comunidad científica, lo que parece le llevó a una gran depresión y, finalmente, al suicidio. Aprovechó una estancia en una playa de Trieste y, mientras su familia se bañaba, se ahorcó. No se ha podido establecer si la negativa aceptación de sus trabajos fue la verdadera causa de su triste final.

James Clerk Maxwell (1831-1879): teoría cinética de los gases

James Clerk Maxwell
(1831–1879)

Físico escocés natural de la ciudad de Edimburgo, fallece en Cambridge. Fue un niño prodigio, pues a los trece años comienza sus estudios universitarios y a los quince realiza un importante trabajo sobre mecánica. En 1856 accede a una cátedra en la Universidad de Aberdeen, y más tarde pasa a Londres. En 1871 se le nombra director de un instituto especialmente creado para él en Cambridge.

Se le considera el fundador de la teoría cinética de los gases, y estableció la relación entre la energía de un gas y la temperatura a que se encuentra. Desarrolla la ecuación que da la distribución de las velocidades de las moléculas de un gas. Esta distribución muestra que, aunque existen moléculas que se mueven a velocidades pequeñas y otras a gran velocidad, la mayoría posee una velocidad media que depende de la temperatura del gas. Disminuye al enfriarse y aumenta al calentarse. Einstein, en el centenario de su nacimiento en 1931, califica su trabajo científico como «el más profundo y provechoso que la física ha experimentado desde Newton».

Además de su contribución a la teoría de los gases, la más fructífera de sus aportaciones fue la teoría electromagnética de la luz, a través de sus famosas *ecuaciones de Maxwell*, que fue el primer intento de unificar los campos de la física.

Medida del vacío

Sin duda las mayores contribuciones a la cuantificación del grado de vacío que se alcanzaba fueron el desarrollo del manómetro absoluto de McLeod, manómetros que aprovechan la viscosidad de los gases enrarecidos, los radiómetros y los manómetros mecánicos.

Herbert McLeod (1841-1923): manómetro de compresión de Hg

En 1874 la Physical Society tiene conocimiento de que H. McLeod había diseñado un manómetro que permitía medir presiones *extremadamente* bajas.[58] La figura 5.5 muestra el esquema del manómetro según su comunicación a la institución el 13 de junio de ese año. El principio consiste en comprimir una determinada cantidad del gas cuya presión se desea medir y determinar la presión en estas nuevas condiciones. La figura 5.5 muestra el tubo *f,* de unos 800 mm de altura. Este se une en su parte inferior a un tubo flexible que comunica con el depósito de mercurio *g.* En la parte inferior del tubo *f* se sitúa una válvula *h,* que se puede controlar mediante un vástago de longitud tal que permite regular la altura alcanzada por el mercurio, al mismo tiempo que puede observarse en las escalas correspondientes. El tubo *a* comunica con la bomba de vacío (bomba de Spengler) y el recipiente a evacuar, donde se desea determinar la presión. Todo el conjunto está construido en vidrio. El tubo *b* es una columna barométrica de 5 mm de diámetro, que permite determinar la presión en el recipiente por la diferencia entre ambas columnas, y tiene una altura de unos 800 mm. Por otra parte, se encuentra el conjunto formado por un tubo ancho *e* que se continúa mediante el bulbo *c* (de unos 48 cm^3), terminado en su parte superior por el *tubo de medida* de pequeño diámetro, graduado en milímetros desde la parte superior hasta la parte inferior (de 0 a 45 mm). Del tubo *e* arranca el tubo *d (tubo de presión)* graduado en milímetros, del mismo diámetro que el tubo de medida, y con el 0 a la altura de la parte inferior de este.

El volumen de *e + c* del tubo de medida se determina invirtiendo el conjunto y llenándolo de mercurio hasta el entronque con el tubo vertical *d,* que corresponde con el volumen de gas a comprimir durante la medida. Después se determina el volumen del tubo de medida. La razón de los pesos de estos dos volúmenes da la razón de sus volúmenes. En este caso resultó de 1 a 54,495. La medida se efectúa haciendo ascender el mercurio en el tubo *f,* descendiendo el depósito *g,* hasta llenar *c + e* y, finalmente, comprimir el gas en el tubo de medida.

El volumen de gas comprimido es el encerrado desde el entronque del tubo d hasta el tubo de medida, inicialmente a la presión que se desea medir. Esta presión viene dada por aproximadamente la diferencia en altura del mercurio en el tubo d y la del tubo de medida dividida por la relación de volúmenes de 54,495. A esta hay que sumarle la diferencia de alturas, y el número que resulta dividirle nuevamente por 54,495, valor que da realmente la presión original o del recipiente evacuado. McLeod pone un ejemplo para aclarar el cálculo de la presión:

> 1. Una cantidad de gas es comprimida en el tubo de medida, alcanzando el mercurio el nivel más bajo de este tubo de medida. Así el volumen inicial ha sido comprimido en 1/54,495.
> 2. La diferencia de niveles entre la altura del mercurio en el tubo de presión, d, y tubo de medida es de 66,9 mm.
> 3. La presión del recipiente se determina de la forma siguiente:

$$(66,9 / 54,495 + 66,9) / 54,495 = 1,25 \text{ mmHg}$$

Cuando el gas es atrapado en el volumen y comprimido hasta la división más pequeña del tubo de medida, se reduce por 1492,35. Si la presión del bulbo es de 5 mmHg, la presión real del recipiente evacuado sería 0,0033 mmHg.* Presión mínima medible bastante baja con un error no muy grande. La presión mínima podía disminuirse sin más que aumentar el volumen del bulbo.**

Era muy difícil construir en vidrio en una sola pieza todo el conjunto. De ahí que puedan observarse en la figura unas pequeñas cazoletas que formaban las juntas de unión de las diversas partes. Se formaba el macho soplando el tubo hasta hacerle terminar en una pequeña esfera, en su parte inferior se practicaba un orificio. La hembra se obtenía soplando el tubo hasta formar una esfera y se cortaba por la mitad. El macho se esmerilaba contra la hembra hasta obtener superficies

---

* Aunque McLeod aplica la relación volumen-presión, no aplica ni menciona la ley de Boyle y comete un pequeño error. Aplicando esta, resulta 1,2506 mmHg. ** En el Instituto Leonardo Torres Quevedo se diseñó un McLeod en 1955 con un bulbo de 5 l que podía medir una presión mínima de 10^{-7} mmHg, y que el autor utilizó en la calibración de manómetros de ionización.

perfectamente pulidas. Una vez engrasadas y con unas gotas de mercurio formaban un cierre perfectamente estanco.

El manómetro de McLeod representó uno de los mayores avances en la tecnología del vacío, pues permitió sistematizar todos los experimentos, al poder medir la presión absoluta en que se realizaban. No estuvo exento de efectos secundarios: no podía medir la presión de los gases condensables, la presencia del mercurio resultaba indeseable en muchos de los experimentos. Pero pronto surgieron métodos para disminuir estos efectos, por ejemplo, la utilización de trampas que condensaban el vapor de agua y retenían el vapor de mercurio. Sin embargo, las más eficientes para muy bajas temperaturas debieron esperar hasta el descubrimiento de la licuefacción de los gases, particularmente el nitrógeno líquido.

Aunque se desarrolla en un próximo apartado, citaremos aquí el *tubo de Geissler*. Este tubo de descarga, descubierto por Geissler en 1856, no es que pudiera utilizarse como manómetro, pero cuando ocurría la extinción de la descarga, la presión era muy baja, mucho menor de la que podía indicar la columna barométrica, en general menor de los 10^{-3} mmHg.

Louis-Paul Cailletet (1832-1913): manómetro de columna

Físico e inventor francés que, después de sus primeros estudios realizados en Châtillon-sur-Seine y París, ingresa en la Escuela Superior de Minas de París. Consigue la licuefacción del dióxido de nitrógeno, oxígeno, hidrógeno y aire en 1877. En relación con el vacío es de señalar que instaló un manómetro de columna de 300 m en la Torre Eiffel y desarrolló diversos altímetros. Estudió la resistencia del aire en la caída libre de los cuerpos.

Louis-Paul Cailletet (1808-1884)

Eugène Bourdon (1808-1884)

Ingeniero y fabricante de relojes nacido en París. En 1849 patenta un manómetro enteramente metálico que no utiliza mercurio. Parece que su invento fue dirigido a la medida de las altas presiones de las calderas de las máquinas de vapor, con el fin de prevenir los peligros de explosión, pero lo extendió a la medida del vacío. Básicamente consiste en un tubo curvado de pequeño diámetro. Si el tubo está lleno de aire a la presión atmosférica normal, cuando esta desciende el tubo aumenta su radio de curvatura. Solidario con el extremo libre del *tubo de Bourdon,* un hilo comunica con un mecanismo de transmisión que actúa sobre una aguja. Las desviaciones de esta son una indicación de la presión. Al tubo de Bourdon puede hacérsele el vacío, con lo que indica presiones absolutas. La presión mínima medible era de 1 mmHg. Con todos los adelantos de la moderna mecanización, sigue utilizándose hoy en día. Es absoluto en el sentido de que no depende de la naturaleza del gas, pero su escala necesita ser calibrada con un manómetro absoluto, por ejemplo, el McLeod.

Producción de bajas presiones: bombas de aire (o vacío)

Esta centuria es muy fructífera a la hora de producir mejores medios de obtener vacíos muy bajos. Hasta ahora las bombas mecánicas eran los únicos dispositivos disponibles y su vacío último no superaba 1 mmHg. Las nuevas bombas se basan en la utilización del mercurio como elemento de bombeo, que sustituye al pistón de aspiración-expulsión de las bombas mecánicas.

Bomba de Swedenborg: bombeo continuo

Emanuel Swedenborg (1688-1772), físico, teólogo y filósofo sueco. Nació en Estocolmo y falleció en Londres. Fue un hombre polifacético que cultivó la casi totalidad de las ciencias y humanidades: encuadernador, hidrógrafo, astrónomo, relojero, lingüista, biógrafo, poeta, editor, psicólogo, filósofo, matemático, geólogo, metalúrgico, botánico, químico, físico, ingeniero en aeronáutica (construyó un aeroplano), dibujante, músico, cristalógrafo, maquinista, carpintero-marquetero, teólogo, etc.

Pues bien, este hombre multidisciplinar construyó la primera bomba de vacío de mercurio. La figura 5.6 muestra el grabado original de su bomba. *A* es una plataforma de latón, *B* es la campana de vidrio a evacuar. Dos orificios, *c* y *d*, provistos de válvulas, permiten extraer el aire de la campana; *c* y *d* comunican con la atmósfera externa. La pletina *A* está conectada a un recipiente cónico, *E*, de anchura suficiente para que incluya los orificios *c* y *d*. El tubo *f* está construido en cuero y el tubo *gg*, un tanto pequeño, de hierro. A través del orificio *m* se llenan el tubo *gg*, el tubo de cuero *f* y parte del recipiente cónico *E*. Cuando el tubo *gg* es elevado, el mercurio asciende por *E* obligando al aire a pasar a través del orificio *d* hacia la atmósfera externa. Al bajar el tubo *gg*, el mercurio desciende y aspira aire de la campana de vidrio dentro del cuerpo *E*. Al ascender el tubo *gg,* se repite nuevamente el ciclo. Durante las maniobras de aspiración-impulsión las válvulas *c* y *d* deben permanecer respectivamente abierta y cerrada. La bomba elimina la utilización del émbolo mecánico y su junta de cierre con el cilindro, lo que mejora de forma muy importante la estanquidad respecto de las bombas mecánicas de la época. Al mismo tiempo disminuyen las presiones de vapor, generalmente altas, de los líquidos empleados en las juntas de cuero. Es necesario repetir un número de veces la maniobra de aspiración-expulsión hasta lograr el grado de vacío deseado, no superior al que se podía medir con la columna barométrica, de 1 a 0,5 mmHg. Queda el camino abierto para poder lograr hacer el vacío de forma continua.

Bomba de Geissler: bombeo por goteo

Heinrich Geissler (1814-1879) nació en Igelshieb, en el Ducado de Sajonia-Meiningen. Su padre fue un innovador *soplador de vidrio científico,* fabricante de innumerables termómetros y barómetros, que coincidió con el despertar de la investigación experimental, que demandaba nuevos dispositivos experimentales e instrumentos de laboratorio. Heinrich heredó de su padre esta profesión y, como tantas veces ocurre, llegó a superar a su progenitor.

En otro apartado trataremos de los tubos de descarga de los que fue pionero desarrollando innumerables modelos que

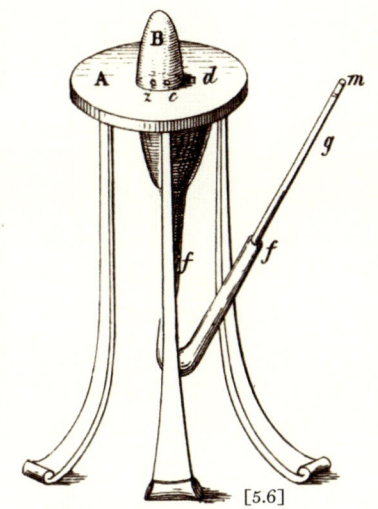

[5.6]

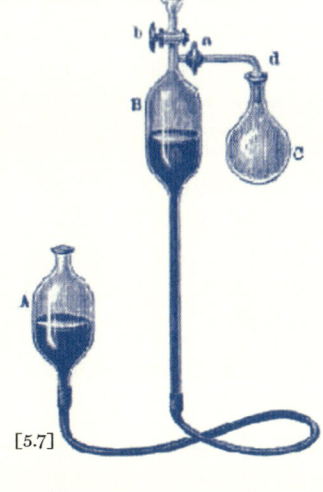

[5.7]

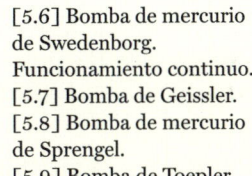

[5.6] Bomba de mercurio
de Swedenborg.
Funcionamiento continuo.
[5.7] Bomba de Geissler.
[5.8] Bomba de mercurio
de Sprengel.
[5.9] Bomba de Toepler.

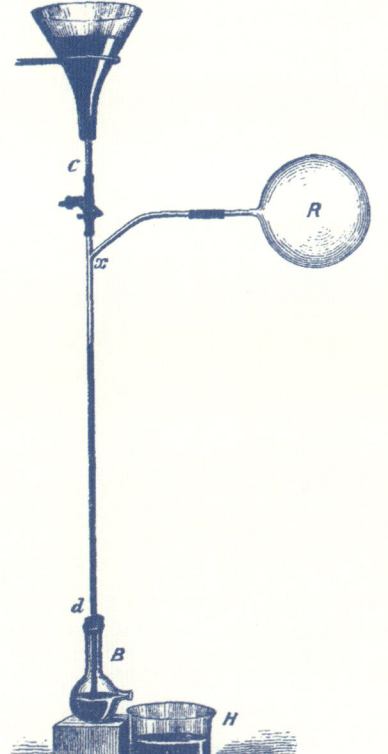

[5.8]

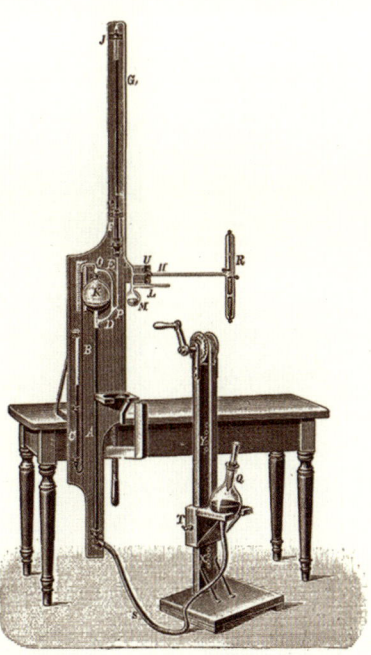

[5.9]

permitieron la investigación de la descarga en gases enrarecidos, el descubrimiento del electrón y los rayos X, y la invención
de la bombilla de alumbrado por Edison, entre otros. Pero aquí
le reseñamos por el desarrollo de una bomba de vacío que supuso un gran adelanto en la obtención de bajas presiones.

La figura 5.7 muestra la bomba de Geissler. Se trata de una
bomba en la que la acción de bombeo es ejercida por una columna de mercurio. El tubo barométrico se conectaba a una
válvula de dos vías, una de ellas se conectaba a la atmósfera,
y la otra, al recipiente a evacuar. La parte inferior del tubo se
conectaba a un recipiente con mercurio, a través de un tubo de
goma. Con la válvula comunicada con la atmósfera se llenaba
el tubo de vidrio con mercurio, elevando el recipiente. Se cierra
la válvula a la atmósfera y se comunica con el recipiente a evacuar. Se hace descender el mercurio, con lo que aspira aire del
recipiente, se cierra la válvula y se comunica con la atmósfera,
se hace ascender la columna con lo que se expulsa el aire. El
ciclo se repite las veces necesarias hasta alcanzar el grado de
vacío deseado. Evidentemente la bomba no es de funcionamiento continuo.

Bomba de Sprengel: bombeo por goteo

Hermann Sprengel (1834-1906), físico y químico alemán, que
estudia en las Universidades de Gotinga y Heidelberg. A los
veinticinco años marcha a Inglaterra, donde completa sus estudios en la Universidad de Oxford, y se traslada después a
Londres, al Real Colegio de Química y al Guy's and St. Bartho-
lomew's Hospital. En el año 1865 publica su primera bomba
de vacío.[59]

La figura 5.8 muestra la bomba original. Un tubo de vidrio
de pequeño diámetro y de altura superior a la barométrica,
unos 800 mm, porta en su parte superior un embudo que contiene mercurio. A través de una válvula se puede hacer gotear
el mercurio en la columna. La gota de mercurio en su caída
arrastra una cantidad de aire procedente de la esfera de vidrio
a evacuar, situada a la derecha. El aire atrapado junto con el
mercurio termina en el recipiente situado en la parte inferior,

donde es liberado el aire que pasa a la atmósfera. La altura de la columna de mercurio corresponde a la altura barométrica. El goteo continuo hace disminuir la presión en el recipiente hasta vacío nunca antes alcanzado y, además, de forma continua, pues el mercurio que rebosa el recipiente inferior es transferido a un vaso y de este al recipiente superior. La esfera a evacuar se conectaba a la Y del tubo vertical mediante un tubo de goma. Sprengel estimó que el vacío obtenido era muy pequeño, pues no se podía producir la descarga eléctrica, de unos 10^{-3} mmHg. La presión del aire residual podría ser más pequeña, pues esa presión correspondía con la presión de vapor del mercurio a la temperatura ambiente. Ya se podía hacer vacío de forma continua y en un tiempo relativamente corto, unos veinte minutos para un bulbo de 0,5 l.

August Toepler (1836-1912): bombeo por goteo

August Toepler nació en Brühl, cerca de Bonn. Físico alemán que fue muy conocido por sus experimentos en electrostática. En 1862 desarrolla la bomba de vacío que lleva su nombre, como muestra la figura 5.9. El principal desarrollo introducido consiste en eliminar la válvula de dos vías y en evitar la acción de bombeo manual mediante el goteo del mercurio. La columna barométrica termina en el bulbo K, que forma el espacio de Torricelli; antes de la unión de la columna con el bulbo, se bifurca en otro tubo que comunica con el recipiente a evacuar, un tubo de Geissler; al elevar, el mercurio asciende justo hasta un punto en que cierra la comunicación con R. El aire encerrado en la columna es expelido a la atmósfera. La elevación del depósito de mercurio se realiza mediante una polea que facilita la maniobra. Entre el bulbo y el recipiente R, lleva un depósito que contiene pentóxido de fósforo como disecante. El vapor de agua ya era un problema en los dispositivos de vacío y los experimentos que se realizaban. Se utilizó hasta bien entrado el siglo XX.

Experimentos de descarga en gases enrarecidos: descubrimiento del electrón y los rayos X

Ya se pueden medir y producir vacíos hasta 10^{-3} mmHg o más bajos, y los experimentos se centran en la descarga eléctrica en gases enrarecidos, pero hay que disponer de tubos de descarga con electrodos que permitan establecer la descarga y poder producir elevados voltajes. Los generadores electrostáticos ya se utilizaban en el siglo anterior, pero se necesitaban mayores tensiones y obtenerlas con dispositivos más sencillos y de pequeño tamaño.

Heinrich Daniel Ruhmkorff (1803-1877): generador de alto voltaje

Físico alemán nacido en Hannover. Después de aprender mecánica, se traslada a Inglaterra. En 1855 se establece en París, donde abre una tienda de aparatos eléctricos. En 1851 construye una bobina de inducción que fue premiada en 1858 con cincuenta mil francos por el emperador Napoleón III como el descubrimiento más importante en electricidad. Su bobina de inducción de dos arrollamientos mejora considerablemente la desarrollada por Callan. Podía producir chispas de 300 cm, unos 150 kV.

La parte inferior de la figura 5.10 muestra el *carrete de Ruhmkorff* de doble arrollamiento. Sobre el núcleo de hierro situado longitudinalmente se sitúa el bobinado primario y, sobre este, el secundario. El circuito primario era alimentado por una batería a través de un interruptor controlado por el núcleo de hierro imantado, produciendo una corriente alterna. De la relación entre el número de espiras del secundario y el primario dependía el voltaje final de salida, naturalmente de corriente alterna.

Otra de las mejoras que introdujo en su generador fue el aislamiento entre primario y secundario y las sucesivas capas de este. Como hilo conductor utilizó cobre laqueado, y la separación entre capas se hizo de tela de seda barnizada. Finalmente, para la separación entre la bobina primaria y la secundaria se utilizó un tubo de vidrio. El interruptor de mercurio lo mejoró incorporando alcohol, para extinguir la descarga y evitar la oxidación. También incorporó un condensador entre los extremos del interruptor para aumentar la tensión de salida. A pesar de las altas tensiones que podía producir, sus descargas no eran generalmente mortales, por ser de muy alta frecuencia.*

Heinrich Geissler (1814-1879): tubos de descarga

Su afición al vidrio la adquirió de su padre, que fue un soplador de vidrio innovador, fabricante de barómetros y termómetros. En sus primeros años de actividad laboral, se ganaba la vida como fabricante viajero de instrumentos. Después de diez años establece un taller en Bonn, ciudad que poseía una joven y pujante universidad con gran demanda de instrumentación para laboratorios. A partir de 1855 participa en exposiciones universales, donde obtuvo varias medallas por sus aparatos científicos. De esa época es la bomba de mercurio que ya hemos descrito. Bomba que fue utilizada por Edison en la fabricación de lámparas incandescentes. Pero donde destaca su trabajo es en el desarrollo e invención de una gran variedad de tubos de descarga eléctrica en gases enrarecidos (figura 5.11). Aprovecha la propiedad de la descarga de presentar una coloración que depende del gas y la clase de vidrio. Estos tubos condujeron, poco después, al desarrollo de la física atómica.

Como veremos después, modificaciones de estos tubos realizadas por sir William Crookes condujeron a la invención del tubo de rayos catódicos y, finalmente, al descubrimiento del electrón. También fueron la base de los famosos anuncios luminosos de neón, que todavía siguen utilizándose. Los tubos de Geissler llegaron también a ser motivo artístico y, en este sentido, desarrolló innumerables formas de corta y gran longitud.

* En el Laboratorio de Alto Vacío del Instituto Leonardo Torres Quevedo, cuando los sistemas se construían en vidrio, el carrete de Ruhmkorff llamado *chispómetro* se utilizaba para detectar fugas producidas por poros en el vidrio del sistema de vacío. Cuando la chispa alcanzaba el poro se producía un brillo muy intenso en el mismo. Así, el soplador de vidrio podía proceder a su reparación. También se utilizaba en sistemas de vidrio o metálicos para detectar fugas; con este fin, se situaba un tubo de descarga en la entrada de la bomba primaria, y se establecía la descarga; si era de color rojo, denotaba la presencia de nitrógeno y, por tanto, de la existencia de una fuga. Se recorría el sistema con alcohol o acetona; al llegar al lugar de la fuga, la descarga cambiaba del rojo a una azul pálido. ¡Cuidado de no incendiar el sistema y el laboratorio!

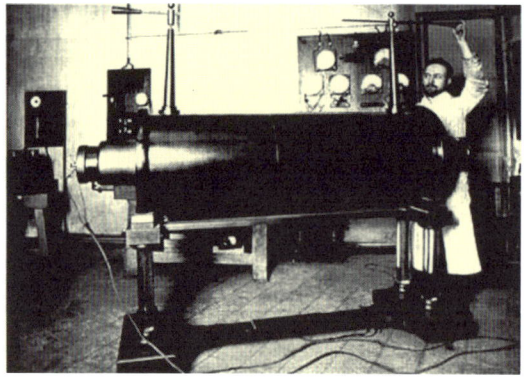

[5.10]

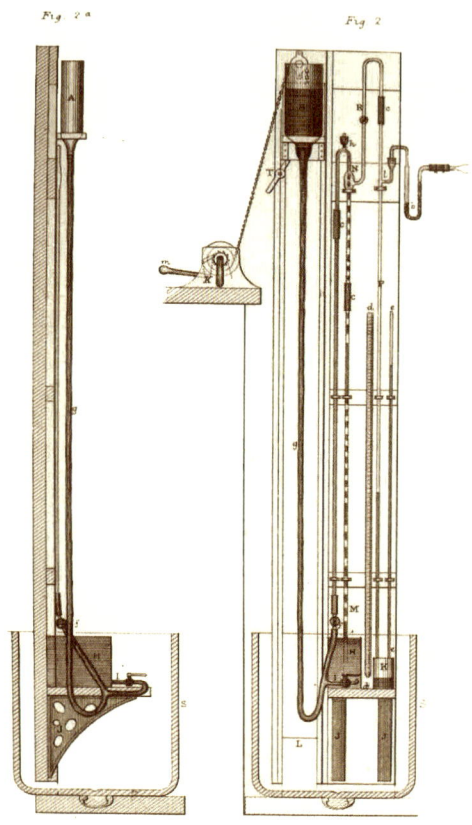

[5.12]

[5.10] Arriba: Ruhmkorff en
su laboratorio de París en 1877.
Debajo: carrete de Ruhmkorff.
[5.11] Tubos de descarga
realizados por Geissler.
[5.12] Bomba de vacío
de Crookes-Gimingham.

[5.11]

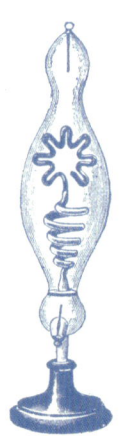

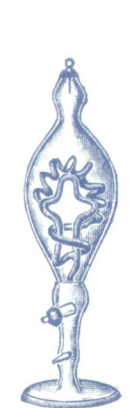
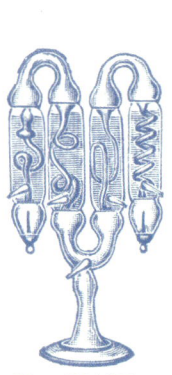
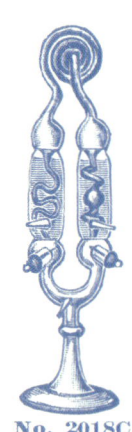

No. 2009.   No. 2017.   No. 2018A.   No. 2018B.   No. 2018C.

Es de señalar que a este descubrimiento contribuyó de forma decisiva el desarrollo de la técnica para introducir electrodos en el interior del tubo. Se utilizaron varillas metálicas unidas mediante cementos. Estos tenían el inconveniente de su porosidad y falta de adherencia. El mayor impulso lo dio el descubrimiento de los pasamuros de platino. Aunque el platino no forma una unión química con el vidrio y tiene un coeficiente de dilatación mucho mayor, su plasticidad hace que hilos de pequeño diámetro pudieran soldarse muy satisfactoriamente y con gran seguridad.

Cromwell Fleetwood Varley (1828-1883): rayos catódicos

Ingeniero inglés que se dedicó principalmente al desarrollo del telégrafo eléctrico y del cable telegráfico trasatlántico. Pero en 1871 publicó un trabajo[60] acerca de la naturaleza de los rayos catódicos sugiriendo que eran causados por la colisión de partículas. Su supuesto se basaba en que eran desviados en presencia de imanes, por lo que estas partículas debían ser consideradas portadoras de carga eléctrica. También propuso que un campo eléctrico debía producir su desviación, pero no lo pudo probar.

William Crookes (1832-1919): el *vacío absoluto*, los rayos catódicos y el radiómetro

William Crookes
(1832-1919)

William Crookes es un caso notable de investigación en el campo del vacío. De una parte, pretendía diseñar equipos de bombeo que le permitieran obtener un *vacío absoluto* y, de otra, estudiar los fenómenos de la descarga eléctrica en vacío y la influencia de la radiación sobre los cuerpos en vacío. Nació en Londres y realiza sus estudios primarios en Chippenham, Wiltshire. Comienza sus estudios superiores a la edad de quince años en el Real Colegio de Química en Hanover Square, en Londres. Se dedica intensamente al estudio de la descarga en gases enrarecidos, aunque fue más conocido por su descubrimiento del talio y la obtención de helio. Pero veamos su contribución a la obtención de muy bajos vacíos.

La figura 5.12 muestra la bomba diseñada por Crookes y construida por su discípulo, amigo, colaborador y excelente soplador de vidrio, Charles Henry Gimingham, basada en el principio de la bomba desarrollada por Sprengel.[61] En la parte superior izquierda se encuentra el depósito de mercurio, *A,* que puede ser desplazado arriba y abajo mediante la polea *Km.* El tubo flexible *g* se conecta al tubo *fhN.* Cuando el nivel inferior del depósito *A* queda por encima del codo *h,* el mercurio sale por la abertura *N,* que se expande en un pequeño volumen y continúa por el tubo vertical *CMH,* cayendo en forma de gotas. El pequeño bulbo se comunica a través de la conducción *Rclb* con el recipiente donde se desea hacer el vacío. Entre cada dos gotas de mercurio se atrapa un volumen de aire que desciende por la columna hasta el recipiente *H,* abierto a la atmósfera. Cuando el mercurio en *A* se agota, se le hace descender hasta el nivel *L,* se abre la válvula *I* y el mercurio de *H* pasa al depósito *A.* La columna *gfhN* hace de columna barométrica, previniendo que el aire de *A,* a presión atmosférica, penetre en *N* cuando *A* está vacío en la parte inferior. Las columnas *ee* y *P,* con el depósito común *H,* forman un manómetro absoluto que permite medir la presión en el recipiente a evacuar.

Es de señalar una innovación más en este diseño: el tubo en U *b* contiene pequeñas bolas de vidrio con ácido sulfúrico con el fin de eliminar el vapor de agua del recipiente a evacuar. Método sugerido por Victor Regnault en 1845, y que abre el camino a la utilización de las *trampas* o *atrapadores.*[62] El grado de vacío que podía obtener este equipo era menor que la medida que podía realizar, pues en el barómetro, con su escala *d,* no podría apreciarse una diferencia de alturas menor de 0,1 mm, que es la que, aun ayudándose con una lupa, se podría medir; es decir, una presión de 0,1 mmHg (133 mbar).

Aunque no tan menor como Crookes clamaba haberlo obtenido, felicitó a su colaborador Gimingham por el gran vacío logrado y la no existencia de aire en su interior, incluso calificándolo de *vacío perfecto.* Desafortunadamente, en ese tiempo no existía otro método de medida de mayor sensibilidad, pero utilizó el método para determinar la presión de vapor de líquidos, tal como había sugerido el mismo Sprengel. Unió al recipiente donde hacía el vacío un pequeño bulbo terminado en un capilar. La relación entre el volumen del bulbo con el capilar que contienen el aire a presión atmosférica, por un lado, y el del gas residual, por otro, es la misma que la relación entre el peso del aire atmosférico y el peso del aire comprimido:

$$P_{residual} = \frac{v}{V} P_{atm.}$$

Siendo v volumen del gas residual comprimido; V, volumen del bulbo más capilar y $P_{atm.}$ presión atmosférica.

De esta forma se podía determinar la presión última que adquiría el recipiente evacuado. Este método lo utilizó exclusivamente para determinar el vacío último que podía adquirir su bomba, pero no lo empleaba permanentemente en los experimentos. Afirmaba que su bomba podía producir vacíos de 10^{-6} atm (1×10^{-3} mbar). Mas adelante, cuando McLeod desarrolló su manómetro, Crookes lo incorporó a su sistema de bombeo.

Otro desarrollo de Crookes fue la utilización de *trampas* o *atrapadores* que podían disminuir la presión de vapor de agua o impedir el paso del mercurio de la bomba al recipiente a evacuar o de experimentación. En la figura 5.13 se representa la trampa formada por los tubos d y c. El primero contenía ácido sulfúrico concentrado y podía hacérsele pasar dióxido de carbono a través de la válvula h. El tubo c contenía pequeñas partículas de potasa cáustica. El conjunto se unía al sistema de bombeo mediante la junta e. El conjunto se evacuaba hasta el vacío límite de la bomba; a continuación, se seguía bombeando con el dióxido de carbono. Después calentaba la potasa cáustica hasta la fusión y se cerraba el conjunto c-b mediante la fusión del tubo a, hasta colapsar la conducción. El sistema estaba listo para la experimentación.

Hasta aquí el Crookes diseñador de bombas y dispositivos de vacío, realizados por su amigo y soplador de vidrio Gimingham. Pero su objetivo no era especular o competir en el logro de mayores vacíos, sino más bien utilizarlos en dos investigaciones que le ocuparon gran parte de su actividad investigadora: la descarga en gases enrarecidos y la influencia del calor y la radiación sobre cuerpos en vacío.

En la figura 5.14 se muestra el experimento para demostrar el efecto del grado de vacío sobre la materia radiante*. El tubo

* Descarga en gases.

de la izquierda tiene una presión alta (vacío bajo), mientras que en el de la derecha el vacío es alto (presión baja). En el primero la descarga, iniciada en el cátodo *N*, se dirige a cualquier electrodo polarizado positivamente. En el segundo tubo la descarga se dirige a un punto de la pared de vidrio, situado diametralmente opuesto al electrodo emisor *N*. Crookes afirma que el haz luminoso estaba formado por *chorros* de partículas cargadas negativamente producidas en el electrodo *N*, llamado *cátodo*, por estar polarizado negativamente. A partir de aquí recibió el nombre de rayos catódicos, que más adelante serían bautizados con el nombre de *electrones*. Siguió investigando sobre la naturaleza de la descarga y descubre que el espacio oscuro observado entre el cátodo y la zona luminosa aumentaba a medida que la presión del gas decrecía, llegando a alcanzar la pared opuesta del tubo.

Para demostrar que los rayos catódicos se movían en línea recta, si causas externas no actuaban, ideó el famoso experimento de la *cruz de Malta*. En la figura 5.15 se muestra el tubo de rayos catódicos, que incorpora una cruz de Malta y, a la derecha, la descarga con la sombra que produce. Un ingenioso mecanismo de vidrio permitía situar la cruz horizontalmente, con lo que la cruz sobre el vidrio desaparecía, demostrando que los rayos catódicos eran partículas materiales. El ánodo se conectaba a través del pequeño tubo central. El tubo de rayo catódicos quedaba consolidado y su naturaleza establecida.

La otra gran contribución de Crookes fue el estudio de la influencia del calor y la radiación sobre la materia en vacío. En la figura 5.13 dejamos el instrumento cerrado en vacío colapsando el pequeño tubo *a*. El tubo *fg* contenía en su interior dos bolas ligeras cubiertas con un material conductor. Las bolas estaban equilibradas en los extremos de un brazo. Las conexiones *f* y *g* eran electrodos circulares de plata que estaban conectados a tierra para asegurar que no existía carga eléctrica en el interior del tubo. Al acercar una fuente de calor o la radiación del sol a una de las bolas, esta se desplazaba alejándose de la fuente de calor. De este experimento y dado el muy bajo vacío logrado en el tubo, concluye que las moléculas del gas residual no eran responsables del desplazamiento de las bolas.[63]

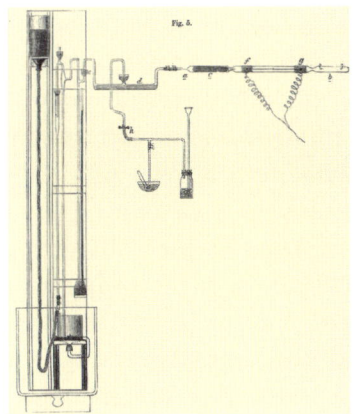

[5.13]

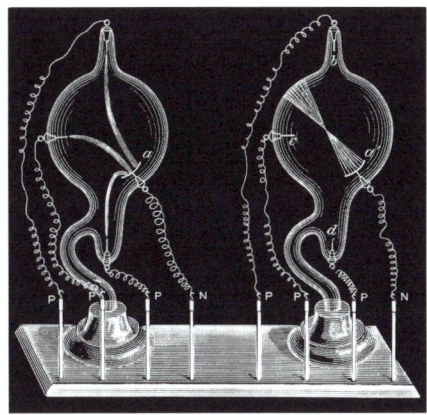

[5.14]

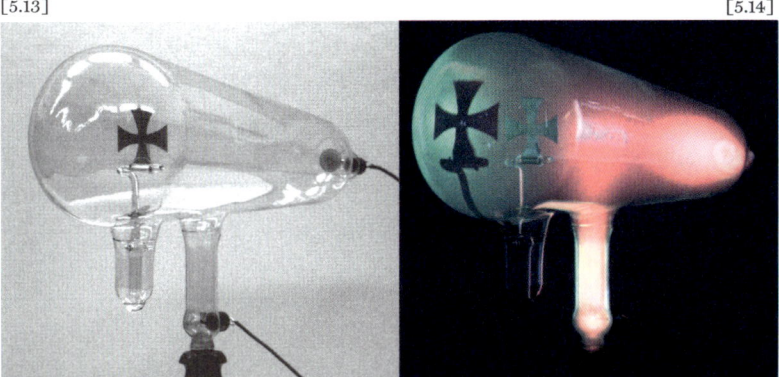

[5.15]

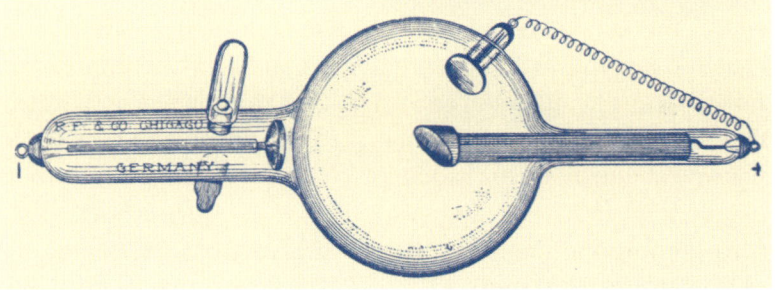

[5.16]

[5.13] Trampa de vapor de agua de Crookes-Gimingham.

[5.14] Experimento de Crookes para demostrar el efecto del vacío sobre la materia radiante.

[5.15] Experimento de Crookes para demostrar el movimiento en línea recta de los rayos catódicos y que poseían carga eléctrica. Modelos franceses de la primera época. A la derecha puede verse la descarga y la cruz dibujada en la pared del tubo, lo que demuestra que los rayos catódicos no pueden atravesar el metal de la cruz. Mediante un ingenioso soporte de vidrio articulado, la cruz podía ponerse en posición horizontal, con lo que los rayos catódicos pasaban e incidían completamente sobre la pared.

[5.16] Esquema de un tubo de rayos catódicos de la época.

También había observado que una bola pintada de negro de humo era repelida mucho más intensamente por la radiación. Estos experimentos le condujeron a la construcción del llamado *radiómetro*, aunque no era un instrumento para medir la radiación. Consistía en cuatro brazos cruzados, a modo de aspas, y fijos en su punto central a una placa de acero que se apoyaba en un soporte semiesférico, sobre el que podía girar libremente. En cada extremo de los brazos puso discos livianos con la misma cara pintada con negro de humo y los restantes en blanco. Colocada esta especie de molino en su sistema de vacío y obtenida la presión más baja posible, ahora medida con un manómetro de McLeod que le permitía asegurar presiones menores de 10^{-3} mbar, observó como al irradiar la parte ennegrecida con luz solar se ponían en movimiento alejándose de la fuente de radiación. En definitiva, las aspas giraban a una velocidad que era proporcional a la intensidad de la luz incidente.[64]

Todavía se puede ver en muchos lugares y viviendas este molinillo girando bajo el efecto de la luz o el calor. J. C. Maxwell y W. Thomson citaron los trabajos de Crookes, incluso trataron de explicar el fenómeno con teorías contradictorias. Crookes trató de diferenciar los efectos producidos por el calor y la radiación, en un intento de justificar que el calor producido por la radiación no era responsable del movimiento. Para ello se basó en que un recipiente con agua caliente o pieza metálica caliente repelían la superficie blanca y negra con la misma intensidad, mientras que la radiación solar repelía la superficie negra mucho más intensamente, aunque más tarde se desdijo de esta teoría y propuso que la mayor radiación del cuerpo negro debido a su mayor temperatura era la responsable del movimiento. Esta serie de fenómenos le llevaron a la idea de la existencia del *cuarto estado de la materia.*

George Johnstone Stoney (1826-1911). El bautizo de los rayos catódicos o corpúsculos: el electrón

G. J. Stoney nació en Oak Park, condado de Offaly, Irlanda. Estudió en el Trinity College de Dublín, se graduó en 1848 y

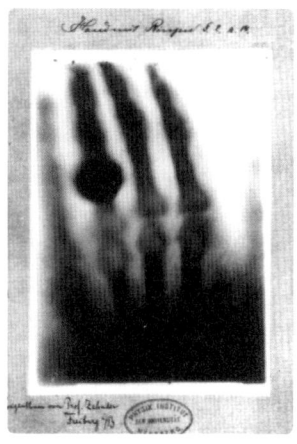

[5.17] Izquierda: vista del laboratorio de Roentgen. Derecha: radiografía tomada por W. Roentgen de la mano izquierda de su esposa, Anna Bertha Ludwig. La foto fue presentada por Ludwig Zehnder, del Instituto de Física de la Universidad de Friburgo, el 1 de enero de 1896.

obtuvo el máster en 1852. Este físico anglo-irlandés se hizo famoso al introducir el nombre de *electrón* en 1891 para definir la *unidad fundamental de carga eléctrica,* al calcular la magnitud del átomo de electricidad.[65, 66] Estableció el sistema unificado de magnitudes: masa, longitud, tiempo, etc. Sus experimentos sobre la unidad de carga eléctrica influyeron en la investigación de J. J. Thomson.

Wilhelm Conrad Roentgen (1845-1923): el descubrimiento de los rayos X

Nació en Lennep, Prusia, en 1845, aunque en 1848 su familia se traslada a Apeldoorn, Países Bajos, donde realiza sus estudios primarios en el Institute of Martinus Herman van Doorn y, después, en la Escuela Técnica de Utrecht. En 1865 intenta el ingreso en la Universidad de Utrecht, pero no reúne los requisitos necesarios. Se traslada a Suiza e ingresa en el Instituto Politécnico Federal de Zúrich para cursar Ingeniería Mecánica. En 1868 obtiene el grado de doctor por la Universidad de

Zúrich. En 1888 gana la cátedra de Física en la Universidad de Würzburg, y allí realiza sus experimentos de rayos catódicos. En 1890 pasa a la Universidad de Múnich, donde permanece hasta su fallecimiento.

En 1895 descubre que cuando establece la descarga en un tubo de rayos catódicos (figura 5.16) a un vacío donde la pared del vidrio se hace fosforescente, sustancias fosforescentes situadas en la proximidad del tubo comienzan a fosforescer. Cuando coloca una moneda entre el tubo y una placa recubierta de sustancia fosforescente, aparece su sombra sobre la placa fosforescente. Después de probar con diversos materiales llega a la conclusión de que la causa que produce la fosforescencia es capaz de atravesar cuerpos que son opacos a la luz natural.[67, 68] Descubre que la causa de la fosforescencia, los llamados *rayos X*, se traslada en línea recta y no es afectada por los campos magnéticos. Investiga que la presión del tubo de rayos catódicos es de gran importancia en su generación. A alta presión, vacío bajo, donde la caída del voltaje es importante, produce rayos con escaso poder de penetración; mientras que, a baja presión, alto vacío, donde la caída del voltaje es pequeña, los rayos X tienen un poder de penetración mucho mayor. Este descubrimiento abrió, casi inmediatamente, su interés en aplicarse a la medicina, para observar las partes internas del cuerpo humano e, incluso, más tarde utilizarlo como elemento terapéutico. Sin embargo, no se tardó en caer en la cuenta del peligro que también representaba.

Elihu Thomson (1853-1937): el peligro de los rayos X

Nace en Mánchester, Inglaterra, aunque en 1858 se traslada a Filadelfia. Tenía un espíritu emprendedor que le llevó a crear la compañía Thomson-Houston, que en 1888 se une con la Electric Edison General creando la famosa y gran compañía General Electric. Extendió la empresa a Inglaterra y Francia, lo que dio lugar a la Thomson-Alstom. Pero este espíritu emprendedor no le impidió realizar investigaciones, especialmente en un tema de grandísimo interés como fue el peligro que representaban

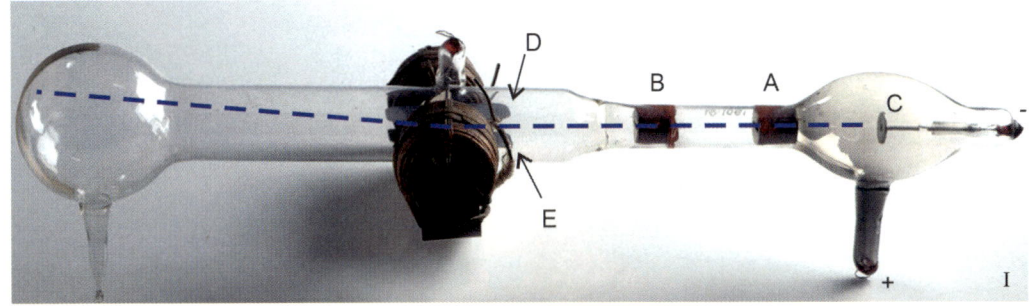

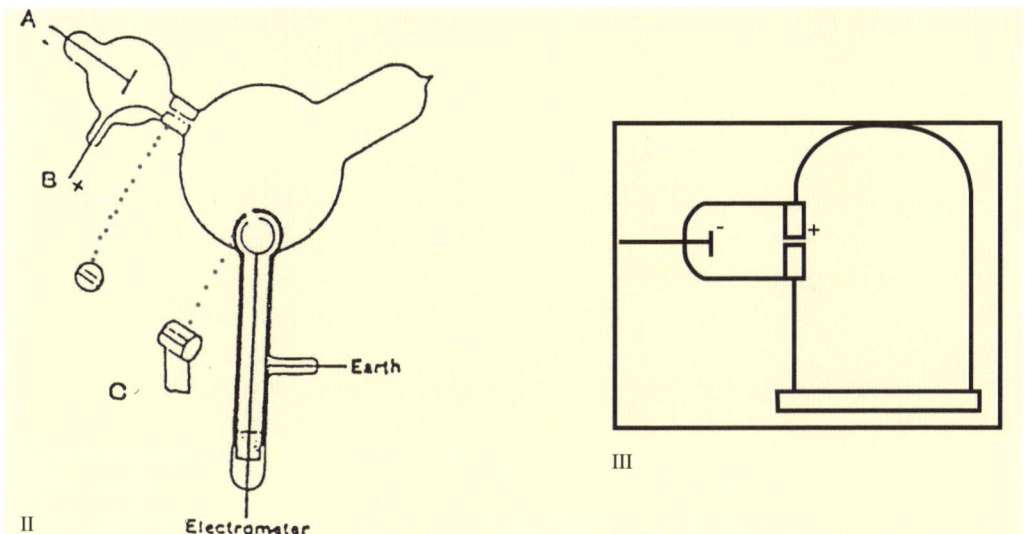

[5.18] Fotografía y dibujos esquemáticos
de los famosos experimentos de J.J. Thomson.

los rayos X. Desarrolla e inventa varios modelos de generador
de rayos X, fotografías estereoscópicas y el tubo de doble focalización.[69]

En el año 1896, convencido del peligro de los rayos X y de la
radiación, expone el dedo meñique de su mano izquierda a un
tubo de rayos X durante media hora y varios días. El resultado fue inflamación, eritema, rigidez y formación de ampollas.
Suficiente para convencerle del peligro y las precauciones que
deberían tenerse. Desafortunadamente no todos fueron con-
vencidos, con las consecuencias que cabría esperar. Más tarde
sirvió para que en el uso de los rayos X se tomaran las medidas
necesarias para proteger al médico y al usuario.[70]

Joseph John
Thomson
(1856-1940)

Joseph John Thomson (1856-1940): el descubrimiento de la carga eléctrica elemental negativa

Nació en 1856 en Cheetham Hill, Mánchester, Inglaterra. Cursa los estudios de Ingeniería en la Universidad de Mánchester y, en 1876, se traslada al Trinity College de Cambridge. En 1884 es nombrado profesor de Física *Cavendish*. Obtuvo el Premio Nobel de Física en 1906 por sus estudios teóricos y experimentales sobre la conducción de electricidad en gases. Es interesante señalar que su hijo, George Paget Thomson, fue brillante continuador de la investigación de su padre, y también fue laureado con el Nobel en 1937 por sus trabajos sobre la naturaleza ondulatoria del electrón. Se le otorgaron otras muchas distinciones: Orden del Mérito, en 1912, director del Trinity College de Cambridge, en 1918, miembro de la Royal Society, en 1884.

Pero reseñemos lo más sobresaliente de su trabajo. Toda su investigación se centró en la utilización del tubo de rayos catódicos ya descubierto por W. Crookes. La figura 5.18 muestra los tres famosos experimentos para identificar la naturaleza de los rayos catódicos.[71] En el experimento I el tubo más pequeño de la derecha es el generador de rayos catódicos. El ánodo (parte estrecha del tubo que conecta con el bulbo mayor) posee una pequeña rendija que permite el paso de una fracción de los rayos catódicos. En el bulbo de la derecha existe un tubo metálico a tierra, que encierra una pequeña esfera con una rendija, que se une externamente a un electrómetro. Establecida la descarga, mediante un campo magnético podía deflectar los rayos catódicos emergentes en el bulbo hasta penetrar en el tubo que conduce al electrómetro, midiendo la corriente eléctrica producida. Concluye que la carga eléctrica es inseparable de los rayos catódicos. En el esquema II, los rayos catódicos procedentes del cátodo C pasan a través de una rendija practicada en el ánodo A y de la rendija practicada en el electrodo B a tierra. Un potencial eléctrico entre las placas D y E desvía el haz de rayos catódicos, cuya desviación se determina mediante una escala pintada en la parte externa del tubo. En el experimento III, los rayos catódicos generados en el tubo de descarga de la izquierda pasan, a través de una rendija practicada en el ánodo, a la campana de vidrio que contiene gas a muy baja presión. Una escala practicada en una placa de vidrio permite fotografiar la deflexión del haz.

De estos experimentos formuló las tres hipótesis siguientes:

1. Los rayos catódicos están formados por partículas cargadas negativamente que llamó *corpúsculos*.
2. Estos corpúsculos forman parte del átomo.
3. Estos corpúsculos son los únicos constituyentes del átomo.

Aunque las dos primeras hipótesis fueron admitidas con cierta reticencia, no lo fue la tercera. Más tarde Ernest Rutherford en 1913 desmontó la tercera hipótesis y formuló su teoría sobre la estructura del átomo.

Karl Ferdinand Braun (1850-1918): el osciloscopio

Nace en 1850 en Fulda, Alemania, y muere en Nueva York en 1918. Cursa los estudios de Física en la Universidad de Berlín, donde obtiene el título de doctor. En 1987 surge el interés en desarrollar sistemas que permitieran visualizar señales eléctricas. Ya se conocían sistemas que, mediante pequeños espejos, permitían proyectar un haz de luz sobre una pantalla, llamados *oscilógrafos* electromecánicos, y visualizar ondas de baja frecuencia, 50-60 ciclos.

Braun tuvo la idea de utilizar el tubo de rayos catódicos de descarga, donde ya se conocía que la corriente anódica estaba formada por partículas que más tarde recibirían el nombre de *electrones* (J. J. Thomson). Como la descarga llenaba la totalidad del tubo, se le ocurrió la idea de colocar una pequeña placa de vidrio que tenía un orificio de unos 2 mm de diámetro, situada en la parte posterior del ánodo donde el tubo se ensancha. En el fondo de este tubo situó una placa de mica recubierta con un material fosforescente. De esta forma, la nube electrónica era convertida en un fino haz de electrones de un diámetro igual al orificio. Cuando se establecía la descarga, podía observarse un punto luminoso en la pantalla. Posterior al disco de vidrio hacia la pantalla se situaba externamente un arrollamiento por el que se podía hacer pasar una corriente oscilante. El campo magnético alternativo creado por la corriente del arrollamiento producía una desviación del punto luminoso en sentido vertical. Es decir, se observaba una línea vertical en la pantalla. Para poder dibujar la onda completa sería necesario que el punto se desplazara en sentido horizontal con una velocidad igual o mayor a la velocidad de propagación de la onda o en un tiempo igual a su período. Pero esta mejora no se produciría hasta trece años después, por parte de uno de sus colaboradores. En lugar de la bobina, se situaron en el tubo dos placas en sentido horizontal y otras dos verticalmente. Mientras que entre las horizontales se aplicaba la señal oscilante, entre las verticales se aplicaba una señal proporcional al tiempo. De esta forma se podía reproducir la onda en la pantalla. Braun no patentó su invento, que pudo ser reproducido por cualquiera que lo deseara.

Más adelante se dedicó a la telegrafía sin hilos, en la que mejoró considerablemente la transmisión y recepción de señales sobre las ideas de Marconi. Estos descubrimientos sí los patentó en 1899 y 1900. Al parecer, las patentes de Marconi de 1900 y 1901 eran sorprendentemente similares a las de Braun. En un encuentro con Marconi, este reconoció con toda franqueza que había tomado sus ideas. En 1909 se le concedió el Premio Nobel junto a Marconi.

REFERENCIAS ———————

52. Dalton, John. *Meteorological Observations and Essays*. Londres, 1793.
53. Avogadro, Amedeo. «Essai d'une manière de déterminer les masses relatives des molécules élémentaires des corps, et les proportions selon lesquelles elles entrent dans ces combinaisons». *Journal de Physique, de Chimie et d'Histoire Naturelle*, vol. 73, julio de 1811, pp. 58-76. **54**. Morselli, Mario. *Amedeo Avogadro. A Scientific Biography*. D. Reidel, 1984. **55**. Waterston, John James, y Strutt, John William. «On the Physics of Media that are Composed of Free and Perfect Elastic Molecules in a State of Motion». *Philosophical Transactions of the Royal Society A*, vol. 183, enero de 1892, pp. 1-79. DOI: https://doi.org/10.1098/rsta.1892.0001. Haldane, John Scott (ed.), y Waterston, John James. *The Collected Scientific Papers of John James Waterston*. Oliver and Boyd, 1928. Brush, Stephen G. «John James Waterston and the Kinetic The-

ory of Gases». *American Scientist*, vol. 49, n.° 2, junio de 1961, pp. 202-2014. URL: https://www.jstor.org/stable/27827788. **56.** Clausius, Rudolf. «Ueber die Wärmeleitung gasförmiger Körper». *Annalen der Physik*, vol. 191, n.° 1, 1862, pp. 1-56. DOI: https://doi.org/10.1002/andp.18621910102. — *The Mechanical Theory of Heat, with its Applications to the Steam-engine and to the Physical Properties of Bodies*. Londres, 1867. **57.** — «Ueber die bewegende Kraft der Wärme und die Gesetze, welche sich daraus für die Wärmelehre selbst ableiten lassen». *Annalen der Physik*, vol. 155, n.° 4, 1850, pp. 500-524. DOI: https://doi.org/10.1002/andp.18501550403. Versión en inglés: «On the Moving Force of Heat, and the Laws regarding the Nature of Heat itself which are deductible therefrom». *The Philosofical Magazine*, vol. 2, n.° 8, julio de 1851, pp. 1-21, 102-119. **58.** McLeod, Herbert. «Apparatus for Measurement of Low Pressures of Gas». *Proceedings of the Physical Society of London*, vol. 1, n.° 1, marzo de 1874, pp. 30-34. DOI: https://doi.org/10.1088/1478-7814/1/1/308. **59.** Sprengel, Hermann. «Researches on the Vacuum». *Journal of the Chemical Society*, 3.ª serie, vol. 18, n.° 0, 1865, pp. 9-21. DOI: https://doi.org/10.1039/JS865180009B. **60.** Noakes, Richard. «Cromwell Varley FRS, Electrical Discharge and Victorian Spiritualism». *Notes and Records of the Royal Society*, vol. 61, 2007, pp. 5-21. DOI: https://doi.org/10.1098/rsnr.2006.0161. **61.** Crookes, William. «Researches on the Atomic Weight of Thallium». *Philosophical Transactions of the Royal Society of London*, vol. 163, enero de 1873, pp. 277-330. DOI: https://doi.org/10.1098/rstl.1873.0007. **62.** Regnault, Victor. *Annales de Chimie et de Physique*, 3.ª serie, vol. 15, 1845. **63.** Crookes, William. «On Attraction and Repulsion Resulting from Radiation». *Philosophical Transactions of the Royal Society of London*, vol. 164, 1874, pp. 501-527. URL: http://www.jstor.org/stable/109109. **64.** — «On Attraction and Repulsion Resulting from Radiation». *Proceedings of the Royal Society of London*, vol. 23, enero de 1875, pp. 373-378. DOI: https://doi.org/10.1098/rspl.1874.0054. **65.** Stoney, George Johnstone. «On the Physical Units of Nature». *The London, Edinburgh, and Dublin Philosophical Magazine and Journal of Science*, 5.ª serie, vol. 11, n.° 69, 1881, pp. 381-390. DOI: https://doi.org/10.1080/14786448108627031. **66.** — «Of the Electron, or Atom of Electricity». *The London, Edinburgh, and Dublin Philosophical Magazine and Journal of Science*, 5.ª serie, vol. 38, n.° 233, 1894, pp. 418-420. DOI: https://doi.org/10.1080/14786449408620653. **67.** Roentgen, Wilhelm Conrad. «Ueber eine neue Art von Strahlen». *Annalen der Physik*, vol. 300, 1898, pp. 1-11. **68.** — «Notiz über die Methode zur Messung von Druckdifferenzen mittels Spiegelablesung». *Annalen der Physik*, vol. 287, n.° 2, 1894, p. 414. DOI: https://doi.org/10.1002/andp.18942870213. **69.** Thomson, Elihu. «A proposed Standard Tube for Producing Röntgen Rays». *The Electrical World*, vol. 27, n.° 16, abril de 1896, p. 426. **70.** — «Röntgen Rays Act Strongly on the Tissues». *The Electrical World*, vol. 28, n.° 22, noviembre de 1986, p. 666. **71.** Thomson, Joseph John. «Cathode Rays». *The London, Edinburgh, and Dublin Philosophical Magazine and Journal of Science*, 5.ª serie, vol. 44, n.° 269, octubre de 1897, pp. 293-316. DOI: https://doi.org/10.1080/14786449708621070.

El siglo xx: 1900-1940. El alto vacío, $10^{-3} < p < 10^{-7}$ mbar

La obtención de bajas presiones y sus aplicaciones en la industria y la ciencia alcanzan su apogeo durante esta primera mitad del siglo xx.

El desarrollo de las uniones vidrio-metal y su impacto en el avance de la ciencia y tecnología de vacío

EL interés en estudiar los fenómenos dentro del propio sistema de vacío requirió el desarrollo de técnicas que permitieran introducir cables, tubos y movimientos en el propio sistema de vacío.[72] Como el material básico de los sistemas lo formaba el vidrio, el primer desarrollo fue la unión de metales con el vidrio, requerida principalmente por el estudio de los fenómenos eléctricos, que exigían la introducción de electrodos.

Anteriormente al desarrollo de esta tecnología de unión vidrio-metal, los electrodos se introducían cerrando el espacio electrodo-recipiente a evacuar mediante cementos o pegamentos, generalmente ceras que fundían a relativamente baja temperatura, o pegamentos elásticos o goma. Estos eran poco fiables, pues presentaban porosidad y tenían presión de vapor alta, a veces superior al vacío que podrían producir las bombas en uso.

Otro fenómeno que indujo al desarrollo de uniones vidrio-metal fue la desgasificación de los componentes, pues ocasionaba un aumento de presión considerable, así como la necesidad de cerrar el volumen en vacío. Por ejemplo, el desarrollo de las lámparas de alumbrado o bombillas hizo necesario calentarlas durante la evacuación para bombear los gases desorbidos.[73]

Unión platino-vidrio

Ya hemos descrito en el capítulo anterior los trabajos de Geissler sobre tubos de descarga, siendo el primero que en el año 1857 utilizó el platino como material ideal para atravesar las paredes del recipiente a evacuar. Como buen físico, razonó de la siguiente forma: el platino tiene un coeficiente de dilatación similar al de los vidrios utilizados, vidrio *plomo* y vidrio *soda lime*, y forma una capa entre el vidrio y el platino que le suministra gran adherencia y estanquidad. Además, el platino podría tratarse a altas temperaturas sin que se oxide.

En la figura 6.1 vemos uno de los tubos con hilos de platino incorporados. El principal inconveniente era su elevado coste, y que la unión no podía superar décimas de milímetro. Además, el descubrimiento de los rayos X y catódicos, y las válvulas electrónicas utilizadas en la incipiente telegrafía sin hilos y transmisión de las ondas de radio, demandaban pasamuros que debían soportar corrientes mucho más altas e, incluso, poder refrigerar los electrodos. También se solicitaban materiales que pudieran unirse a vidrios más duros.

Unión Dumet hilo-vidrio

En el año 1911, B. E. Eldred inventó y patentó la unión que recibió el nombre de *Dumet wire seal,* que permite unir conductores de cobre a vidrios *soda lime* y *plomo*.[74] En la figura 6.2 se muestran los esquemas originales tal como aparecen en la patente. El hilo está formado por un núcleo de una aleación hierro-níquel, sobre la que se deposita una capa de cobre y, finalmente, se recubre de platino. El núcleo posee un bajo coeficiente de dilatación radial. El conjunto forma un hilo con un coeficiente de dilatación radial ligeramente menor que el del vidrio, pero está limitado a diámetros no mayores que 0,5 mm. Los dos hilos se sueldan a la pastilla de vidrio como se indica en la figura.

Al material Dumet se le sueldan dos hilos de níquel en los extremos a partir de los cuales se efectúa el montaje de los filamentos o electrodos de la lámpara. Solo soporta moderadas intensidades de corriente, pero se sigue utilizando actualmente. En 1913, Fink simplifica la unión anterior mejorando su manufactura, la unión al metal y la similitud de los coeficientes de dilatación lineal, para lo cual una aleación similar a la anterior es soldada a una gruesa vaina de cobre.[75]

Uniones vidrio-metales refractarios: molibdeno y volframio

En 1915, Henry J. S. Sand desarrolló la unión de molibdeno y volframio con cuarzo.[76] Para ello, recubrió el metal con una capa de plomo que se adhiere bien tanto al metal como al cuarzo, lo que permitió la fabricación de tubos electrónicos de gran potencia.

Ezechiel Weintraub desarrolló una unión resistente de magnesio-boro-silicato con volframio o molibdeno, como muestra el dispositivo de la figura 6.3, aplicado a una lámpara de mercurio y de doble cámara. La parte superior muestra el esquema del conjunto. La parte inferior de la figura detalla la realización del pasamuros. Indican que para una unión completamente hermética deben cumplirse las siguientes condiciones: vidrio y metal deben tener aproximadamente los mismos coeficientes de dilatación, el vidrio debe *mojar* al metal, y que el metal no se oxide durante la soldadura o, si lo hace, el óxido no sea perjudicial, como ocurre con el óxido de volframio en la presente unión.

Unión tubo metálico-vidrio

En 1912, Ch. A. Kraus patentó una unión vidrio-metal que permitía altas intensidades de corriente e, incluso, el paso de líquidos.[77] La figura 6.4 muestra el esquema de la unión tal como aparece en la patente. En *Fig. 1* el recipiente de vidrio *C* se une por fusión con el tubo *T*. El tubo *T* debe ser de un material como plata, cobre o platino, con coeficientes de dilatación mayores que los del vidrio. Ahora la idea genial: el material debe ser dúctil y elástico, es decir, de gran plasticidad. Realizada la soldadura del tubo al vidrio por fusión de este, al enfriarse el vidrio irá comprimiendo al tubo, pero, si se elige el espesor del tubo convenientemente, se puede asegurar que la plasticidad del mismo es capaz de absorber la compresión a que le somete el vidrio. En *Fig. 2* se realiza la unión a un recipiente de cuarzo, *C*, pero el vidrio soldable al tubo se une previamente al recipiente de cuarzo en *C*. En *Fig. 3* se muestra como en la parte interna del tubo se puede soldar una varilla maciza, *L*, que permite el paso de corrientes de mucha mayor intensidad. La soldadura de la varilla se realiza en el punto *T*, situado por debajo de la unión a *L,'* de diámetro igual al del interior del tubo. La parte *L* de la varilla es de diámetro

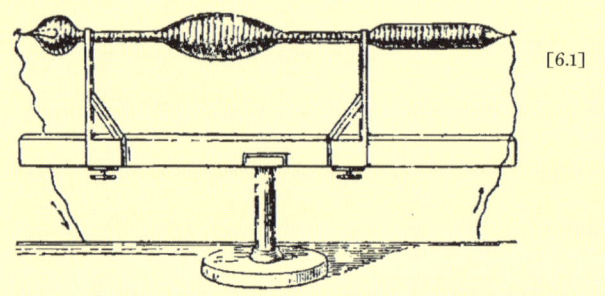

Rurka Geisslera.

[6.1]

Fig. 2.

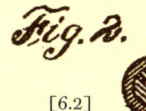

NICKEL STEEL
COPPER

[6.2]

Fig. 3.

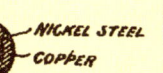

COPPER
NICKEL STEEL

Fig. 4.

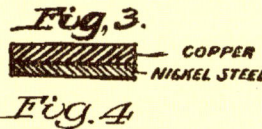

NICKEL STEEL
COPPER

Fig. 1.

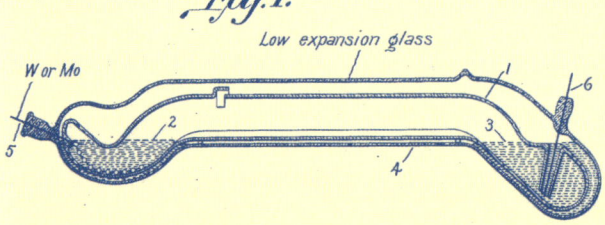

Low expansion glass

W or Mo

5   2   4   3   1   6

Fig. 2.

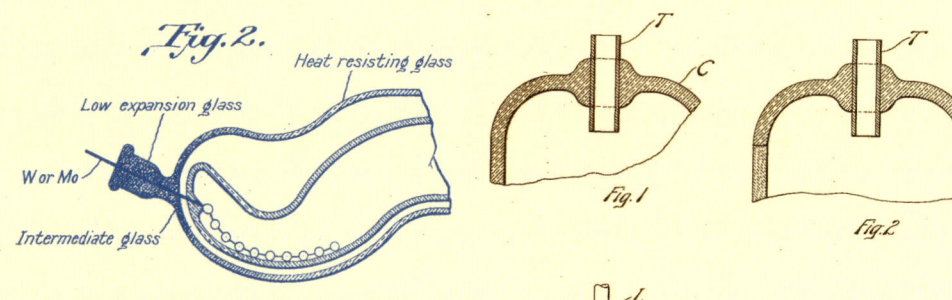

Heat resisting glass

Low expansion glass

W or Mo

Intermediate glass

[6.3]

T   C

Fig. 1

T   C   C²   C¹

Fig. 2

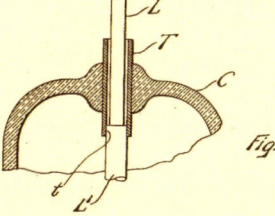

L   T   C

t   L'

Fig. 3

[6.4]

[6.1] Tubo de Geissler
con pasamuros de platino
[6.2] Hilo de material Dumet.
[6.3] Unión vidrio
a molibdeno o volframio.
[6.4] Unión tubo-vidrio
patentada por Kraus en 1912.

ligeramente menor que el del interior del tubo, para evitar que al dilatarse llegara a romper la unión. Evidentemente el tubo es cegado en la parte superior para evitar la entrada de aire. En definitiva, esta unión congenia dos aspectos contrapuestos: unir un metal de mayor coeficiente con vidrios de mucho menor coeficiente de dilatación. Estas uniones no superaban los 4-6 mm de diámetro. Diámetros mayores llegaban a resquebrajar el tubo de cobre.

Unión cobre-vidrio: la unión de Houskeeper

Los ánodos de los nuevos tubos de rayos X y de los nuevos radiotransmisores requerían una importante refrigeración de los mismos, que no se podía conseguir con los pasamuros en uso. Se seguían todavía utilizando materiales de mayor coeficiente de dilatación que los vidrios. Todavía no había llegado el tiempo de las aleaciones que tienen coeficientes de dilatación similares a las de los vidrios. Así, se permanecía en la idea presentada al final del párrafo anterior: diseñar una unión de tal forma que la plasticidad del metal fuera capaz de soportar la compresión del vidrio.

William G. Houskeeper[78] desarrolla la unión que lleva su nombre, y que permitía la unión, aunque el metal y el vidrio no tuvieran coeficientes de dilatación similares, y solicita la patente en 1918. Una de las ilustraciones de la unión se muestra en la figura 6.5. La idea básica consiste en preparar el metal con una geometría en que la pared del tubo metálico disminuye su grosor gradualmente hasta un espesor muy fino, como se aprecia en *Fig. 4*. En estas condiciones, la fuerza ejercida por la dilatación que experimenta el tubo es compensada por la plasticidad de la fina pared del tubo metálico en la unión con el vidrio.

Uniones de aleaciones de Fe con vidrios blandos

Aleaciones de hierro como Ni-Fe, Cr-Fe, Co-Ni-Fe (Kovar y Fernico) poseen coeficientes de dilatación similares a los de vidrios relativamente blandos. Mediante cadenas de vidrios con coeficientes de dilatación crecientes se puede llegar a soldar hasta el cuarzo. Hacia 1927 se produjeron uniones comerciales de 7,62 cm de diámetro de Ni-Fe a vidrios blandos, y de 5 cm de diámetro de Cr-Fe a vidrios blandos (Kaye[79]). Uniones de Kovar comenzaron a estar disponibles comercialmente a partir de 1934.

El desarrollo de medios de producción de vacío: bombas y atrapadores

Comienza la centuria con el interés en producir vacío de forma continuada, sin ciclos de aspiración-expulsión, y con vacío final cada vez más bajo. Como resultado de este interés, se desarrollan las nuevas bombas mecánicas, especialmente la de arrastre molecular, y comienza la era de las bombas de difusión, tanto de mercurio como de vapor de aceite.

Bombas mecánicas

W. Kaufmann: bomba rotatoria de mercurio (1905)

En 1905, W. Kaufmann inventa la primera bomba rotatoria movida por un motor eléctrico o a mano. La figura 6.6 representa el esquema tomado de la publicación de Müller-Pouillet.[80] Fue de gran importancia este invento, pues abría la puerta al desarrollo de las bombas rotatorias. El aire atrapado en la inclinada espiral de Arquímedes por el mercurio es comprimido hacia la salida, donde existe un vacío de unos 20 mmHg. Solamente se fabricaron unos pocos ejemplares, pues antes de finalizar dicho año, Gaede inventó su primera bomba rotatoria, de mayor sencillez y eficacia, que describimos a continuación. El movimiento de rotación se realizaba a mano mediante un volante conectado con una cadena al eje de la bomba. En la figura se observa un bulbo correspondiente a un tubo de descarga.

Wolfgang Gaede: bomba rotatoria de mercurio (1905); bomba rotatoria de aceite (1910); bomba de arrastre molecular (1912); bomba rotatoria con lastre de gas (1913); bomba de aceite integrada (1920)

Sin duda el alemán Wolfgang Gaede* fue el pionero del espectacular desarrollo de la tecnología del vacío durante la primera mitad del siglo xx. Nace en Lehe, Bremerhaven, en 1878, donde su padre era oficial de la artillería prusiana. Después de varias residencias, finalmente se instala en Friburgo, Brisgovia, donde se gradúa en 1897, y estudia después Medicina y Física en la universidad de esta ciudad. Se gradúa en 1901 con la tesis sobre *el efecto de la temperatura sobre el calor específico de los metales.*[82] Pero su interés por el vacío surge en 1904, año en que declara que se encuentra trabajando en la *influencia de las fuerzas eléctricas en el efecto Volta en vacío,*[83] cuyos resultados espera publicar pronto. Para ese experimento disponía de una bomba tipo Sprengel con velocidad de bombeo de 0,01 l/s, demasiado pequeña para bombear los gases adsorbidos en superficies. Así que decide construir una bomba de mucha mayor velocidad de bombeo que las existentes en aquel tiempo. Efectivamente se dispone a realizar varios modelos, y publica resultados en 1905.

Solicita la patente en 1906, y se la conceden en 1907.[84] La figura 6.7 muestra la bomba según aparece en la patente. Los tambores internos *6* y *7*, construidos en cerámica, se llenan de mercurio hasta las alturas indicadas. Los orificios *8a* y *8b* comunican con el volumen *7* que, a su vez, lo hace con el tubo *10*, unido al recipiente a evacuar. La función principal del mercurio y del dispositivo del tambor de cerámica es suministrar un volumen variable. En el giro del tambor, este volumen pasa por un máximo y un mínimo. En su máximo se llena con el gas procedente del recipiente a evacuar y, en su giro, lo comprime y expulsa al volumen externo que comunica con la bomba que suministra un vacío previo de unos 200 mmHg. La bomba carga unos 26 kg de mercurio. Su velocidad de bombeo es de 0,1 l/s a una velocidad de rotación de 20 rpm.

* Notas tomadas de la biografía publicada por su hermana Hannah Gaede.

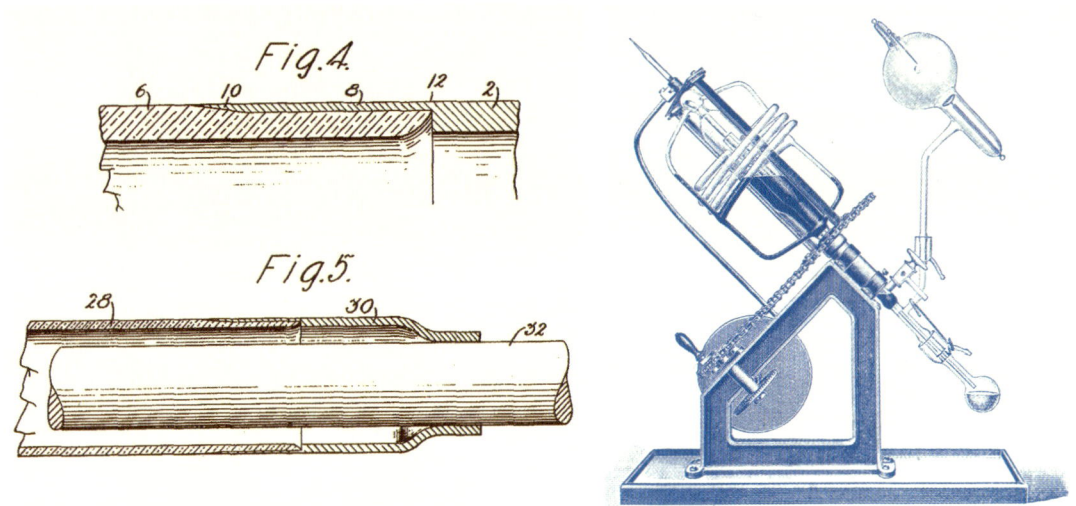

[6.5]

[6.5] Unión tubo-vidrio desarrollada por Houskeeper.
[6.6] Bomba rotatoria de mercurio de Kaufmann.

[6.6]

Bomba rotatoria de aceite: antirretorno y lastre de gas (1910)

Aunque Gaede no tenía formación como ingeniero mecánico, desarrolló gran número de bombas rotatorias selladas en aceite; si bien nunca publicó estos trabajos, fueron patentados por Leybold, y siempre se refirió a él como el inventor.[85]

La primera bomba integrada de paletas de una etapa fue producida en 1908,[86] que fue utilizada principalmente como bomba previa de la bomba rotatoria de mercurio. La figura 6.8 muestra arriba el esquema de la bomba, que puede compararse con la bomba de agua a paletas inventada por el príncipe Rupert en 1650, basada en la desarrollada por Rumelli en 1588 (abajo).

Es sorprendente que los grandes investigadores del siglo XVI no utilizaran este principio en el desarrollo de las bombas de vacío y se inclinaran por las bombas de cilindro aspirante-impelente, que no podían hacer el vacío de forma continua, y que transcurrieran más de doscientos cincuenta años en desarrollar este principio. La idea que perseguía Gaede no era tanto el descubrimiento de nuevos principios en las bombas rotatorias, sino el perfeccionamiento de las existentes para hacerlas más competitivas. En general, su principal aplicación fue su uso como bomba previa de la bomba rotatoria de mercurio y bombas de alto vacío posteriores.

166

Al principio Leybold no llegó a estar interesada en este tipo de bombas; así, hasta 1925 no se implicó en su desarrollo y perfeccionamiento, entre los que destaca la incorporación del antirretorno de aceite al parar las bombas. En la figura 6.9 se muestra la bomba rotatoria a paletas que incorpora el antirretorno de aceite. Cuando gira, el eje *a* impulsa aceite a través del conducto *c* hasta el nivel *d* y, a través del conducto *e*, entra en el cuerpo de la bomba. Al cesar el movimiento, cesa la entrada de aceite, y este no puede ascender por la línea de vacío e inundar el sistema. En 1930 desarrolla bombas de pistón rotativo de grandes velocidades de bombeo, una de 7,5 m³/h, la Wältz-pumpen 1931, y en 1937, una de 150 m³/h.

Uno de los más importantes desarrollos en las bombas rotatorias fue el mecanismo denominado *gas ballast* o *lastre de gas*. El problema que tenían las bombas rotatorias de aceite consistía en que, al bombear vapores, se condensaban cuando el rotor alcanzaba la mayor compresión, justo antes de alcanzar la válvula de expulsión. El vapor condensado se depositaba en las paredes de la bomba, emulsionaba con el aceite y perdía vacío. Gaede desarrolló una válvula que introducía una cierta cantidad de aire en el momento de alcanzar la mayor compresión, e inmediatamente antes de alcanzar la válvula de expulsión. Desarrolló la idea de la siguiente forma (figura 6.10): el aire es comprimido en el volumen *22* a una presión ligeramente mayor que una atmósfera y expulsado a través de la válvula *9*. Si 0,1 mmHg es la presión parcial de agua, esta se comprime hasta una presión ligeramente superior a la atmósfera; al ser expulsado, se condensa en las paredes de la bomba, pues la temperatura de la bomba es muy inferior a los 100 °C, punto de ebullición del vapor de agua a una atmósfera. Pero si a través de la válvula del lastre de gas *13* se introduce aire a una presión de 8 mmHg, durante la compresión y estando aislado el volumen *22* de la boca de aspiración, la presión de aire aumentaría unas cien veces, hasta los 800 mmHg, mientras que la de vapor de agua sería de 10 mmHg, cuyo punto de rocío sería de 11 °C, muy inferior a la temperatura de las paredes de la bomba, con lo que el vapor de agua no se condensaría. La presión de aire del lastre de gas se regula mediante la válvula *12*. La presión final de la bomba es más alta, pierde vacío, pero la ventaja supera el inconveniente, pues de esta forma se podían evacuar gases condensables. A partir de ese momento todas las bombas rotatorias de aceite incorporan ambos dispositivos de antirretorno y lastre de gas.

Bomba de arrastre molecular (1912)

Gaede tenía un gran conocimiento sobre el comportamiento de gases a bajas presiones, especialmente en la teoría del flujo molecular. En el año 1909 Knudsen publica un trabajo sobre las leyes del flujo molecular de los gases[87], que es discutido por Gaede en 1913 confirmando sus resultados en flujo de gases a presiones por debajo de 1 mTorr. Pero considera que a altas presiones la película de gas sobre las paredes afecta la fricción externa y las moléculas saldrían de la superficie en dirección normal, y no según la ley del coseno.

No obstante, el hecho es que, como consecuencia de estos estudios y la sorprendente observación sobre el gran efecto producido por la fricción del gas en la velocidad de bombeo de la bomba rotatoria de mercurio, concibió la idea de que podría utilizar la fricción del gas para producir bombeo.[88] El experimento que preparó fue sencillo. En la parte izquierda de la figura 6.11 se representa el esquema. Un cilindro *A* gira dentro de un estator *B*, tan próximo como sea posible, pero que permita el giro libremente. Dos salidas *m* y *n* comunican con las ramas de un manómetro de columna de mercurio. Al girar el cilindro en el sentido indicado por la flecha, la columna asciende por el tubo de la izquierda indicando que la presión en la salida *m* es mayor que en la *n*. La explicación que da es que las moléculas que chocan con el cilindro que se mueve a gran velocidad tangencial le comunican cierta cantidad de movimiento en el sentido de giro, con lo que se produce una acumulación de moléculas en la salida *m*. *Fig. 2* de la figura 6.11 muestra el corte transversal de la bomba según aparece en la patente solicitada en 1913. El cilindro *A* gira tan próximo como sea posible dentro del estator *C*. El cilindro tiene ocho ranuras perpendiculares al eje, de cierta profundidad y espaciadas uniformemente. En las ranuras se insertan cuchillas, *E,* que encajan tan próximas como sea posible dentro de las ranuras; en las cuchillas existen orificios, *g* y *f,* que comunican con la entrada de la bomba, aspiración, y la salida, expulsión,

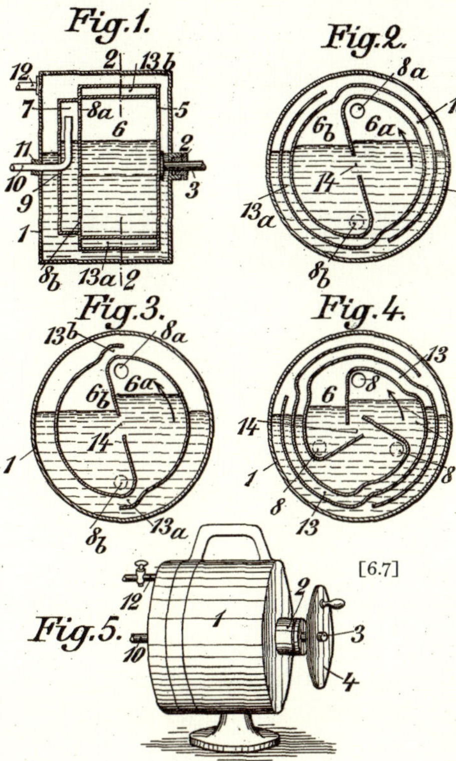

[6.7] Bomba rotatoria de mercurio de Gaede.

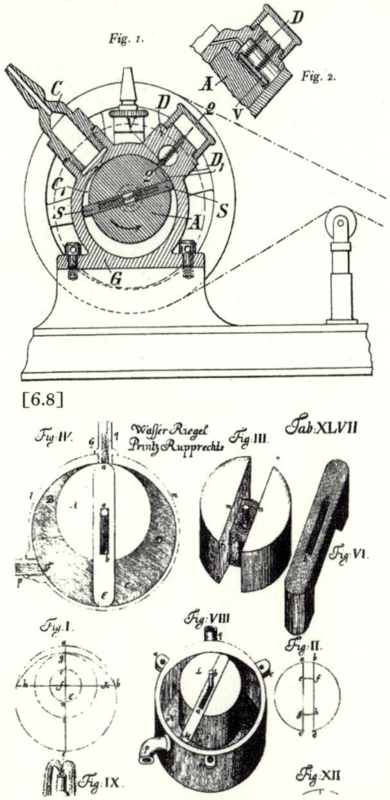

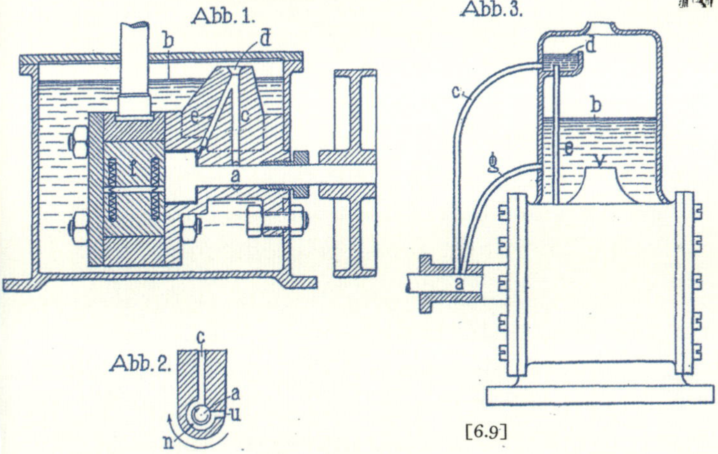

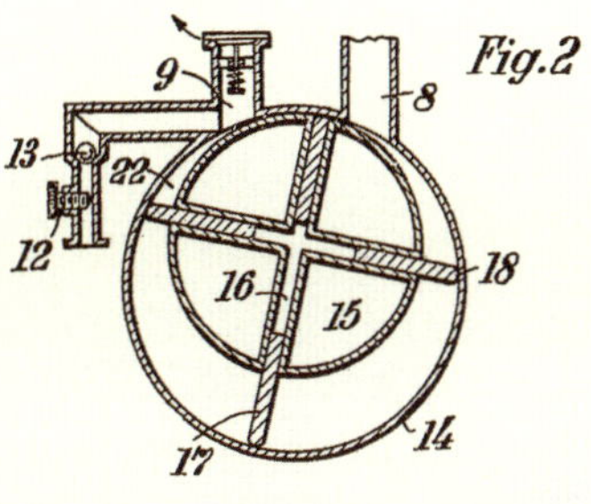

[6.8] Arriba: bomba rotatoria a paletas de Gaede. Abajo: la bomba de agua inventada por el príncipe Rupert en 1650 basada en la bomba de paletas desarrollada por Rumelli en 1588.

[6.9] Bomba rotatoria de Gaede con antirretorno de aceite.

[6.10] Bomba rotatoria de Gaede con lastre de gas.

[6.11] Izquierda: dispositivo de Gaede para demostrar el principio de la bomba molecular. Fig. 2: corte normal de la bomba comercial. Fig. 3: corte longitudinal de la bomba comercial.

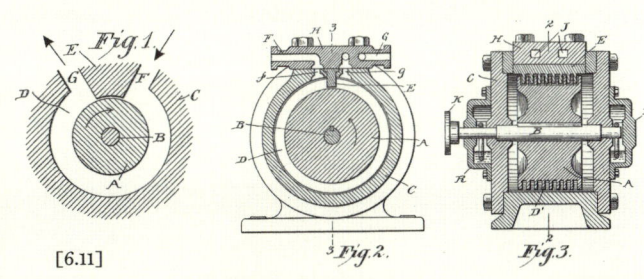

[6.11]

G y *F*, respectivamente. Al girar a alta velocidad, el aire es comprimido hasta la salida, donde una bomba previa suministra el vacío necesario para que en todo momento el recorrido libre medio de las moléculas sea mucho mayor que las dimensiones y holguras de la bomba. La entrada de aire divide el cilindro en dos partes.

En un modelo posterior modificó el diseño para que la descarga de aire de cada sección lo hiciera sobre la entrada de la sección siguiente, disposición en serie en lugar de la de paralelo original. De esta forma se consigue un vacío mucho mayor. La velocidad tangencial del rotor es de 35 m/s a 8000 rpm. La razón de compresión para aire era de 2×10^5, y la velocidad de bombeo de 1,5 l/s a una presión de 10^{-4} Torr. El vacío último alcanzado fue de 10^{-6}. Como bomba previa se utilizaba la bomba rotatoria a paletas. Dado que el eje del rotor se apoyaba en dos cojinetes engrasados, la presión de vapor de la grasa debía ser apreciable.

En 1912 Leybold había fabricado sesenta bombas, y entre 1912 y 1923 habría fabricado trescientas bombas. Otra de las ventajas de esta bomba era que podía evacuar no solo gases, sino también vapores. Fue muy utilizada en la evacuación de tubos de rayos X; por ejemplo, General Electric comunicó que la fabricación de un tubo de rayos X de gran potencia con una descarga electrónica limpia fue posible por la utilización de esta bomba. El principal problema con que se enfrentó Gaede en la mejora de la bomba fue el de aumentar el número de etapas, pero en su diseño la conexión entre etapas resultaba mecánicamente de muy difícil solución.

Fernand Holweck: bomba de arrastre molecular de tambor en espiral (1922)

Fue uno de los científicos en que se une una gran preparación básica con una destreza excepcional para el desarrollo de instrumentación. Nace en el seno de una familia alsaciana en París en 1890, y en 1910 accede a la Escuela Superior de Física y Química Industrial de París. En 1911 comienza el servicio militar y es adscrito como ingeniero en la estación de radio de la Torre Eiffel por el general Ferrié, pionero de la telegrafía inalámbrica. Estimulado por los trabajos sobre tubos electrónicos de Flemming, crea sus propios diseños en 1913 y 1914, que son utilizados para determinar la diferencia en las longitudes geográficas entre Washington y París, publicados en 1913.[89] A partir de este trabajo, se implica directamente en la ciencia básica y las aplicaciones a la tecnología del vacío.

Durante la guerra estuvo adscrito al sistema de localización direccional de emisoras de radio, con el fin de detectar la información radiada por el enemigo. También participó bajo la dirección del profesor Langevin en las aplicaciones de los ultrasonidos en la detección de submarinos.

Después de la I Guerra Mundial (1914-1918) se une al Instituto de Radiación, bajo la dirección de madame Curie, donde realiza su tesis doctoral sobre la continuidad en el espectro electromagnético de los rayos X y el visible, y se centra en encontrar la radiación X blanda, entre los 136 y los 12 Å, desconocida hasta entonces, para lo cual requería un grado de vacío muy alto en los dispositivos utilizados. Utilizaba una cámara de vacío donde generaba rayos X blandos, haciendo incidir electrones con energías entre 90 y 1200 eV sobre el ánodo, y analizando la energía de los electrones emitidos y radiación emitida. En 1922 obtiene el grado de doctor en Ciencias.

En todos sus trabajos destaca su destreza manual para el desarrollo de instrumentos relacionados con la tecnología del vacío: manómetros de ionización triodo (figura 6.12), manómetros de Knudsen y bombas de vacío. Como en sus trabajos se vio obligado a utilizar la bomba de arrastre molecular diseñada por Gaede y fue consciente de sus defectos, desarrolla la bomba que lleva su nombre. La bomba poseía una velocidad de bombeo de 5 l/s a una presión de 10^{-2} Pa.

Otro de los desarrollos en el campo de la tecnología del vacío fue demostrar la posibilidad de realizar sistemas desmontables, lo que permitía la utilización de dispositivos como las lámparas triodo fuera del lugar de construcción y evacuación. El desarrollo de la unión vidrio de Houskeeper le permitió diseñar y realizar un tubo de rayos X desmontable de 600 kV para el Centre Anticancéreux de Burdeos. El ánodo medía 1,40 m y pesaba 40 kg.

Este gran científico tuvo un trágico final. Durante la II Guerra Mundial (1939-1945) no quiso abandonar París y colaboró con la resistencia francesa contra los alemanes, ayudando a pilotos ingleses a huir, y realizando planos falsos para confundir a los servicios alemanes. El agente británico de contacto, al servicio de los alemanes, acudió en persona con agentes de la Gestapo a detenerle y, finalmente, fue ejecutado en 1941. El traidor británico lo fue en enero de 1945.

Karl Manne Siegbahn: bomba de arrastre molecular de disco (1929)

Siegbahn es otro ejemplo de científico que también se implicó en el desarrollo de la tecnología del vacío para la realización de sus experimentos, galardonado con el Premio Nobel de Física en 1924. Nació en 1886 en Örebro, Suecia, donde cursa sus estudios primarios. En 1906 ingresa en la Universidad de Lund, y se doctora en 1911. Entre 1908 y 1912 su trabajo se centra en estudios sobre electricidad y magnetismo. Pero entre 1912 y 1937 estuvo implicado en estudios sobre espectroscopia de rayos X. Con el fin de mejorar la calidad del vacío en sus espectrómetros, sus investigaciones le llevaron a diseñar un nuevo modelo de bomba de arrastre molecular de disco, similar a la de Holweck; es decir, formada por un disco (el rotor) con canaladuras en espiral en ambas caras.

No se sabe cuándo Siegbahn conoció acerca del diseño de Holweck. En el modelo inicial del año 1926, el disco tenía un diámetro de 220 mm. La sección normal del surco en la periferia de la entrada era de 10×10 mm y en el centro de 1×10 mm. El vacío último a 6000 rpm era de $7,6 \times 10^{-6}$ mbar con una presión previa de $7,5 \times 10^{-2}$ mbar.

Siegbahn describe la mejora de sus experimentos utilizando su *new Siegbahn tubusspectrometer* en la siguiente forma: la previamente utilizada bomba de Holmberg ha sido reemplazada por una bomba molecular diseñada por Siegbahn y construida en los talleres del Instituto de Física de la Universidad de Upsala. Esta bomba ha estado trabajando durante tres meses, y su comportamiento es excelente. Fue patentada primeramente en Alemania, en 1929 y, posteriormente, en Gran Bretaña, en 1930.[90] Más adelante se mejoró, y alcanzó finalmente una velocidad de bombeo de 30 l/s con un disco de 3200 mm de diámetro, y velocidad de rotación de 8800 rpm.[91] La figura 6.13 muestra la bomba construida bajo licencia en 1929 del catálogo Leybold.

John Dubrovin: bomba de doble cierre
Welch duo seal (1939)

En 1939 J. Dubrovin solicita la patente,[92] asignada a la compañía W. M. Welch, de una nueva bomba rotatoria a paletas de dos etapas, cuya principal ventaja es una disminución de la presión final, significativamente inferior a la de las bombas rotatorias a paletas. La figura 6.14 muestra el esquema de la bomba y, en su parte derecha, un corte de la misma.

Al compararla con los otros tipos de bomba rotatorias a paletas, se observa que, en lugar de estar bañado todo el cuerpo externo de la bomba por el aceite, este reside en un depósito situado en la salida de la etapa de vacío bajo (*63* en la figura). Mediante un diseño especial de la válvula de expulsión, se logra que los gases y volátiles contenidos en el aceite sean liberados rápidamente, y no retornan a la etapa de alto vacío *(62)*. El engrase se efectúa desde el depósito, a través de un diseño especial, a los dos cuerpos de la bomba. Se hizo muy popular, aunque su construcción era más complicada que la de las bombas rotatorias convencionales. Su vacío límite estaba en 1×10^{-4} mbar.

Bombas de difusión de mercurio

Wolfgang Gaede: bomba de difusión de mercurio (1913)

Es muy importante establecer el principio de la bomba de difusión de Hg. En 1906 Müller[93] aseguró que la presión mínima obtenible con una bomba de Hg y determinada con un manómetro de McLeod no podía ser menor que la presión de vapor de Hg, aun utilizando trampas de N_2 líquido. La validez de esta afirmación no podía ser verificada en aquel tiempo, pues el único manómetro que medía esas bajas presiones era el del vapor de mercurio de las del aire residual.

Veamos cómo razonaron Müller[93] y Gaede: en la figura 6.15 se representan dos recipientes, *1* y *2*, separados por un tubo que se puede llenar con un líquido criogénico. Inicialmente el recipiente *2* tiene aire, y el *1*, vapor de Hg. De acuerdo con

Müller[93], en ausencia de nitrógeno líquido y en el equilibrio, e independientemente del estado de la trampa, el manómetro McLeod no es capaz de separar la presión de Hg:

$$P_{aire,2} + P_{Hg,2} = P_{aire,1} + P_{Hg,1}$$

Ahora conectamos una bomba de mercurio (como la de Toepler) al recipiente *1*, entonces: $P_{aire,1} << P_{Hg,1}$. Si la trampa está a temperatura ambiente, después de un tiempo: $P_{aire,2} << P_{Hg,2}$. Si la trampa está a temperatura del N_2 líquido: $P_{Hg,2} = 0$. Y tendríamos que $P_{aire,2} = P_{Hg,1}$, lo que no es cierto. Según Gaede, lo que ocurre es que $P_{aire,2} > P_{aire,1}$, pero nunca igual a $P_{aire,1}$, pues el flujo de mercurio hacia la trampa hace que sea mayor en *2* que en *1*. Las moléculas de aire tienen que pasar a través del contraflujo de Hg en el tubo de conexión y, a través de *1*, a la bomba de mercurio. La tasa de la difusión del aire aumenta con el aumento del recorrido libre medio de las moléculas en el Hg. Este razonamiento es el principio de la bomba de difusión de mercurio. Lo que supone que la lectura del McLeod conectado a *1* debe ser mucho menor con respecto a la presión total en *2*.

La segunda conclusión de Gaede fue que las moléculas de aire pueden difundirse en el chorro de vapor de mercurio, circulando en el tubo de unión en sentido contrario al flujo de aire. La tasa de difusión de aire en el chorro de Hg aumenta cuando el recorrido libre medio de las moléculas en el Hg aumenta, es decir, cuando se establece el llamado régimen molecular, y concluye: «Este dispositivo actúa como una bomba y la conductancia del tubo es la velocidad de bombeo de la bomba de difusión».

Con este principio desarrolla la primera bomba de difusión de mercurio cuyo esquema se representa en la figura 6.16.[94] Las moléculas del gas a evacuar penetran por la rendija *3* difundiéndose en el chorro de vapor de Hg que asciende por el tubo *2*. El vapor de Hg junto con las moléculas difundidas pasan a través del tubo *7* hacia la bomba previa en *20*. El vapor de Hg se condensa en *8* y retorna al calderín. Un mechero Bunsen, *6*, calienta el Hg hasta la temperatura de ebullición. Dos inconvenientes afectan a este modelo: la baja velocidad de bombeo y la crítica regulación de la temperatura del vapor de mercurio.

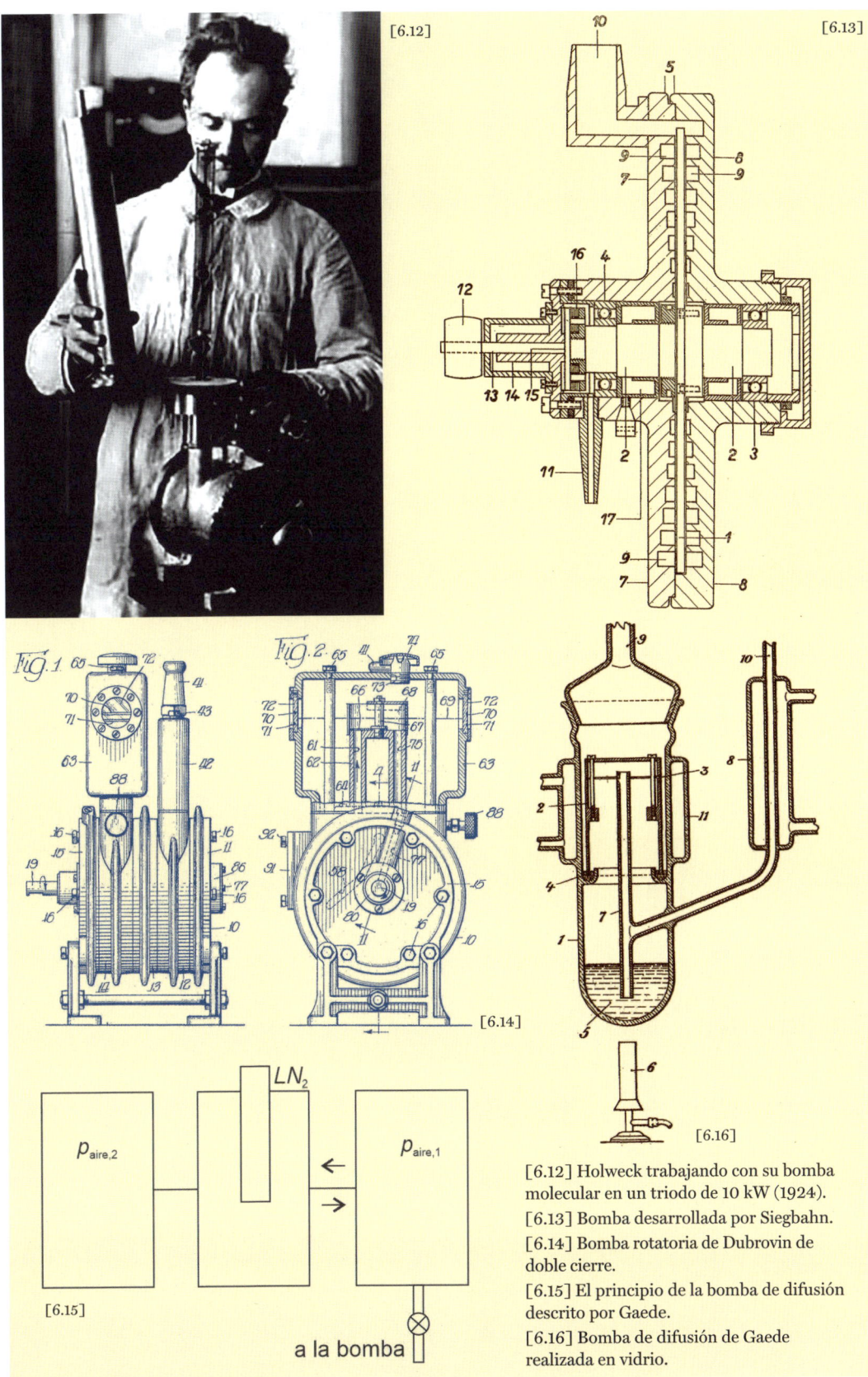

[6.12]

[6.13]

Fig. 1.

Fig. 2.

[6.14]

LN_2

$p_{aire,2}$

$p_{aire,1}$

[6.15]

a la bomba

[6.16]

[6.12] Holweck trabajando con su bomba molecular en un triodo de 10 kW (1924).

[6.13] Bomba desarrollada por Siegbahn.

[6.14] Bomba rotatoria de Dubrovin de doble cierre.

[6.15] El principio de la bomba de difusión descrito por Gaede.

[6.16] Bomba de difusión de Gaede realizada en vidrio.

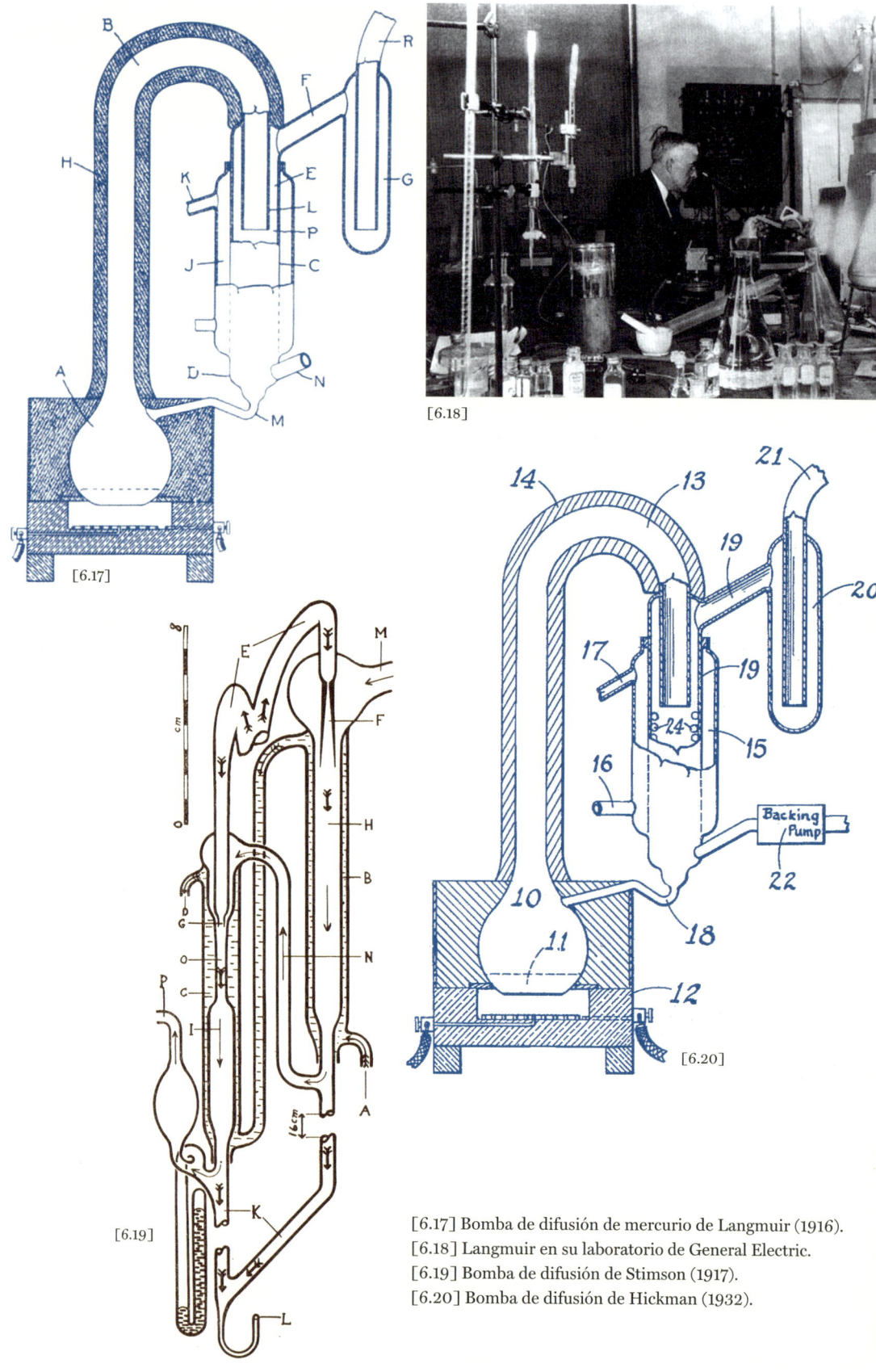

[6.17] Bomba de difusión de mercurio de Langmuir (1916).
[6.18] Langmuir en su laboratorio de General Electric.
[6.19] Bomba de difusión de Stimson (1917).
[6.20] Bomba de difusión de Hickman (1932).

A partir de este momento, queda abierto el camino al desarrollo de la bomba de difusión. Gaede formó parte del equipo de Leybold (Alemania) que fabricó, bajo patente, todos sus descubrimientos. Utilizando dos bombas de Hg en serie, obtuvo una presión final de 10^{-4} mmHg, es decir, una razón de compresión de $1,2\times10^5$, y para cada bomba de una etapa de $3,5\times10^2$.

Irving Langmuir: bomba de difusión de mercurio de alta velocidad (1916); bomba de condensación

En el posterior desarrollo de la bomba de difusión de mercurio había que resolver estos dos retos: la limitación de la velocidad de bombeo y la criticidad de la temperatura del chorro de vapor de mercurio. En su desarrollo de la nueva bomba de difusión, Langmuir[95] razona de la siguiente forma: la limitación en velocidad podría ser eliminada si se encontrara un método por el cual las moléculas del gas a evacuar se difundieran en el seno del chorro de vapor de mercurio, comunicándoles velocidad en la dirección de las moléculas de mercurio hacia la parte inferior del cuerpo de la bomba. En las bombas precedentes la velocidad imprimida lo era en dirección trasversal, con lo que una gran parte de las moléculas retornaba al recipiente a evacuar.

La figura 6.17 muestra el dibujo original de su bomba tal como se publicó. Las moléculas del chorro de vapor de mercurio producido en el calderín *A* ascienden a velocidad cercana a la del sonido, saliendo por la abertura *P,* con una componente de velocidad en la dirección normal al eje del tubo. De esta forma son dirigidas principalmente hacia la pared *C,* refrigerada con agua. Esta es la idea genial de Langmuir, fruto de sus estudios de condensación, pues las moléculas de mercurio son condensadas al primer impacto con la pared. La película de mercurio líquido resbala por la pared y, finalmente, a través del tubo *M,* retorna al calderín, repitiéndose continuamente este ciclo. A la temperatura del agua la probabilidad de reevaporación de las moléculas de mercurio es prácticamente despreciable. Al mismo tiempo las moléculas del gas a evacuar presentes en la región *P* difunden dentro del haz de mercurio, son arrastradas en la dirección del eje del tubo hacia abajo, y terminan por ser liberadas del chorro de mercurio y evacuadas, finalmente, a través del tubo de evacuación *N* hacia la bomba previa. La probabilidad de retorno de estas moléculas es muy pequeña, pues en su encuentro con las moléculas de mercurio son impelidas nuevamente hacia abajo.

Precaución adicional en el diseño es que el tubo de salida *L* debe quedar por debajo de la salida del agua de refrigeración *K*. No está bien esclarecido si el estudio de Langmuir fue estimulado por los modelos descritos en el catálogo de Leybold de 1913, donde en su página 204 aparece la primera descripción del *principio de las bombas de difusión* descrito por Gaede en 1913, ni se precisa la prioridad del descubrimiento. Tampoco puede determinarse una verdadera diferencia entre el término *bomba de condensación* de Lagmuir o *bomba de difusión* de Gaede. Este claramente establece en su publicación de 1923 que el proceso de bombeo se produce por la fusión del aire a evacuar dentro del chorro de vapor de mercurio, en lugar de tratarse de una mera mezcla mecánica a bajas presiones. Hay que tener en cuenta que de 1914 a 1918 tuvo lugar la I Guerra Mundial, y las publicaciones estaban sometidas a la procedencia del autor y su nacionalidad.

Harold F. Stimson: bomba de difusión de mercurio de dos etapas (1917)

La diferencia entre el vacío límite de una bomba y el vacío producido por la bomba previa puede aumentarse poniendo dos o más bombas en serie, tal como se hace con las bombas rotatorias (este es el factor de compresión o razón entre la presión previa y la presión final de la bomba). Esta fue la idea de Ch. A. Kraus[96] que, utilizando un aspirador con vacío final de 12 mmHg, materializó H. F. Stimsom diseñando la bomba cuyo esquema aparece en la figura 6.19. La bomba está formada por dos cuerpos, el de la derecha con una sombrilla por donde sale el vapor de Hg y en la zona inmediatamente debajo de la salida se produce la difusión del gas a evacuar. La pared está refrigerada por agua donde se condensa el Hg y retorna al calderín por deslizamiento en su pared. La parte inferior comunica con el otro cuerpo de la bomba, pero aquí la sombrilla es un tubo Venturi que descarga en un tubo estrecho. La salida comunica con la bomba de apoyo. Este descubrimiento condujo rápidamente al desarrollo de bombas de etapas múltiples, todas ellas en el mismo cuerpo de la bomba.

Posterior desarrollo de la bomba de difusión de mercurio: bombas metálicas y multietapa

Posteriormente, los desarrollos anteriormente descritos y la gran demanda de la electrónica impulsan a laboratorios de investigación y fabricantes de instrumentos de vacío al desarrollo de nuevas bombas con mayor vacío final y velocidad de bombeo. Una exhaustiva descripción de los distintos desarrollos, funcionamiento y características anteriores a 1950 aparece en el libro *High Vacua. Principles, Production and Measurement,* de Swami Jnanananda.[97]

En la tabla siguiente resumimos los principales desarrollos y sus características más sobresalientes:

DESCUBRIMIENTOS DE GAEDE Y LANGMUIR Y SUS CARACTERÍSTICAS MÁS SOBRESALIENTES							
Etapas	Material	Autor	Año	p_u[1] mmHg	S[2] l/s	p_o[3] mmHg	Referencias
Una	Metal	Langmuir					
Una	Metal	Kaye		10^{-5}	7		97 (ref. 9)
Tres	Metal	Gaede		10^{-4}	60	20	98
Cuatro	Metal	Gaede	1927				
Dos, inclinadas	Vidrio	Dunoyer	1926		0,37		99
Dos, tipo anular	Metal	Gaede	10^{-3}	$10\text{-}10^{-3}$	6		
Cuatro	Metal	Gaede	10^{-4}	10^{-4}	$16\text{-}10^{-4}$	40	
Dos, condensación			1931		0,3-0,4		100
Dos, condensación		Payne	1926		0,112-0,15	1-2	
Dos etapas en serie, un difusor y un eyector vertical	Vidrio	Stimson	1917				101

[1] Vacío último. [2] Velocidad de bombeo a la presión indicada. [3] Presión previa.

Bomba de difusión de aceite

El mercurio, como elemento de fluido de bombeo en las bombas de difusión, fue ampliamente utilizado durante el período de 1920 a 1940 en la fabricación de tubos electrónicos, pero presentaba el inconveniente de requerir trampas para evitar la contaminación con el vapor de mercurio. El empleo de fluidos diferentes estuvo en la mente de los investigadores.

Cecil Reginald Burch. La destilación molecular. Obtención de aceites de muy baja presión de vapor (1928)

En el año 1928 C. R. Burch[102], trabajando en la Metropolitan Vickers, Inglaterra, con aceites de transformador para impregnar en vacío el papel utilizado como aislante en los condensadores, aumentando su fuerza dieléctrica, se interesó en la destilación en alto vacío a temperaturas moderadas, lo que se conoció como *destilación molecular*. Destiló aceites derivados del petróleo usados en las bombas rotatorias, obteniendo fracciones de muy baja presión de vapor, que se le ocurrió aplicar como fluido de bombeo en las bombas de difusión en lugar del mercurio, logrando una presión última de 10^{-6} mmHg sin la utilización de trampas frías. Así comenzó la revolución en la utilización de aceites como elemento de bombeo. Estos aceites fueron fabricados por la Shell Chemical con el nombre de Apiezón[103]. En 1931 Burch y Bancroft en la Metropolitan Vickers comienzan la fabricación de bombas de difusión de aceite mediante patente[104].

Hickman: bomba de difusión de aceite (1929)

Los trabajos de Burch llegan a conocimiento de Hickman, que trabaja en los laboratorios de la Eastman Kodak. Había estado utilizando ésteres sintéticos orgánicos en los manómetros en lugar de mercurio para la medida de la presión en los sistemas de secado de papel fotográfico, donde el mercurio es perjudicial. Con esa idea emplea su aceite como fluido de bombeo en las bombas de difusión con gran éxito.

En 1929 solicita la patente sobre utilización de aceites, específicamente el derivado de ésteres aromáticos, como el dibutilftalato, que es concedida en 1932.[105] Estos aceites los aplicó a una serie de bombas con muy buenos resultados. La figura 6.20 muestra el esquema de una de las bombas, tal como consta en la patente. El aceite *11* situado en el calderín *10* es calentado por la resistencia *12*, lo que produce un chorro de vapor de aceite de alta velocidad que asciende por la tobera en forma de cuello de ganso *13*. La tobera está recubierta de un material aislante e incluso puede ser calentada para mantenerla a alta temperatura y evitar que el aceite se condense. El final de la tobera se prolonga en un tubo que es rodeado por el tubo *19*, refrigerado por agua, tomas *16* y *17*. Las moléculas de aceite al condensarse forman agregados, *24*, que resbalan por las paredes retornando al calderín. El tubo *19* se comunica con el *19'*, que desemboca en la trampa de N_2 líquido *20* y, mediante el tubo *21*, con el recipiente a evacuar.

En su investigación, Hickman alterna el uso del aceite y el mercurio en la bomba y estudia el vacío final. En ausencia de la trampa de N_2 líquido, la presión final correspondía a la presión de vapor de mercurio a la temperatura ambiente, aproximadamente 10^{-3} mmHg, mientras que con el aceite correspondía a la presión de vapor de 10^{-6} mmHg. A partir de aquí, fueron innumerables las bombas de difusión de aceite desarrolladas, desplazando definitivamente al mercurio.

Hickman siguió investigando tanto el diseño de nuevas bombas como la obtención de aceites, hasta llegar a la revolucionaria bomba autofraccionadora, mediante la utilización de varios calderines de producción del chorro de vapor. La ventaja del autofraccionamiento consiste en que las fracciones más volátiles son evacuadas hacia la bomba de vacío previa, con lo que el aceite restante tiene una presión de vapor menor. Es muy interesante la clarividente idea de Hickman para demostrar la efectividad del principio de autofraccionamiento, representado en su patente (figura 6.21). En principio se trata de dos bombas difusoras de tipo vertical, una actuando como etapa de alto vacío, *B,* y la otra como bomba de apoyo, *A.* El dispositivo clave es el camino de retorno de los aceites condensados producidos por la evaporación en los calderines *A* y *B*, formado por los conductos *6*, *7* y los alojamientos *10 y 11*, que permiten enviar el aceite de retorno a los calderines *A*, *B* o *A + B*, según sea la posición de la bola metálica *9*, manejada mediante un imán. Tres formas de funcionamiento podían ser programadas: (a) tándem malo, (b) tándem normal y (c) tándem bueno. A continuación, se señala el camino del aceite en los tres modos:

(a) Posición de la bola en *10*. Retorno del aceite de *A*: *6* > *8* > *11* > *21* al calderín *15*. Retorno del aceite de *B*: *7* > *11*> *21* al calderín *15*.

(b) Posición de la bola en *12*. Retorno del aceite de *A*: *6* > *10* al calderín *14*. Retorno del aceite de *B*: *7* > *11* > *21* al calderín *15*. Es decir, el aceite de cada calderín retorna a su propio calderín.

(c) Posición de la bola en *11*. Retorno del aceite. El retorno del aceite a ambos calderines es al *A*.

En definitiva, lo que trata de hacer es que las fracciones volátiles del aceite retornen siempre al calderín de apoyo o alta presión, donde evaporan hacia la bomba de apoyo o son retenidas en los ensanchamientos *2* del tubo de salida *1*. Pero ¿cuál fue la presión última obtenida? La tabla siguiente indica los valores obtenidos: una simple lectura de los mismos pone de manifiesto la brillantez del resultado, demostrando la gran eficacia del fraccionamiento del aceite de la difusora.

	Aceite: butilftalato			
Modo	25 °C		0 °C	
	I (mA)	P (mmHg)	I (mA)	P (mmHg)
TB	6	$1,50\times10^{-4}$	0,27	$6,80\times10^{-4}$

	Apiezón A (1934)			
Modo	25 °C		0 °C	
	I (mA)	P (mmHg)	I (mA)	P (mmHg)
TB	25 °C	$7,50\times10^{-5}$	0,36	$9,00\times10^{-6}$

	Apiezón B			
Modo	25 °C		0 °C	
	I (mA)	P (mmHg)	I (mA)	P (mmHg)
TB	0,02	$5,00\times10^{-7}$	0,008	$2,00\times10^{-7}$

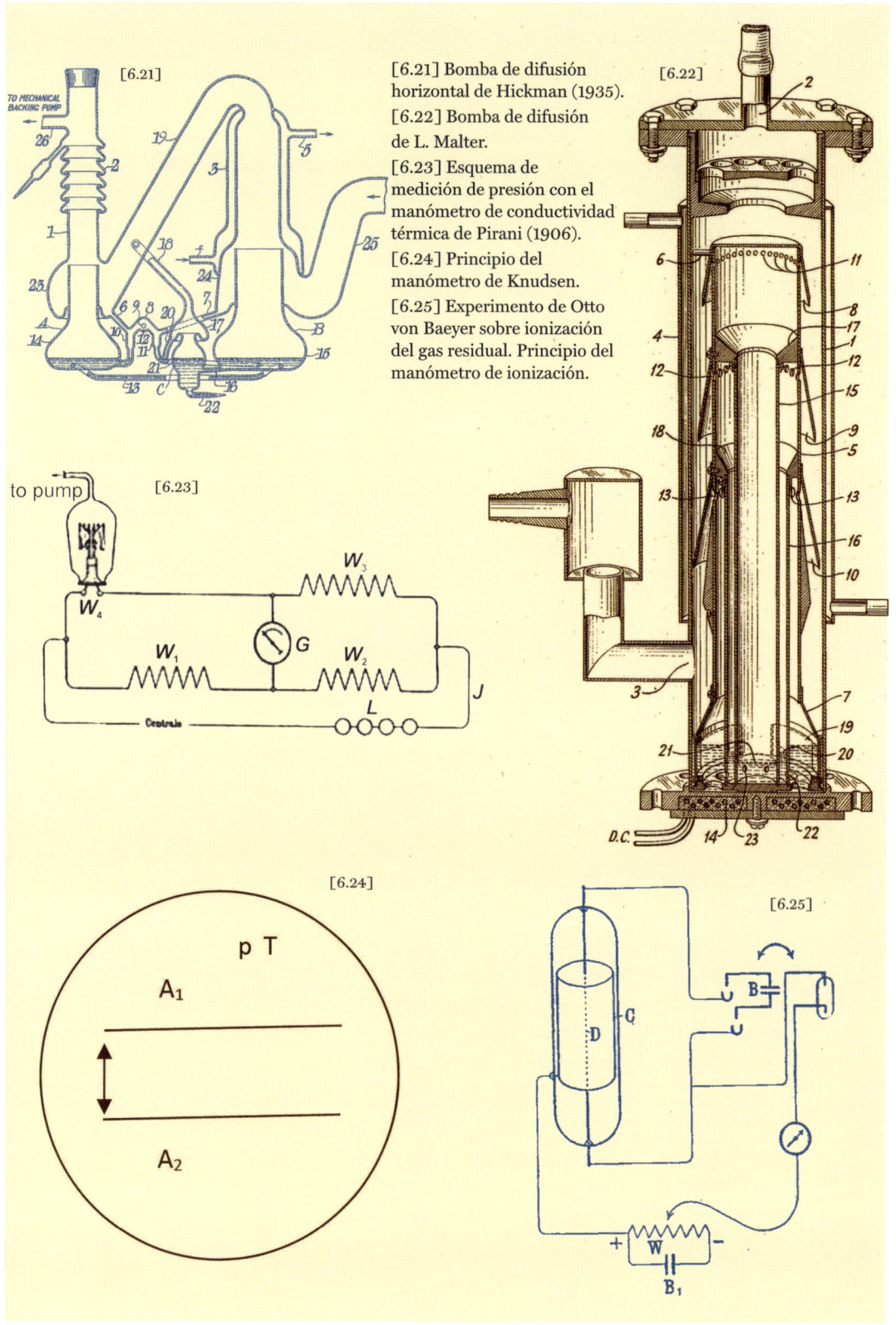

[6.21]

TO MECHANICAL BACKING PUMP

[6.21] Bomba de difusión horizontal de Hickman (1935).
[6.22] Bomba de difusión de L. Malter.
[6.23] Esquema de medición de presión con el manómetro de conductividad térmica de Pirani (1906).
[6.24] Principio del manómetro de Knudsen.
[6.25] Experimento de Otto von Baeyer sobre ionización del gas residual. Principio del manómetro de ionización.

[6.22]

[6.23]

to pump

W_4 W_3 W_1 G W_2 J L Centrale

[6.24]

$p\,T$
A_1
A_2

[6.25]

B C D W B_1

D.C.

Una última aclaración sobre la bomba es la función del calderín auxiliar C, que funciona como atrapador de los residuos de más densidad, alquitranes producidos en la destilación. El nivel de aceite en los calderines A y C se mantiene a través del tubo *13*.

El principio de Hickman de autofraccionamiento supuso una revolución en el desarrollo de las futuras bombas de difusión. Principio que no solo se aplicó a las bombas realizadas en vidrio, sino también a las futuras de metal. La obtención de aceites de más baja presión de vapor a temperatura ambiente, como el Octoil-S, y la utilización de trampas de baja temperatura o de zeolitas, permitió obtener presiones tan bajas como 10^{-12} mbar.

L. Malter: bomba de difusión metálica (1938)

Como hemos indicado al final del apartado precedente, el paso siguiente fue el desarrollo de las bombas metálicas incorporando el principio de fraccionamiento del aceite de bombeo. En marzo de 1937, Malter, trabajando en Radio Corporation of America, la famosa RCA, solicita la patente de una bomba autofraccionadora completamente metálica, representada en la figura 6.22.[106] La bomba comprende tres etapas con sombrillas de difusión *8*, *9* y *10*. La utilización de etapas múltiples asegura utilizar presiones previas más altas con vacío último mucho más bajo.

La ingeniosa solución para obtener el efecto fraccionador consiste en que las toberas de ascenso del vapor están separadas físicamente en su parte de apoyo en el soporte inferior, pero comunicadas con orificios de tamaño determinado. El diámetro se fija para que el flujo de aceite que retorna a la parte externa esté equilibrado con la tasa de evaporación de la tobera interna. Todo el aceite condensado retorna al calderín resbalando por la pared de la bomba *1* y la tobera *7*. De esta forma el aceite es evaporado primeramente en la parte del calderín que comunica con la tobera *16* y la sombrilla *10*. De esta forma las fracciones más volátiles no alcanzan nunca la parte de evaporación de la tobera de alto vacío *18* y la sombrilla *8*. Es una forma de producir el fraccionamiento de fácil mecánica y simple montaje.

Este desarrollo fue inmediatamente incorporado a todas las bombas de difusión de aceite de estructura vertical. Permitía, además, la fabricación de bombas de muy alta velocidad de bombeo, hasta 50 m³/s, utilizadas en simulación espacial y desgasificación y tratamiento de aceros.

Medida del vacío: presión total, manómetros y presiones parciales, espectrómetros de masas

Se inicia la centuria utilizando principalmente el manómetro de McLeod, que, con diversas modificaciones, permite medir presiones del orden de los 10^{-5} mbar. El descubrimiento del electrón, la emisión de electrones de filamentos incandescentes y la ionización de un gas por electrones abren el camino al descubrimiento del manómetro de ionización, que tanto contribuyó al desarrollo de la ciencia y tecnología.

Manómetro de conductividad térmica. Manómetro de Pirani (1906)

Nace Marcello Stefano Pirani en Berlín en 1880, ciudad donde estuvo afincado durante toda su vida, descendiente de inmigrantes italianos. Realiza estudios en la Escuela de Gramática y, posteriormente, en la Universidad Técnica de Berlín-Charlottenburg. Después se une a la sección de Berlín de la Sociedad Alemana de Física, dirigida por Max Planck. Recibe el grado de doctor en 1904, y se incorpora a la fábrica de lámparas incandescentes Siemens y Halske. Aunque estuvo implicado en la rutina de la producción en serie de lámparas de incandescencia, continuó sus estudios de física a un alto nivel. Así, en 1911 fue nombrado profesor no asalariado en la Universidad Técnica de Berlín, donde obtiene la posición de profesor entre 1918 y 1936.

Pirani estuvo implicado en los problemas de los filamentos de las lámparas, especialmente los de carbón, lo que ejerció gran influencia en el desarrollo del manómetro de conductividad térmica. En la producción de lámparas de incandescencia el manómetro utilizado era el McLeod, construido en vidrio y cargado con uno o dos kilos de mercurio, lo que le hacía extremadamente frágil, con frecuentes roturas y derramamiento de mercurio, no siempre fácil de recoger.* Este problema le llevó a pensar en un manómetro que no utilizara mercurio. En 1906 se lee en el diario de Pirani: «El actual intento de utilizar la conductividad térmica para la medida de bajas presiones no es un concepto nuevo, pero de todas formas es una prometedora de la aplicación práctica de las observaciones de Warburg y otros».[107]

La figura 6.23 muestra el esquema del manómetro de Pirani. El captador, W_4, es uno de los brazos de un puente de Wheatstone. La pérdida de calor del filamento debida a la presión produce un aumento o disminución de la temperatura del filamento y, por consiguiente, de su resistencia, lo que da lugar a un desequilibrio del puente. La lectura del galvanómetro, G, es una indicación de la presión. Esta relación presión-corriente es lineal cuando el recorrido libre de las moléculas del gas es superior a la distancia entre el filamento y la pared del captador. En su comunicación primera[108] discute los pros y contras de los tres modos de operación del manómetro: voltaje constante del filamento del captador, resistencia constante, equivalente a temperatura constante, y corriente constante. También menciona la utilización de termopares para la medida de la temperatura del filamento, tal como había sido descrito por Voege.[109] Este manómetro con modificaciones diferentes se sigue utilizando ampliamente en la actualidad y fabrican varias industrias del vacío. Un inconveniente del manómetro era que los gases activos reaccionaban con la superficie del filamento caliente, volframio a 120 °C, y cambiaba su sensibilidad. Al grupo de Alto Vacío del Instituto de Física Aplicada Leonardo Torres Quevedo, liderado por los doctores Blasco y Miranda, se le ocurrió la idea de recubrir el filamento con un capilar de vidrio de pared muy fina, con lo que se protegía el filamento de los gases activos y vapores de aceite conservando su sensibilidad.[110, 111]

---

* En 1958 disponíamos en el Instituto de Física Aplicada Leonardo Torres Quevedo, del CSIC, de un McLeod con un volumen de unos cinco litros de mercurio, lo que representa un peso de unos 50 kg. Su rotura ocasionó que todo el suelo del laboratorio se llenara de mercurio.

Martin Knudsen (1871-1949): práctica de la teoría cinética de gases. Un manómetro absoluto (1910)

Nace en Hasmark, Fyn, Dinamarca, donde sus padres poseían una pequeña finca en la que disfruta de la sencilla vida rural, trabajando como pastor durante los veranos. Ingresa en la escuela de la catedral de Odense y, posteriormente, estudia Física, Matemáticas, Astronomía y Química en la Universidad de Copenhague. Mientras que la teoría cinética de gases, descubierta por Clausius, Maxwell y Boltzmann, permaneció casi olvidada, Knudsen aborda la dinámica de gases a nivel molecular. Estudia el flujo molecular a través de tubos y orificios. Confirma experimentalmente los cálculos basados en la ley de Maxwell sobre el flujo de gases a través de pequeñas aberturas y la efusión molecular. Estudia el flujo térmico molecular y la presión térmica molecular.[112] Fruto de estos estudios fue el desarrollo del manómetro absoluto, basado en el principio de la *presión térmica molecular*.

Tal como indica el esquema de la figura 6.24, en su forma original el manómetro consistía en dos placas paralelas, separadas por una distancia menor que su área. Mientras que una de las placas es fija, la otra está suspendida en su parte superior de un hilo flexible que puede girar alrededor de su eje. La parte inferior también fija la placa, pero permite libremente su giro. La placa fija, que enfrenta la parte externa de la placa móvil, se calienta a una temperatura T_1 mayor que la ambiente. Las moléculas que inciden sobre la placa caliente salen con una mayor energía, que imparten a la placa móvil, produciendo un giro de la misma. El espejo situado en el hilo de suspensión de la placa está iluminado por un haz de luz externo, y el haz reflejado incide sobre una escala graduada. Las desviaciones sobre la escala dependen de la presión. Basándose en la teoría cinética de los gases, determinó la fuerza ejercida sobre la lámina, que resultó ser proporcional a la presión.

La ventaja de este manómetro era su independencia de la naturaleza del gas, lo que le convertía en manómetro absoluto. Podía medir presiones entre 10^{-3} y 10^{-6} mmHg. Su principal inconveniente era la complejidad de la construcción y su fragilidad, lo que le hacía poco útil para su utilización en la industria, quedando reservado a los laboratorios de investigación. A pesar de no ser muy utilizado, se ha publicado un gran número de trabajos sobre este manómetro.

Irving Langmuir (1881-1957).
Un manómetro vibrante (1910)

Langmuir nace en Brooklyn, Nueva York, en 1881. Al trasladarse su padre a París, estudia en escuelas privadas; mas tarde, al regresar a los Estados Unidos, continúa sus estudios en Filadelfia. Sus características más destacadas de independencia, aplicación e interés fueron estimuladas por la disponibilidad de equipos científicos. Otro rasgo sobresaliente de este hombre extraordinario era su obsesión de anotar diariamente observaciones. Aunque aquí solo trataremos de su contribución a la medida del vacío, su mayor campo de actividad fue el estudio de los fenómenos de superficie, que le mereció la concesión del Premio Nobel de Química en 1932. Realiza trabajos en la Universidad de Gotinga, Alemania, bajo la dirección de Walther Nernst (Premio Nobel de Química en 1920), en relación con los problemas de fijación del nitrógeno, punto clave en la obtención de fertilizantes. Nernst sugiere que la oxidación del nitrógeno podría ser acelerada en una lámpara de incandescencia, mejor que a presión atmosférica. Así, los experimentos de Langmuir sobre *química de las lámparas de incandescencia* le proporcionaron el tema de su tesis y la base de su más importante trabajo científico.

A continuación, se incorpora al Instituto Stevens de Tecnología, combinando investigación y enseñanza. Pronto es sobrepasado por la enseñanza y dispone de poco tiempo para la investigación. Un compañero le habla de un trabajo durante el verano en los laboratorios de investigación de la General Electric, en Schenectady, Nueva York. Aquí es necesario señalar que fue el primer laboratorio de los Estados Unidos que combinó la ciencia básica con la aplicada. La inquietud sobre la medida de muy bajas presiones surge cuando estudia el ennegrecimiento de las lámparas de incandescencia. Advierte que el ennegrecimiento era debido al transporte de átomos de volframio desde el filamento a las paredes de la lámpara por las moléculas de vapor de agua presentes en el bulbo, retornando nuevamente al filamento listas para transportar más volframio.

En el trabajo leído ante la sección de Nueva York de la Sociedad Americana de Química en noviembre de 1912, comunica sus resultados de la producción de gases por el filamento incandescente de las lámparas[113]. Fue tremendamente sorprendido al observar que, al calentar el filamento de volframio, se daba una producción de gas que suponía una cantidad mil veces mayor que el volumen del propio filamento de volframio, sin dar muestras de disminuir. De este modo, descubre que la producción de gas provenía de la combustión de la vaselina utilizada en las llaves de vidrio del sistema de vacío. La vaselina se descomponía en el filamento liberando hidrógeno y oxidando el volframio. También observó que el vapor de agua producía gran cantidad de hidrógeno, y el óxido formado se depositaba en las paredes, siendo el responsable del ennegrecimiento de las mismas. Reforma el sistema evitando el uso de llaves y, efectivamente, observa que la producción de gases había disminuido. Elimina en todo lo posible la presencia de vapor de agua mediante la utilización de trampas de nitrógeno líquido. Todavía más, se percata con este grado de limpieza de que la evolución de gas solo se producía al encender el filamento. Como elemento de medida de la presión utilizaba el manómetro de McLeod, pero solo medía la presión de los gases no condensables. Incorpora cerca de la lámpara de incandescencia un radiómetro (véase Crooks) y observa que el tiempo de frenada era mucho mayor a muy bajas presiones. Pero la versatilidad del radiómetro y su calibración no resultaban apropiadas; así, pensó en el hilo de cuarzo vibrante. Un bulbo de vidrio que contenía un hilo de cuarzo tenso que se hacía vibrar a una determinada frecuencia. La disminución de la frecuencia de vibración era función de la presión, cuya constante se determinaba mediante la teoría cinética de los gases y podía medir la presión de los condensables. Manómetros que obedecen a este principio fueron utilizados durante la primera parte del siglo XX.

Otto von Baeyer (1877-1946). El fenómeno de ionización. Corriente iónica en función de la corriente electrónica o de ionización (1909)

En 1909 Von Baeyer publica un artículo en el que describe la ionización del gas residual del sistema de vacío en función de la corriente electrónica, en el mismo período en que Albert Einstein participa en las discusiones sobre la naturaleza de los rayos catódicos.[114] El experimento utiliza un triodo (figura 6.25, según ilustración del autor) formado por un filamento incandescente recubierto de óxido, tal como describió Wehnelt.[115] La descripción está tomada de la traducción al inglés del original alemán realizada por G. Lewin.[116] Una rejilla cilíndrica de 1 cm de diámetro rodea el filamento; está formada por un hilo de bronce de 0,1 cm de diámetro arrollado en espiral con un paso de 0,3 mm. Esta rejilla está, a su vez, rodeada de un cilindro de bronce de 2 cm de diámetro. La batería regulable V_F suministra la corriente de calefacción del filamento. La rejilla se polariza a un potencial $V_1 > 10$ V. A potenciales menores, los electrones emitidos por el filamento no pueden producir iones, pues el potencial mínimo de ionización de los electrones externos de los átomos es superior a 10 V. El cilindro externo se polariza a un potencial $V_2 = -20$ V. En estas condiciones podía observar una corriente positiva hacia el cilindro externo, medida con un electrómetro intercalado en el circuito del cilindro externo. Esta corriente positiva no aumenta al aumentar el potencial de V_2 por encima de los 20 V, pero era necesario medir el número de electrones circulando entre le rejilla y el cilindro, responsables de la ionización de las moléculas del gas. Para ello medía la corriente con el cilindro a potencial cero y a los -20 V. La relación de las corrientes con el cilindro a 0 V y -20 V daría el número de iones producidos por la corriente de electrones pasando entre la rejilla y el cilindro y retorno a la rejilla.

La tabla siguiente resume el resultado obtenido por Baeyer: la presión en el cilindro era de 0,001 mm, aunque reconoce que era imposible conocer la presión real debido a la presencia del filamento incandescente. No le era posible saber la composición del gas residual, pero con los datos suministrados podría contener CO, H_2O, O_2 y Hg. Por tanto, la disminución entre 14 V y 13 V pudiera ser debida a la no ionización del CO, cuyo potencial está a 14,1 V. A más bajos potenciales solo ionizaría H_2O y O_2, Hg y otras moléculas disociadas por el filamento incandescente. Como el potencial de ionización del Hg comienza a 10 V (10,39 V), Baeyer determina la relación de corrientes en presencia de Hg y sin él.[117] Puede observarse en la tabla que la relación es aproximadamente la misma en ambos casos. Este artículo resultó de gran trascendencia para el descubrimiento del manómetro de ionización por Buckley, que describimos a continuación.

Voltaje entre el filamento y la rejilla: V_{F_R} (V)	Corriente electrónica de la rejilla al cilindro externo: ($V_2 = 0$) i⁻(μA)	Corriente iónica creada entre la rejilla y el cilindro: ($V_2 = 20$V), i⁺(nA)	Iones formados por electrón: i⁺/i⁻
14	10	8	8×10^{-4}
13	8	3,5	4×10^{-4}
12	6,5	2,0	3×10^{-4}
1	4,5	1,5	3×10^{-4}
Experimento con vapor de Hg			
14	86 400 div.	50 div.	$5,8 \times 10^{-4}$
Experimento sin vapor de Hg			
0,02	$5,00 \times 10^{-7}$	0,008	$2,00 \times 10^{-7}$

Oliver Ellsworth Buckley (1887-1959). Un manómetro de ionización (1916)*

Hasta la fecha de su publicación en 1916,[118] los únicos manómetros disponibles para medir vacíos extremos eran los manómetros

* Dada la trascendencia de este descubrimiento en relación con el desarrollo de la ciencia, tecnología y aplicaciones del vacío, el autor ha considerado más ilustrativo realizar la traducción del artículo original, tal como aparece en los Proceedings of the National Academy of Science of the United States of America, vol. 2, n.º 12, 1916, pp. 683-685.

de Knudsen y Langmuir, pero eran de difícil construcción, frágiles y de lenta respuesta. Buckley describe un nuevo manómetro que está libre de estos inconvenientes y puede medir presiones en una amplitud como nunca había sido desarrollado. Este manómetro se basa en la ionización del gas mediante una descarga eléctrica. Consiste en tres electrodos encerrados en un bulbo de vidrio, los cuales sirven de cátodo, ánodo y colector de los iones positivos. El cátodo puede ser cualquier fuente de electrones, tales como el cátodo de Wehnelt, un filamento incandescente de volframio, o cualquier otro filamento metálico. La forma exacta de los electrodos no es de gran importancia. El colector está situado preferiblemente entre los otros dos electrodos, de tal forma que no bloquee completamente la corriente electrónica hacia el ánodo. Un miliamperímetro es utilizado para la medida de la corriente hacia el ánodo, y un galvanómetro sensible, para medir la corriente del colector, el cual se mantiene negativo con respecto al cátodo, de tal forma que solo puede recoger los iones positivos. Cuando no existe gas en el espacio entre los electrodos, una pura corriente electrónica fluiría desde el cátodo hacia el ánodo, y no circularía corriente hacia el colector. Sin embargo, si el gas está presente, iones positivos son formados por colisión en cantidad proporcional a la corriente electrónica y al número de moléculas existentes en el espacio. Ya que el colector es negativo con respecto al cátodo, una cierta proporción de los iones positivos, dependiendo de la forma, dimensiones y potenciales de los electrodos, fluirá hacia el colector. Por consiguiente, la razón de la corriente del colector a la corriente del ánodo es proporcional a la presión y puede utilizarse para medir la presión cuando la constante de proporcionalidad ha sido determinada.

Esta relación ha sido probada experimentalmente con aire entre 10^{-3} y 4×10^{-6} mm (quiere decir mm de Hg)* por comparación con manómetros de McLeod y Knudsen. El aparato realmente utilizado consistió en un bulbo de vidrio de 6 cm de diámetro que encerraba tres filamentos paralelos, cada uno de 3,5 cm de longitud, separados 5 mm, y el colector situado entre los otros dos. Los conductores se llevaban desde los extremos de los filamentos a los pasamuros del vidrio. Esta disposición

---

* Nota del autor.

a)

[6.25]

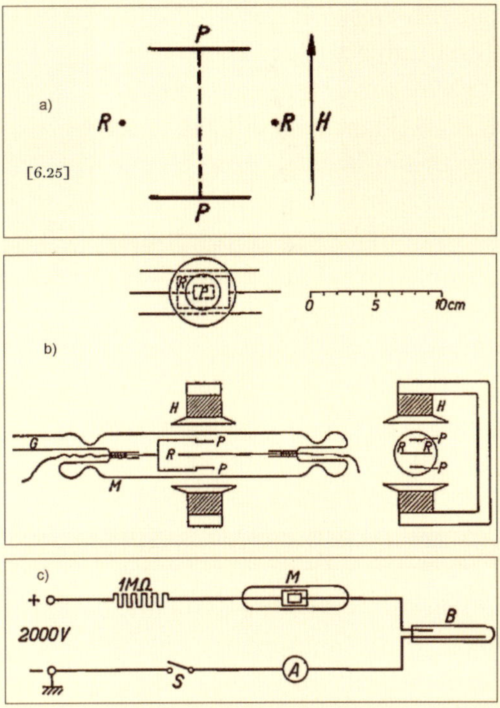

b)

c)

1MΩ

2000V

M

B

S

A

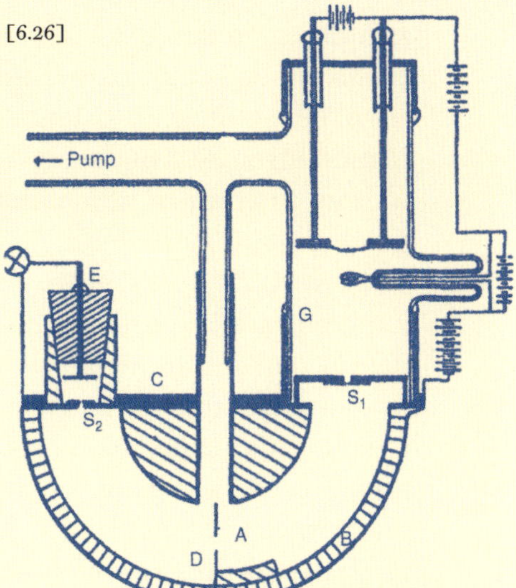

← Pump

E

G

C

S_1

S_2

A

D

[6.26] Esquema del manómetro de Penning: a) configuración de electrodos y de campo magnético; b) dispositivo; c) esquema eléctrico de medición.

[6.27] Esquema del espectrómetro de masas de Dempster.

[6.28] Detector de helio de Nier.

[6.28]

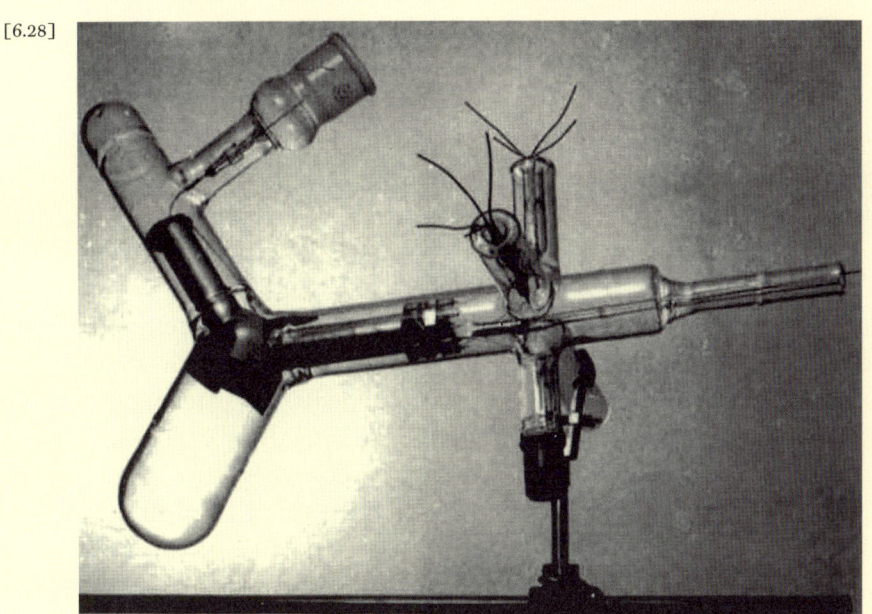

permite calentar los electrodos para liberarlos de gases ocluidos. Como cátodo se utilizó un filamento recubierto de óxido. El bulbo se soldaba a un gran sistema de vacío que comunicaba con los manómetros de Knudsen y McLeod. Cuando se utilizaba este último, una trampa de aire líquido prevenía de alcanzar el mercurio al manómetro. Fueron utilizadas corrientes entre 0,2 y 2,0 mA con 100 a 200 V entre el cátodo y el ánodo. El colector se mantenía a 10 V negativos con respecto al cátodo. La corriente del colector resultante a una presión de 10^{-3} mm era alrededor de una milésima de la corriente del ánodo, y proporcionalmente menor a más bajas presiones. Por tanto, a una presión de 10^{-6} mm. Con una corriente de 2,0 mA en el ánodo, se podía obtener una corriente de 2×10^{-9} A. Con un galvanómetro más sensible, podían ser fácilmente medibles presiones mucho más bajas. Experimentos con hidrógeno y vapor de mercurio en lugar de aire dan constantes de proporcionalidad casi del mismo valor que para el aire. Las ventajas de este manómetro son muy evidentes. El campo de medida comparado con otros manómetros de alto vacío es muy grande, extendiéndose desde 10^{-3} mm hasta valores tan bajos como puedan ser obtenidos, sin necesidad de cambiar de instrumentos. Asimismo, su simplicidad, fácil construcción, economía y gran reproducibilidad. Como no tiene partes móviles, no existen dificultades debidas a vibraciones. Las presiones de vapor no medidas por el McLeod sí pueden ser medidas por el manómetro de ionización. Una de sus grandes ventajas es la rapidez y facilidad de la medida para seguir los cambios de presión, sin más que seguir las lecturas del galvanómetro.

Vienen a la mente al momento muchas aplicaciones en las cuales otros manómetros no pueden medir instantáneamente, por ejemplo, la medida de la presión de vapor de metales, etc. Puesto que el dispositivo puede aplicarse con un volumen extremadamente pequeño, la presión de pequeñas cantidades de gas pueden ser medidas. También será muy útil para medir cambios de presión durante largos períodos de tiempo, para lo cual manómetros más caros no pueden ser bien empleados. Diversas interesantes aplicaciones físicas, aparte de la medida de la presión, pueden llevarse a cabo con dispositivos que trabajen basándose en el principio de este manómetro, entre las cuales está la liberación de gases ocluidos por bombardeo electrónico.

También se espera que experimentos con varios gases darán información sobre las secciones eficaces relativas de diferentes clases de moléculas presentes en la descarga electrónica, a pesar de haber encontrado aproximadamente las mismas constantes de manómetros para hidrógeno, aire y vapor de mercurio. Medidas más precisas podrían mostrar diferencias debidas a los diferentes diámetros moleculares.

Hasta aquí el trabajo tal como fue publicado. Resalta la claridad de ideas de Buckley, que fueron el detonante del desarrollo del alto vacío, con presiones que podían ser bien medidas y controladas hasta 10^{-8} mbar. Todavía más, indica la forma de poder determinar las probabilidades de ionización y sugiere la desorción estimulada por electrones, que tantos frutos ha dado para la investigación y tecnología. Y, además, como suele ocurrir con las grandes ideas, es un manuscrito que no ocupó más de dos páginas de la revista, sin ninguna figura, pero excepcionalmente descriptivo.

Frans Michel Penning (1894-1953). El manómetro de Penning / manómetro Philips (1937)

Penning nace en Gorcum, Países Bajos, en 1894, y estudia Física y Matemáticas en la Universidad de Leyden. Se graduó en 1923 con la tesis *Las mediciones de densidad en las líneas isométricas de los gases a bajas temperaturas,* bajo la dirección de Kamerlingh Onnes. En 1924 se incorpora al Philips Natuurkundig Laboratorium, en Eindhoven. Sus investigaciones las centra en la descarga en gases. Especialmente, trata de congeniar las medidas macroscópicas de los fenómenos de descarga con los procesos microscópicos elementales, especialmente las reacciones entre átomos, electrones y cuantos de luz. Es interesante la controversia que mantuvo con Langmuir sobre la interpretación de las vibraciones de alta frecuencia en los tubos de descarga en gases, y su relación con las velocidades de los electrones anormalmente altas. Probablemente su mayor contribución fue el estudio del comportamiento de la descarga en presencia de campos magnéticos. Estos estudios le llevaron al descubrimiento del manómetro de descarga, que publica por primera vez en alemán, y poco tiempo después en inglés.[119]

La figura 6.26 muestra el esquema del manómetro. Un anillo metálico, RR, conectado al positivo de una fuente de un potencial muy alto, 4 kV, forma el ánodo. Dos placas circulares, P_1 y P_2, del mismo diámetro que el anillo se conectan al negativo de la fuente. Un imán permanente crea un campo magnético de 500 Oe. Como en vacío siempre existen electrones libres, se produce una descarga entre el ánodo y los cátodos, cuya intensidad es proporcional a la presión entre 10^{-4} y 10^{-7} mbar. Los electrones que forman una carga de espacio, aumentando su recorrido libre medio, no alcanzan el ánodo, mientras que los iones llegan al cátodo, pues la influencia del campo magnético en su trayectoria es muy pequeña debido a su mayor masa. Sin duda representó un gran avance en la medida de la presión, y sigue utilizándose hoy en día, aunque su principal inconveniente es la utilización de muy alto voltaje y su apreciable velocidad de bombeo.

La espectrometría de masas. Medida de presiones parciales y la detección de fugas

Arthur Jeffrey Dempster (1886-1950). El espectrómetro de masas (1918)

Dempster nació en Toronto, Canadá, se graduó por la Universidad de Toronto como bachiller en 1909, y un año más tarde recibió el máster. Después de una breve estancia en Alemania, abandona este país por causa de la guerra y se instala en los Estados Unidos, donde recibe el grado de doctor en Físicas por la Universidad de Chicago. Permanece en esa universidad desde 1916 hasta su fallecimiento en 1950. Interrumpe su actividad lectiva para integrarse en el proyecto Manhattan para el desarrollo de la bomba atómica y la energía nuclear. El problema más importante en el desarrollo de la bomba atómica era el de separar el isótopo ^{235}U del ^{238}U del uranio. El ^{235}U es fisionable por neutrones térmicos (baja energía) que al incidir sobre otro [235]U genera más neutrones, iniciándose una reacción en cadena con gran desprendimiento de energía debido a la variación de masa de los elementos fisionados. Aparte de sus estudios en relación con la obtención de la bomba atómica, hay que destacar el desarrollo del espectrómetro de masas en 1918.[120]

La figura 6.27 muestra el esquema según aparece en la publicación. El método se basa en el desarrollado por Classen en la determinación de e/m para los electrones[121] en 1907. La cámara G es el generador de iones, acelerados por diferencia de potencial definida. Un fino haz de iones pasa a través de la rendija S_1 dentro de la región analizadora A. Dos semicilindros de latón, B, son soldados a dos placas semicirculares de hierro de 13 cm de diámetro y 2,8 cm de espesor, separadas 4 mm; por la base del conjunto se suelda otra placa de latón que cierra la cámara analizadora A. La base de latón tiene tres orificios donde se conectan la cámara de ionización G, el tubo de evacuación y el detector de iones. El detector de iones lo forman una placa y el pasamuros E que conecta con el electrómetro. La entrada y salida de la cámara tiene rendijas S_1 y S_2 para colimar el haz de iones, aumentando su resolución. El campo magnético lo forma un electroimán cuyos polos solapan con los dos hemisferios de hierro. La separación de masas se obtiene mediante la expresión:

$$\frac{e}{m} = \frac{2\,PD}{H_0^2\,r^2}$$

Siendo e/m la relación carga a masa del ion detectado, PD el potencial de aceleración de los iones, H_0 la intensidad del campo magnético, y r el radio de curvatura del analizador. Variando el campo magnético se pueden detectar iones de diferente relación carga a masa, o, alternativamente, variando el potencial de aceleración de los iones.

El detector de fugas (1942)

El descubrimiento del espectrómetro de masas abrió el camino para el desarrollo del detector de fugas. La demanda para su estudio surgió como consecuencia del plan Manhattan para la construcción de la bomba atómica. El principal problema que se les planteaba era la separación del ^{235}U del ^{238}U, pues es más fisionable. La separación tenía que realizarse mediante la difusión gaseosa, que requería además de las grandes unidades de difusión, compresores de gas, válvulas y canalizaciones que debían ser totalmente estancas.

Alfred O. C. Nier, responsable del proyecto de desarrollo del detector de fugas, describió su historia en el *Journal of Applied Physics* en 1947.[122] Los estudios básicos de los difusores se realizaron en la Universidad de Columbia, mientras que su construcción se encargó a la compañía Kellogg. El grupo de la Columbia junto al de Kellogg decidieron en 1942 que el espectrómetro de masas sintonizado a helio sería la solución, pues la concentración de helio en la atmósfera es muy pequeña. Si existiera una fuga, al rociarla con helio, se obtendría una gran respuesta. El espectrómetro debía estar ubicado en sistema de vacío con elementos de evacuación propios, y el elemento a probar, conectado al sistema del espectrómetro y en vacío. La figura 6.28 muestra el detector construido en vidrio que, esencialmente, es un espectrómetro de masas de deflexión magnética de 60°, con los imanes situados dentro del espectrómetro.

Nier con su estudiante Ch. M. Stevens abordaron la tarea de realizar un prototipo completamente metálico, que terminaron al final de 1943. En el año 1945, su sensibilidad era de $10^{-7}\,cm^3s^{-1}$ (2×10^{-9} mbar l/s), cien veces más sensible que la detección con manómetros de ionización. Actualmente la sensibilidad de los detectores es de 10^{-12} mbar l/s. Este modelo se puso en manos de la General Electric para su producción en serie, y se construyeron más de cien unidades, que fueron puestas inmediatamente a disposición de la planta K-25 de Kellogg para asegurar la fiabilidad de los difusores de separación del ^{235}U y sus componentes complementarios. Este desarrollo representó una gran avance y ahorro de tiempo en la consecución del proyecto Manhattan. El programa del detector de helio en la Kellex, compañía subsidiaria de la Kellogg, estuvo a cargo de R. Jacobs[123]. Al terminar la guerra, dos de sus asistentes, Albert Nerken y Frank Raible, crearon la compañía Veeco, donde incorporaron sus conocimientos en la detección de fugas para aplicaciones civiles.

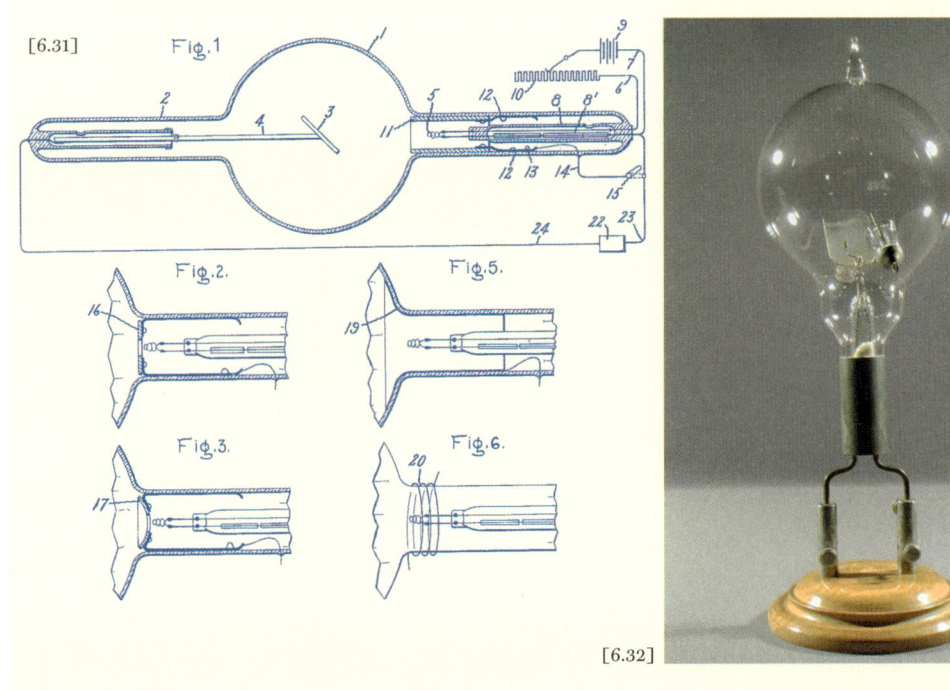

[6.29]

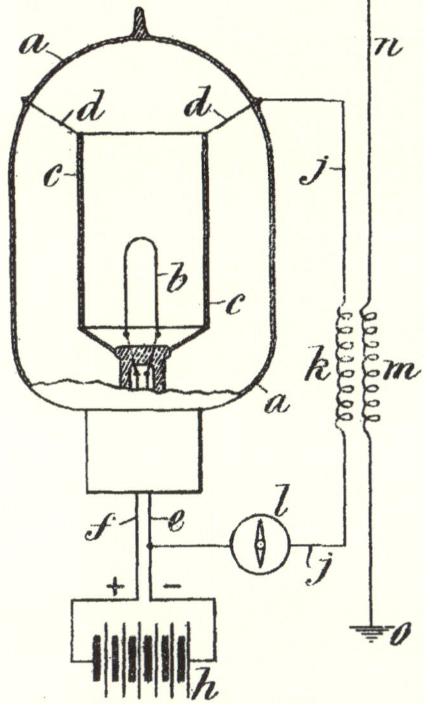

[6.30]

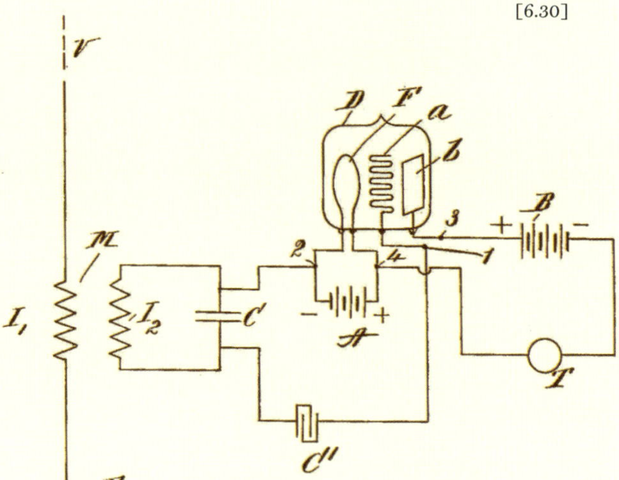

[6.31] Fig.1

[6.29] Lámpara diodo de Fleming.
[6.30] Lámpara triodo de Lee de Forest (audión) acoplada a un circuito receptor.
[6.31] Primer generador de rayos X de W. D. Coolidge, que incorpora el cátodo emisor de electrones.
[6.32] Lámpara en vacío de Wehnelt para experimentar sobre la emisión de electrones por filamentos incandescentes.

Fig.2.   Fig.5.

Fig.3.   Fig.6.

[6.32]

Contribución al desarrollo de la radiodifusión, utilización de los rayos X y el registro gráfico mediante los rayos catódicos

La obtención de bajas presiones abre el camino a la radiotransmisión, al avance de la medicina con el desarrollo de los generadores de rayos X y a las innumerables aplicaciones del tubo de rayos catódicos.

John Ambrose Fleming (1849-1945): la válvula termiónica diodo

Nació en Lancaster, Inglaterra, y realiza sus primeros estudios en la University College School de Londres y, después, en la University College London, donde se gradúa como ingeniero eléctrico y físico. En 1877 gana una beca para el St. John's College, en Cambridge. Imparte clases en varias universidades, entre ellas la Universidad de Nottingham y la University College London, donde es profesor de Ingeniería Eléctrica. También fue asesor de varias compañías, como Marconi, Swan, Edison Telephone y Edison Electric Light. En 1892 presenta al Instituto de Ingeniería Eléctrica de Londres un importante trabajo sobre el *transformador eléctrico*. En noviembre de 1903 inventa la válvula de dos electrodos o rectificador en vacío, que bautiza con el nombre de *válvula osciladora*. La patenta en 1905 y se la conoce también por los nombres de *válvula termiónica, diodo de vacío, kenotrón* o *válvula de Fleming*. Puede considerarse que este descubrimiento es el nacimiento de la electrónica. Se aplicó en los receptores y emisores de radio, radares y osciloscopios hasta que se desarrolló la tecnología del *estado sólido*. La figura 6.29 muestra el esquema de la lámpara que aparece en la patente concedida, según la cual:

$$\frac{e}{m} = \frac{2\,PD}{H_0^2\,r^2}$$

Esta invención describe un nuevo y útil dispositivo para convertir corrientes eléctricas alternas, especialmente corrientes de muy alta frecuencia u oscilaciones, en corrientes eléctricas continuas, con el fin de hacerlas detectables y medibles con instrumentos de corriente continua, tales como galvanómetros de espejo o amperímetros de corriente continua.

La figura representa una lámpara con el filamento b. El cilindro c de aluminio, abierto en su parte superior e inferior, rodea el filamento sin tocarlo. El filamento a se conecta a hilos de platino que, a su vez, se conectan a los conductores e y f. El cilindro c está suspendido y fijado mediante los hilos d. Los hilos de platino se sueldan al vidrio. La lámpara es evacuada a un vacío muy elevado y, para eliminar cualquier cantidad de aire ocluido en sus componentes, el filamento se calienta a alta temperatura durante la evacuación. El filamento se alimenta mediante el conjunto de baterías h. El arrollamiento k, que se une al filamento (cátodo) a través de un medidor de corriente (galvanómetro o amperímetro) y al cilindro (ánodo), recibe una señal alterna. Cuando el ánodo es positivo respecto al cátodo, los electrones emitidos por el filamento llegan al ánodo, circulando una corriente ánodo-arrollamiento k-galvanómetro-cátodo, y el galvanómetro mide la intensidad de la corriente. Cuando el ánodo es negativo respecto del cátodo, los electrones son rechazados y no llega corriente al ánodo. Dos diodos montados en oposición producen la rectificación de la onda completa. También montó tres diodos para aumentar la intensidad. Se le puede considerar el pionero en el desarrollo de la radiodifusión.

Lee de Forest (1873-1961): la válvula triodo

Nace en 1873, en el municipio de Bluffs, Iowa. Estudia en la Mount Hermon School, y en 1893 pasa a la Sheffield Scientific School de la Universidad de Yale, y obtiene el grado de bachiller en 1896. Su espíritu investigador le llevó una noche a manipular dentro del sistema eléctrico de Yale y dejó completamente a oscuras el campus de la universidad, por lo que fue suspendido, aunque se le permitió finalizar los estudios. Obtuvo el grado de doctor en 1899 con sus trabajos sobre ondas de radio.

Lee de Forest
(1873–1961)

Fruto de su interés en la telegrafía sin hilos fue la invención de la válvula triodo en 1906, a la que denominó *audión,* y el desarrollo de un receptor telegráfico muy mejorado. También patentó una lámpara diodo para detectar ondas electromagnéticas, diferente de la inventada por Fleming dos años antes. Durante esta etapa trabajó en el Instituto de Tecnología Armour.

La figura 6.30 representa los esquemas de su transmisor y receptor, según aparece en la patente[124]. Muestra un receptor de telegrafía sin hilos que comprende el circuito sintonizador formado por la antena *VME*, que recibe la señal, y el circuito oscilante formado por el secundario del transformador I_2 y el condensador *C*. La señal oscilante se aplica mediante el condensador *C'* entre el cátodo y la rejilla *F*. La señal recibida en la placa *b* (ánodo) está controlada por acción de la rejilla, resultando de mucha mayor intensidad, que se recibe por *T*, que puede ser un auricular u otro medio de detectar una señal oscilante. Esta lámpara triodo representa el nacimiento de la radio. En otro modelo de triodo, invención también reclamada en la misma patente, la señal oscilante ahora se aplica entre el filamento y la placa *a'*. Según que esta placa sea positiva o negativa respecto del filamento, produce una señal alterna en la placa *b* de gran intensidad.

William David Coolidge (1873-1975): el tubo de rayos X

Nace en Hudson, Massachusetts, y cursa sus estudios de Ingeniería Eléctrica en el Massachusetts Institute of Technology (MIT). Se doctoró en la Universidad de Leipzig en 1899, y retorna al MIT, donde realiza investigaciones en el campo de la físico-química. En 1905 se une al grupo de investigación de la General Electric en Schenectady, y comienza sus trabajos sobre el *volframio dúctil,* es decir, un volframio que podía moldearse más fácilmente. Podía realizarse hilo de diámetro seis veces menor que el tamaño de un cabello. Inmediatamente comienza sus investigaciones de cómo incorporar el volframio dúctil a los tubos de rayos X, como emisor de electrones, en lugar de la descarga en vacío.

El nuevo tipo de generador de rayos X se reproduce en la figura 6.31, tal como aparece en la solicitud de la patente.[125] Incorpora, por primera vez, un filamento de volframio como fuente emisora de electrones. Mientras que los modelos anteriormente descritos utilizaban la descarga de un gas enrarecido, cuyos iones, al incidir sobre el cátodo, liberaban electrones que, acelerados, incidían sobre el ánodo donde se producían los rayos X. Todavía no se explicaba cómo se producían. *Fig. 1* muestra el tubo generador de rayos X, que consiste en un tubo de vidrio de forma esférica en mitad, y dos tubos de menor diámetro que emergen diametralmente opuestos. En el tubo *2* se suelda el ánodo *3* soportado por el vástago *4* soldado a un tubo de vidrio de menor diámetro que, a su vez, se suelda al tubo *2*, incluyendo la conexión eléctrica. El tubo opuesto *12* incorpora el filamento de volframio dúctil, que, al calentarse a alta temperatura, emite electrones y que forma el cátodo. El filamento se suelda a los soportes *6* y *7*, que a su vez se sueldan al tubo de vidrio *8*. Uno de lo conductores se recubre de vidrio para evitar cualquier contacto entre ambos. Los dos conductores se unen a un generador de voltaje, *9*, y a una resistencia variable, *10*, de modo que la corriente de calefacción del filamento puede controlarse. Esta es una de las más importantes reivindicaciones en la patente. Elemento adicional es el tubo cilíndrico *11* que rodea al filamento en toda su longitud y que con el fleje *12* se mantiene fijo en el tubo. Mediante el hilo conductor soldado al tubo *13*, que pasa a través del vidrio, se une al filamento mediante el conductor *14*. La incorporación de este cilindro *11* es otra idea genial, pues permite focalizar, junto con el potencial acelerador sincronizado por el generador *22*, los electrones emitidos hacia el ánodo. La disposición del ánodo *3* no es caprichosa, pues evita que los rayos X generados incidan sobre el conjunto del cátodo perturbando la emisión electrónica, al mismo tiempo que reduce el ángulo de emisión considerablemente. *Fig. 2* a *7* muestran diversas formas del focalizador de electrones. Otra importante contribución es la indicada en *Fig. 8*, donde el filamento tiene forma de horquilla, *25*, con su centro soportado por el hilo *27*. Esto permite que a bajas intensidades de calefacción solo emita electrones la parte más cercana al ánodo, mientras que a altas corrientes se emitan electrones por todo el filamento, lo que se utiliza para controlar la intensidad y estabilidad de los rayos X producidos. Esta condición no era posible obtenerla en los generadores *de descarga* a través de un gas enrarecido, pues la intensidad del haz fluctuaba según la presión que reinaba en el tubo.

Esta invención inaugura la era de la utilización racional de los rayos X, tanto en medicina como en la industria. Según la intensidad de calefacción del filamento emisor de electrones, junto con el voltaje del ánodo, se establecieron tablas para determinar la intensidad de la radiación que debía suministrarse en cada caso, según el paciente y la parte del cuerpo a explorar. Mediante la focalización se podía lograr que el haz de electrones que alcanzan el cátodo tuviera un diámetro muy pequeño. A partir de este primer tubo de rayos X, Coolidge desarrolló entre 1916 y 1920 otros modelos mucho más perfeccionados.[126]

Hay que reseñar que la idea de utilizar filamentos de volframio incandescentes como fuente de electrones por Coolidge le surge como consecuencia de los estudios de Langmuir, que demostró la posibilidad de obtener puras descargas electrónicas en vacío. También desarrolló una técnica de fundir cobre en vacío sobre volframio para refrigerar el cátodo. A raíz de sus descubrimientos recibió innumerables premios y distinciones.

El tubo de rayos catódicos y el descubrimiento de la televisión

Aunque en el capítulo anterior hemos descrito el descubrimiento del tubo de rayos catódicos por Ferdinand Braun en 1897, la fuente de electrones era la descarga producida en el seno del gas enrarecido encerrado en el tubo. Una vez establecida la viabilidad de utilizar los filamentos de volframio incandescente y emisores de baja temperatura como fuente de electrones, se produjo un avance extraordinario con el perfeccionamiento de los tubos de rayos catódicos y su aplicación a la televisión. Además, se convirtió en una herramienta de trabajo en los laboratorios como instrumento para visualizar señales eléctricas.

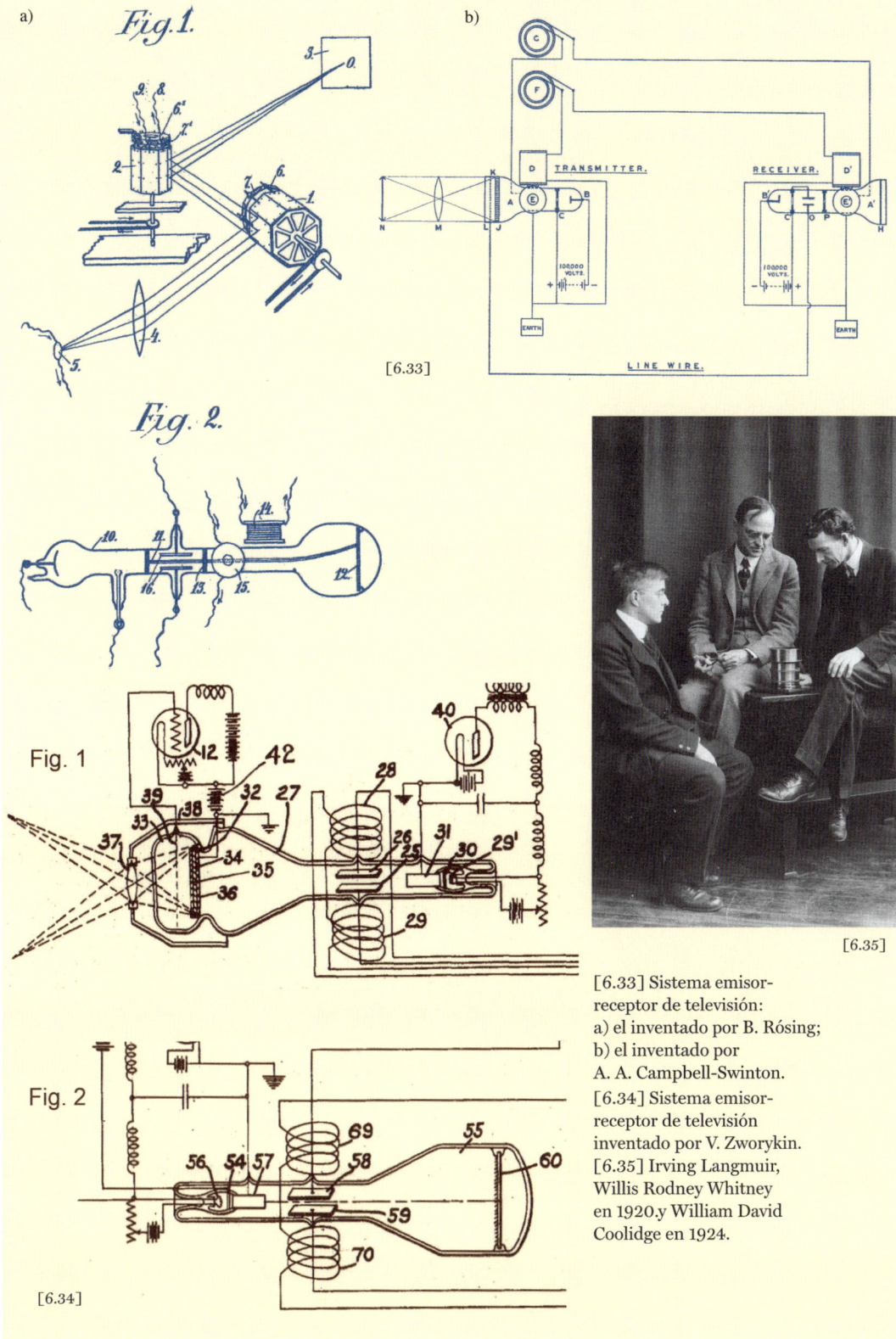

a) **Fig. 1.**

b)

TRANSMITTER.   RECEIVER.

100000 VOLTS.   100000 VOLTS.

EARTH   EARTH

LINE WIRE.

[6.33]

Fig. 2.

Fig. 1

40

12   42

39   32   27
38   28
33
37   26   31   29'
34   25   30
35
36   29

[6.35]

Fig. 2

69   55
56 54 57   58   60
59
70

[6.34]

[6.33] Sistema emisor-
receptor de televisión:
a) el inventado por B. Rósing;
b) el inventado por
A. A. Campbell-Swinton.
[6.34] Sistema emisor-
receptor de televisión
inventado por V. Zworykin.
[6.35] Irving Langmuir,
Willis Rodney Whitney
en 1920.y William David
Coolidge en 1924.

Arthur Wehnelt (1871-1944): emisión de baja temperatura y el extractor de electrones

Nace en Río de Janeiro en 1871 y fallece en Berlín en 1944. Su descubrimiento de utilizar la emisión termoelectrónica como fuente de electrones en los tubos de rayos catódicos fue de gran importancia para el desarrollo posterior de osciloscopios y de la televisión.[127, 128]

En la figura 6.32 se muestra un tubo electrónico en el que incorpora un filamento que a elevada temperatura emite electrones. De esta forma, se puede disponer de un manantial de electrones continuo y cuya intensidad puede ser fácilmente regulada, que representó una gran mejora del tubo de rayos catódicos de Ferdinand Braun, descrito en el capítulo anterior.

Dos descubrimientos culminaron su contribución al desarrollo de los osciloscopios y tubos de televisión. En primer lugar, los filamentos de emisión electrónica a baja temperatura. Observó que, recubriendo el filamento emisor con óxido de bario, disminuía considerablemente la temperatura necesaria para obtener la misma emisión electrónica que el filamento no recubierto. Este descubrimiento fue de gran importancia no solo para el desarrollo de osciloscopios y tubos de televisión, sino también para los tubos de rayos X.

Su última aportación en este campo fue la introducción de un electrodo concentrador del haz de electrones situado muy cerca del filamento emisor. Consistía en un cilindro que rodea el filamento, y la base que cierra el cilindro está provista de un orificio por donde emerge el haz de electrones.

Borís Rósing (1869-1933) y Alan Archibald Campbell-Swinton (1863-1930): la conversión de imágenes en señal eléctrica

Rósing nace en San Petersburgo en 1869. Entre 1887 y 1891 estudia Física en la universidad de esta ciudad. En 1907 patenta la utilización del tubo de rayos catódicos como elemento receptor de una señal eléctrica y su conversión en imagen (patente GB190727570). En 1911 demostró en su laboratorio el funcionamiento de su dispositivo para transmitir imagen con un tubo de rayos catódicos.

Rósing aplicó sobre la transmisión de imágenes un tubo de rayos catódicos en el sistema receptor y un sistema de señales eléctricas de imágenes en movimiento (figura 6.33 a). Por este invento fue galardonado en 1912 con la Medalla Siemens por la Sociedad Técnica Rusa. En 1931 fue deportado por Stalin a Arkhangelsk, al norte de la Rusia europea, donde falleció exiliado en 1933.

Campbell-Swinton desarrolló en paralelo el sistema de emisor y receptor. Nace en Edimburgo en 1863. Realiza sus estudios en el Fettes College y, posteriormente, trabaja como consultor en ingeniería eléctrica. En 1908 propone el primer sistema completamente electrónico para la transformación de imágenes en señales eléctricas de intensidad variable y viceversa.[129]

La figura 6.33 b muestra el esquema del sistema electrónico. El tubo de rayos catódicos A es el convertidor de la imagen en señal eléctrica, cuya modificación básica consiste en situar en el extremo plano del tubo una placa de tres capas: una metálica, una segunda de material no conductor y una tercera formada por material fotoeléctrico. La imagen proyectada sobre la placa produce, según su intensidad, puntos de diferente intensidad de carga eléctrica positiva. El haz de electrones del cañón situado en la parte posterior del tubo barre la placa en sentido horizontal durante un tiempo que es igual o inferior al de persistencia de la imagen en la retina. En cada punto, la intensidad del haz de electrones es parcialmente neutralizada por la carga positiva puntual de la placa, dando lugar a una intensidad de corriente variable. La recepción se realizaba con otro tubo de rayos catódicos, cuya intensidad del haz de electrones se hacía variar de acuerdo con la intensidad de la señal proveniente del tubo convertidor de la imagen en señal eléctrica.

Ni Archivald ni nadie en ese tiempo fue capaz de hacer trabajar el sistema y hubo que esperar hasta los años treinta, pero, sin duda, ejerció una gran influencia en el desarrollo del iconoscopio, como se ve a continuación en el trabajo de Zworykin. Uno de los principales problemas era el de obtener vacío muy bajo en los tubos.

Vladímir Kozmich Zworykin (1889-1982): el primer emisor-receptor completamente electrónico de televisión

Nace en Murom, Rusia, en 1889, y estudia en el Instituto de Tecnología de San Petersburgo. Colabora con Borís Rósing en experimentos sobre televisión, en el sótano del laboratorio privado de la Escuela de Artillería de San Petersburgo. Zworykin en 1912 estudia rayos X con Paul Langevin en París. Participa en la I Guerra Mundial enrolado en el Cuerpo de Señales de Rusia. En 1918 decide emigrar a los Estados Unidos, donde se emplea en la Westinghouse, en Pittsburg. Conoce los trabajos de Campbell en *Nature*, y le sirven de base para el desarrollo del primer sistema inalámbrico de televisión.

La figura 6.34 se ha tomado de la solicitud de patente en 1923,[130] que no le fue concedida hasta 1938. Se han omitido en el esquema los circuitos electrónicos de transmisión y recepción inalámbricas de las señales. Se muestran los dos tubos fundamentales de su descubrimiento, que requerían un grado de vacío del orden de 10^{-7} mbar. *Fig. 1* muestra el tubo generador de señales eléctricas correspondiente a las imágenes ópticas, y que consiste en un tubo de rayos catódicos modificado con una placa fotosensora. *Fig. 2* muestra el tubo de rayos catódicos conversor de las señales eléctricas en imagen óptica. La placa fotosensora es una multicapa de láminas delgadas que, vista desde el lado del cañón de electrones, está formada por una lámina delgada de aluminio, *34*, una de óxido de aluminio, *35*, y, por último, una capa del material fotosensible, hidruro de potasio, *36*, depositada en forma de pequeños gránulos aislados unos de otros. Precisamente del tamaño de estos gránulos y de su separación dependía la resolución de la imagen transmitida. La imagen recibida por la placa sensora emite electrones que llegan a la rejilla *39*, cuya intensidad depende de la intensidad de la luz captada por la placa. Como entre la placa de aluminio y la fotosensora existe el aislante de óxido de aluminio, la emisión de electrones la carga positivamente y dejaría de ser sensible a la radiación luminosa. El fino haz de electrones producido por el cañón incide sobre la lámina de aluminio, atraviesa esta y el óxido de aluminio, e incide finalmente sobre el glóbulo fotosensible, modulando su emisión electrónica según la intensidad de la luz recibida. El sistema receptor ya resulta más sencillo, pues la señal eléctrica variable con la intensidad luminosa modula la intensidad del haz de electrones del tubo de rayos catódicos, produciendo una imagen reproducción de la obtenida en el tubo conversor imagen-señal eléctrica.

Fenómenos y dispositivos que demandan presiones muy bajas, hasta 10^{-8} mbar

Los desarrollos científico, tecnológico e industrial demandan presiones cada vez más bajas. La centuria anterior se finaliza con presiones de 10^{-4} mbar, que son obtenidas rutinariamente. Estas presiones permitieron, como se ha descrito, el descubrimiento de los rayos X, de los rayos catódicos y del electrón, dando paso al estudio de la estructura electrónica de la materia. En el campo de las aplicaciones se señala la obtención de películas delgadas y la pulverización catódica *(sputtering)*. Se avanza en la obtención de lámparas de incandescencia, en la emisión electrónica en vacío y en el desarrollo de la industria electrónica.

Irving Langmuir: estudios de superficies

Nace en Brooklyn, Nueva York, en 1881, y muere en Woods Hole, Massachusetts, en 1957. Estudió Física y Química en la Universidad de Columbia, donde se gradúa en 1903 en Ingeniería Metalúrgica. Se doctora en 1906 bajo la dirección de Nernst. Contribuyó muy notablemente a la física y química. Creador de la físico-química de superficies, fue galardonado con el Premio Nobel de Química en 1932. Desde ese año hasta su fallecimiento, permaneció en el laboratorio de investigación de la compañía General Electric como director adjunto. En la figura 6.35 aparece con Willis Rodney Whitney y William David Coolidge en una fotografía de 1924.

Sin duda el fenómeno que dio un impulso definitivo a la obtención de presiones en la región de alto vacío fue el descubrimiento por parte de Irving Langmuir del fenómeno de condensación:[131] al evaporar volframio, molibdeno y platino sobre una superficie de vidrio limpia en vacío, se condesan como sólido en la primera colisión. Observó el mismo fenómeno cuando estudiaba reacciones de gases a bajas presiones, y enunció: «Cuando las moléculas chocan con una superficie, la mayoría de ellas no rebotan obedeciendo a un choque elástico, sino que permanecen unidas a la superficie por fuerzas de cohesión, hasta que son evaporadas». Estos descubrimientos le llevaron a enunciar la teoría de la adsorción: la cantidad de materia adsorbida depende del equilibrio cinético entre la tasa de condensación y la tasa de evaporación de la superficie. Cada molécula que choca con la superficie se condensa, independientemente de la temperatura. La tasa de evaporación depende de la temperatura y es proporcional a la fracción de superficie cubierta por el material adsorbido.[132, 133] Una de las conclusiones más importantes a las que llegó fue que, aun con los medios de bombeo existentes, el tiempo de adsorción de una monocapa de gas era mucho menor que el que se obtenía aplicando la teoría de la adsorción con valores de la presión indicados por el manómetro, con lo cual esta debía ser mucho más baja de la indicada.

Fruto de sus trabajos de adsorción-desorción fue el descubrimiento del ennegrecimiento que sufrían las lámparas de incandescencia, consecuencia de la evaporación del material del filamento. Aunque se sumaba otro fenómeno debido a la presencia de vapor de agua. El segundo fue relativamente fácil de descubrir, para lo que tuvo que desarrollar la bomba ya descrita, y someter el bulbo que contenía el filamento a temperaturas de 300-400 °C para eliminar el vapor de agua; pero sin éxito, los bulbos seguían ennegreciéndose. Con el fin de evitarlo, ideó hacer primero el vacío al bulbo y, después, llenarlo con un gas inerte, generalmente nitrógeno, a una presión cercana a la atmosférica. De este modo, disminuía la tasa de evaporación del material del filamento, volframio, evitando su deposición sobre las paredes del bulbo y, en consecuencia, aumentado en más de un 25 % la vida de la bombilla. Esta idea no fue fruto de una inspiración fortuita, sino consecuencia de sus estudios sobre adsorción-desorción o sobre el fenómeno de la condensación.

También abordó el problema de la emisión electrónica en vacío.[134] En aquel tiempo se creía que la emisión electrónica era consecuencia de la presencia de gases. Pring y Parker habían comunicado que la utilización de filamentos de carbón muy puro y con grados de vacío mucho más bajos disminuía la emisión electrónica,[135] dando la siguiente justificación: «El carbón o las impurezas del filamento, a alta temperatura, reaccionan con el gas residual dando lugar a la emisión electrónica».

Langmuir ideó el experimento siguiente: en un bulbo de vidrio colocó dos filamentos de volframio, uno haciendo de emisor, cátodo, y el otro de colector de electrones, ánodo. Evacuó el bulbo utilizando la bomba rotatoria de mercurio de Gaede, con una trampa de nitrógeno líquido, mientras lo calentaba a 360 °C durante una hora; con el fin de eliminar el vapor de agua, calentó los filamentos a 2800 °C, después cerró el bulbo, lo separó del sistema de vacío y lo sumergió en nitrógeno líquido. Dushman, mediante su manómetro de ficción, demostró que la presión en el experimento de Langmuir fue inferior a 4×10^{-7} Torr. Langmuir concluyó que la emisión electrónica es una propiedad del material del filamento, y no del gas que lo rodea.

Dentro del campo de la adsorción-desorción, estudia la catálisis heterogénea. Muchos científicos creían que átomos y electrones eran pura metáfora. Es importante señalar que acontecimientos de la vida aparentemente ajenos a su actividad pueden inducir hacia una determinada actitud. En el caso de Langmuir, se da la circunstancia de que en su juventud tuvo necesidad de utilizar gafas. Para su asombro, descubre que la borrosa figura de un árbol se transformaba en un conjunto de hojas individuales. Así, imagina que la catálisis heterogénea ocurre en una superficie ocupada por una capa de átomos adsorbidos que ocupan una superficie formada por átomos uniformemente distribuidos, a modo de los cuadros de un tablero de ajedrez. Afirma que la catálisis heterogénea ocurre en una simple capa de moléculas de gas unidas a la superficie por fuerzas similares a las de los átomos en un sólido. Imagina la superficie del catalizador como formada por espacios elementales, unos vacíos y otros ocupados por átomos o moléculas adsorbidas. La velocidad de la reacción depende de la fracción de los espacios ocupados.[136]

El descubrimiento del efecto Auger
(1923-1925)

Lise Meitner (1878-1968)

El efecto Auger, emisión de electrones por un átomo (electrón Auger), como consecuencia de transiciones electrónicas producidas por un electrón incidente que produce un hueco en niveles

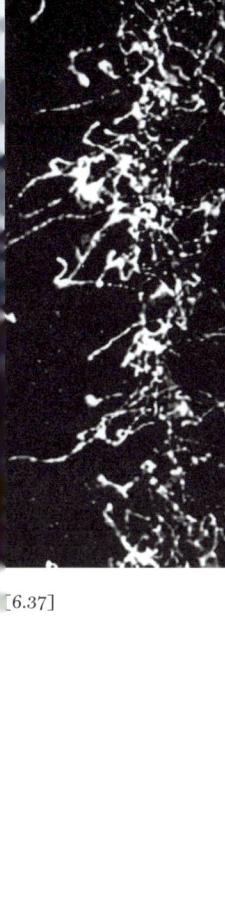

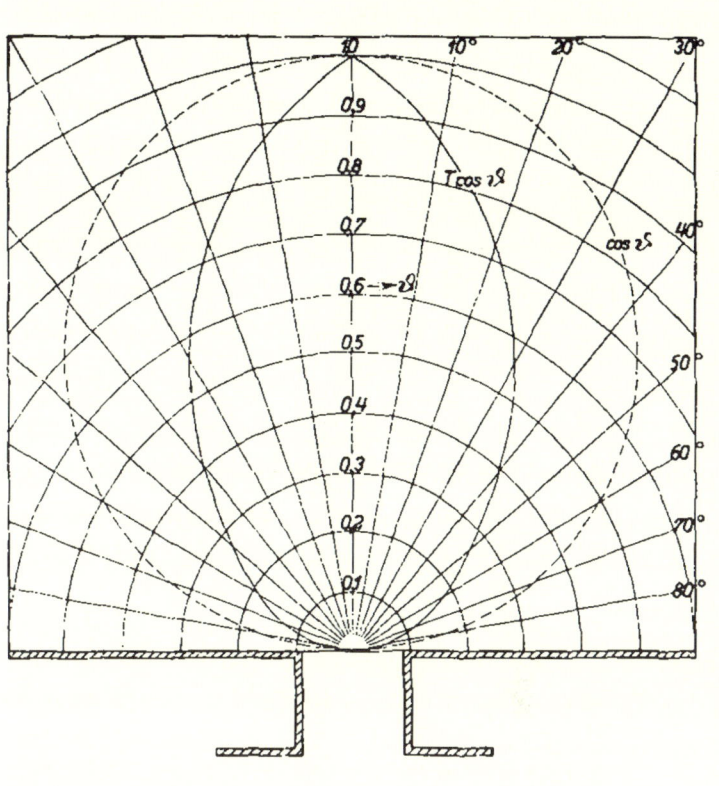

[6.38]

[6.36] Lise Meitner y Otto Hahn en el Instituto de Física Kaiser Wilhelm, Berlín, *ca.* 1925.
[6.37] Trayectorias creadas por el paso de rayos X a través de una atmósfera de argón.

[6.38] Diagrama en coordenadas polares del flujo de gas eyectado en vacío por un tubo cilíndrico de corta longitud. La línea de puntos corresponde al flujo de un orificio.

electrónicos internos, fue descubierto por la física austriaca Lise Meitner en 1922. Nació en 1878 en Viena, hija de una familia judía, su padre Philipp era un famoso abogado en Viena.[137] Su profesor, Ludwig Boltzmann, la estimuló para que realizara sus estudios en Física, y fue la primera mujer en obtener el grado de doctor en Física por la Universidad de Viena. Tuvo que enfrentarse al rechazo de las mujeres para integrarse en la actividad científica y atender los estudios en las universidades. Gracias a su padre, pudo realizar estudios superiores privados, que completa en 1901 con un examen *externa matura* en el Akademisches Gymnasium. Al terminar sus estudios y, estimulada y financiada por su padre, se

Pierre Victor Auger
(1899-1993)

desplaza a Berlín, y Max Planck la admite como alumna, inusual actitud, pues era contrario a la incorporación de la mujer en sus clases. Un año más tarde es nombrada asistente de Planck. Establece contacto con Otto Hahn y se une a él en sus trabajos sobre radiación. Fruto de estos estudios, interpreta el fenómeno de emisión de electrones por un átomo al ser bombardeado por electrones o fotones, produciendo un hueco en los niveles internos, y dando lugar a la eyección de un electrón, fenómeno conocido más tarde como *efecto Auger*. Este descubrimiento lo publica en 1923 en la revista *Zeitschrift für Physik*, pero, al no ser de gran difusión, no recibió gran atención, y fue poco citado a pesar de su gran trascendencia. Actualmente hubiera sufrido el mismo olvido, pues si no existe una amplia citación de los trabajos no se reconoce su valor.

El trabajo de Lise se centra en la *fisión nuclear*, nombre que le da a la desintegración de un núcleo por interacción con neutrones. Sigue trabajando junto a Otto Hahn y descubre varios isótopos. Nuevamente tiene que sufrir el desdén y menosprecio, en esta ocasión por parte de la Academia de Ciencias Sueca, que concede el Premio Nobel a Otto Hahn, cuando ella estuvo trabajando codo con codo con él.

Pierre-Victor Auger (1899-1993)

Nace en París en 1899, y en 1919 ingresa en la Escuela Normal Superior de París, donde obtiene el grado de doctor en 1926. En 1925 da a conocer la producción de fotoelectrones al bombardear átomos de argón con rayos X de alta energía (30-40 kV).[138] En sus experimentos utiliza la *cámara de niebla*, descubierta en 1910 por Charles T. R. Wilson.[139] El experimento consistía en hacer pasar un fino haz de rayos X de relativa alta energía a través de atmósferas con vapor de agua sobresaturado.

En la figura 6.37 se muestran dos imágenes del experimento, la parte superior muestra las trayectorias originadas al paso de la radiación X, de 30 kV, a través de una atmósfera de argón con agua a saturación. A lo largo del recorrido puede observarse la creación de trayectorias secundarias, no muy uniformes, que en su origen muestran puntos más brillantes que se corresponden con aglomerados de iones. La producción de estos iones no puede ser atribuida a partículas ß (electrones), que en ese punto poseen gran velocidad, con lo que la probabilidad de ionización es muy pequeña. Concluye que es necesario admitir la existencia de una nueva radiación corpuscular acompañada de emisión de un fotoelectrón. Como en este caso la radiación es muy corta, se puede aumentar el recorrido libre medio de los electrones, utilizando en la cámara un gas poco ionizable por la radiación X, como el hidrógeno, con lo que el recorrido de los electrones puede aumentar hasta diez veces. Efectivamente, en la parte inferior de la figura 6.37 utilizó argón disuelto al 5 % en hidrógeno. Puede observarse que en los puntos donde se origina la radiación secundaria aparece un nueva radiación corta y gruesa, la radiación terciaria. Concluye que las trayectorias observadas presentan las siguientes características:

1. Las trayectorias primarias y secundarias parten del mismo punto.
2. En las trayectorias terciarias, contrarias a las secundarias, su longitud varía con la frecuencia de la radiación X y de la naturaleza del átomo.
3. Su dirección, a primera vista, es independiente de la de las secundarias.
4. Su presencia no es absolutamente constante, varía de uno a diez en el caso de argón.

Sistematización del conocimiento de la ciencia y tecnología del vacío

El gran desarrollo experimentado por la ciencia y tecnologías del vacío con innumerables artículos científicos y gran número de patentes sobre dispositivos, en parte descritos previamente, demandó una sistematización del conocimiento, estructurando sus distintos campos de una forma racional.

En este contexto surge la figura de un investigador extraordinario que, aunque no descubrió nuevos dispositivos, sistematizó su principio de funcionamiento, características y propiedades: Saul Dushman. Además, contribuyó muy significativamente al conocimiento de otras áreas, como la emisión termiónica, efecto fotoeléctrico, estructura del átomo, físico-química de superficies y un gran etcétera. Uno de sus mejores biógrafos ha sido James M. Lafferty, que fue su colaborador durante muchos años, y que ha publicado una biografía muy resumida de él.[140] Las notas biográficas han sido recogidas de este trabajo.

Saul Dushman (1883-1954) y el desarrollo de la ciencia y tecnología del vacío

Nació en Rostov, Rusia, el 12 de julio de 1883. Un tío suyo, químico en una refinería de petróleo en el mar Caspio, despertó a muy temprana edad su interés por la ciencia. Cuando tenía nueve años, su familia emigró a Toronto, Canadá, con el ánimo de proporcionarle mejores oportunidades para sus estudios. A pesar de no hablar una palabra de inglés, ingresó en una escuela superior, y en 1900, a los diecisiete años, se graduó con las notas más sobresalientes nunca adquiridas en la provincia de Ontario y obtuvo el Premio Príncipe de Gales, que le permitía estudiar durante cuatro años en la Universidad de Toronto, además de ciento diez dólares en metálico, una suma de consideración en aquellos tiempos. Se gradúa en 1904 y permanece en la universidad durante cinco años como profesor de prácticas, y tres años más como profesor en el recién creado Departamento de Electroquímica. Se doctora en 1912 en Físico-Química. En ese mismo año fue invitado a presentar una conferencia en los laboratorios de investigación de la General Electric en Schenectady por su director, W. R. Whitney. Dushman describe en sus no publicadas memorias que estuvo hablando durante una media hora en una sala llamada *biblioteca*, que resultó ser el despacho del Dr. Coolidge. Los asistentes se llevaban sus propias sillas o taburetes o se sentaban en las mesas. En la charla explicó sus trabajos de tesis sobre la matemática de la difusión en los electrodos de un electrolito, y duda de que más de media docena entendiera lo que él había presentado. Seguido a su presentación, Langmuir discutió sobre la presentación durante otros treinta minutos, señalando los muchos defectos de sus argumentos, e indicando qué otros experimentos debían haber realizado. Después de estos comentarios, Dushman consideró un milagro que, un año más tarde, fuera contratado por el Dr. Whitney para trabajar en el laboratorio de General Electric.

Después de un año durante el cual pudo observar al Dr. Coolidge en sus investigaciones con la bomba de mercurio de Toepler para evacuar un tubo de rayos X, y trabajar con un rectificador que hacía un tremendo ruido, se le despertó el interés por el alto vacío. Langmuir le llama para que se le una en el desarrollo de sus excitantes ideas sobre la incorporación de cátodos de alta temperatura en dispositivos de alto vacío. Este fue el comienzo de una larga amistad entre ambos.

Consecuencia de los trabajos de emisión electrónica de cátodos calientes, fue la importante información disponible para la creación de tubos electrónicos, de gran impacto en el desarrollo de la radiodifusión. Desarrolla un rectificador de corriente alterna de 10 kW de potencia y 10 000 V de tensión. Este dispositivo necesitaba ser bautizado con un nuevo nombre y, curiosamente, Dushman y Langmuir se reúnen un domingo por la mañana en la casa del Dr. Bennett, profesor de griego, para que les ilustrara sobre las raíces griegas que pudieran ayudarles a dar nombre a un dispositivo tan espectacular. Así surge el nacimiento de la familia de los -trón para dispositivos de vacío. El nombre elegido fue *kenotrón*, derivado de *kenós*, que significa vacío, y -*trón*, instrumento o aplicación. Nombres que hicieron historia son *magnetrón, tiratrón, ciclotrón, betatrón, klistrón, sincrotrón*.

Dushman no fue un inventor prolífico, pues en sus más de cuarenta años de investigación solo produjo ocho patentes, pero tenía una enorme capacidad de comprender y sintetizar los principios básicos de la instrumentación y teorías en uso, lo que le llevó a una abundante publicación de trabajos.

Langmuir recuerda que en 1915 Dushman llamó su atención sobre un trabajo publicado que describía el funcionamiento de una bomba de difusión. Dushman construyó una de las bombas de Gaede, y procedió a estudiarla cuidadosamente. Como resultado de esta investigación, concibió la idea de eliminar la necesidad de utilizar estrechas rendijas para el proceso de difusión. Dushman elimina la estrecha rendija y abre el camino a las bombas de alta velocidad de bombeo, desarrollando un primer modelo de 3000 cm^3/s, mucho mayor que los 80 cm^3/s de la de Gaede.

En relación con sus trabajos con Langmuir sobre tubos de vacío, medida del vacío, filamentos para lámparas de incandescencia y descarga de gases a bajas presiones, demandaba la necesidad de medidores de vacío fiables. Dushman somete a un cuidadoso estudio los manómetros en uso, sistematizando sus principios de funcionamiento y características, así como sobre la tecnología del vacío. Estos estudios dieron lugar a numerosas publicaciones.[141]

Culmina su labor de investigación, conocimiento y experiencia sobre la ciencia y tecnología del vacío en su libro *Scientific Foundations of Vacuum Technique*,[142] que llegó a ser la *biblia* del vacío. Este fue el libro donde el autor aprendió todo lo relacionado con la ciencia y tecnología del vacío. Llegaron a venderse más de nueve mil ejemplares durante los diez años siguientes a su publicación. Sin duda fue el texto que ayudó a formar a los futuros investigadores en el campo del vacío. Contribuyó al desarrollo de otras áreas de la física y química, especialmente el estudio de superficies.

Pieter Clausing (1898-1994): dinámica de gases a bajas presiones

Nace en Haarlem, Países Bajos, en 1898, y realiza sus primeros estudios en la Escuela de Enseñanza Media de Haarlem. Estudia Matemáticas y Física en las Universidades de Ámsterdam y Leyden. Entre sus profesores se encuentran Kamerlingh Onnes y Lorentz, y se gradúa en 1923. Su carrera profesional comienza en los Laboratorios de Investigación de Philips en Eindhoven.

En aquellos tiempos la principal preocupación en investigación estaba en las lámparas incandescentes y en las válvulas termiónicas en vacío, lo que le llevó a implicarse en la tecnología del vacío. Realiza su tesis doctoral sobre el tema de la adhesión de moléculas en superficies y el flujo de gases muy enrarecidos. Tema de moda en aquellos tiempos debido a la controversia sobre si era la reflexión especular o la reflexión difusa la base de muchos fenómenos observados en el flujo molecular, donde el recorrido libre medio de las moléculas era mayor que las dimensiones del tubo o recipiente. La concurrencia en su personalidad de una gran preparación matemática y una gran destreza experimental le condujo a un análisis exhaustivo y crítico de los trabajos previos sobre el flujo molecular. Determina el tiempo de vida una molécula adsorbida a partir de sus estudios sobre el *chorro* molecular. Establece la velocidad molecular y prueba la ley del coseno de la reflexión molecular de una superficie.

La figura 6.38 muestra en coordenadas polares el flujo en régimen molecular a través de un tubo de corta longitud en vacío, la famosa ley del coseno, comparado con el flujo a través de un orificio. Su teoría sobre el flujo de gases enrarecidos prevalece actualmente, con ligeras modificaciones, y es de estudio en todos los textos de circulación de gases enrarecidos.

REFERENCIAS ———

72. Información general, historia y notas biográficas: Madey, Theodore E., y Brown, William C. (eds.). *History of Vacuum Science and Technology.* American Institute of Physics, 1984. Redhead, Paul Aveling (ed.). *Vacuum Science and Technology. Pioners of the 20th Century,* American Institute of Physics, 1994. **73**. Howell, John W., y Schoroeder, Henry. *The History of the Incandescent Lamp,* p. 38, The Maqua Company, 1927. **74**. Eldred, Byron. «Low-Expansion Wire», patente US1140136A. **75**. Fink, Colin G., y Koerner, Walter E. «Leading-in conductor», patente US1273758A. **76**. Sand, Henry J. S. «Vacuum-Tight Lead-Seals for Leading-in Wires in Vitreous Silica and other Glasses». *Proceedings of the Physical Society of London,* vol. 26, n.° 1, diciembre de 1913. DOI: https://doi.org/10.1088/1478-7814/26/1/314. **77**. Kraus, Charles. «Conducting-Seal for Vacuum-Containers», patente US1093997A. **78**. Houskeeper, William. «Combined Metal and Glass Structure and Method of Making Same»,patente US1294466A. «Electric Conductor», patente US1271320A. **79**. Kaye, George William Clarkson. *High Vacua.* Longmans Green, 1927. **80**. Müller, Johann Heinrich Jacob, y Pouillet, Claude Servais Mathias. *Lehrbuch der Physik und Meteorologie,* vol. 1, 1906, fig. 537. **81**. Gaede, Hannah. *Wolfgang Gaede, der Schöpfer des Hochvakuums.* G. Braun, 1954. **82**. Gaede, Wolfgang. «Concerning the effect of temperature on the specific heat of metals, Inaugural Dissertation». University of Freiburg, 1902. *Physikalische Zeitschrift,* vol. 3, 105, 1902. **83**. — «Polarisation des Voltaeffektes».

Annalen der Physik, vol. 319, n.º 9, 1904, pp. 641-676. DOI: https://doi.org/10.1002/andp.19043190902. **84.** — «Demonstration einer rotierenden Quecksilberpumpe». Physikalische Zeitschrift, vol. 6, 1905, pp. 758-760. **85.** Dunkel, Manfred. *History of the Leybold's Nachfolger 1850-1966*. Ed. privada del autor, 1973. Tomado de *History of Vacuum Science and Technology*, vol. 2. *Vacuum Science and Technology. Pioneers of the 20th Century*. American Vacuum Society, 1994. **86.** Gaede, Wolfgang. «Single or Multi-Stage Vacuum Pump for Generating Low Pressures for Extracting Fumes and Gas-Steam Mixtures», patente DE702480C. **87.** Knudsen, Martin. «Die Molekularströmung der Gase durch Offnungen und die Effusion». *Annalen der Physik*, vol. 333, n.º 5, 1909, pp. 999-1016. DOI: https://doi.org/10.1002/andp.19093330505. **88.** Gaede, Wolfgang. «Die Molekularluftpumpe». *Annalen der Physik*, vol. 346, n.º 7, 1913, pp. 387-380. DOI: https://doi.org/10.1002/andp.19133460707. **89.** Notas biográficas tomadas de *History of Vacuum Science and Technology*, vol. 2. *Vacuum* Science and Technology. Pioneers of the 20th Century. American Vacuum Society, 1994. **90.** Siegbahn, Karl Manne. «Improvements in or relating to Rotary Vacuum Pumps», patente GB332879. **91.** — «A New Design for a High Vacuum Pump». *Arkiv för Matematik, Astronomi och Fysik*, 1943. **92.** Dubrovin, John. «Vacuum Pump», patente US2337849. **93.** Müller, Johann Heinrich Jacob, y Pouillet, Claude Servais Mathias. *Lehrbuch der Physik und Meteorologie*, vol. 1, 1906, p. 505. **94.** Gaede, Wolfgang. «Device for Producing High Vacua», patente GB191419793A. **95.** Langmuir, Irving, y Orange, J. A. «Tungsten Lamps of High Efficiency». *The General Electric Review*, vol. 16, 1913, p. 956. Langmuir, Irving. «The Condensation Pump. An Improved Form of High Vacuum Pump». *Journal of the Franklin Institute*, vol. 182, n.º 6, 1916, pp. 719-743. DOI: https://doi.org/10.1016/S0016-0032(16)90056-5. **96.** Kraus, Charles A. «Mercury Vapor Pumps for Operating against High Pressures». *Journal of the American Chemical Society*, vol. 39, n.º 10, octubre de 1917, pp. 2183-2186. DOI: https://doi.org/10.1021/ja02255a009. **97.** Jnanananda, Swami. *High Vacua. Principles, Production, and Measurement*. D. Van Nostrand, 1947. **98.** Gaede, Wolfgang. «Die Entwicklung der Diffusions Pumpe». *Zeitschrift für Technische Physik*, vol. 4, 1923, pp. 337-369. **99.** Dunoyer, Louis. «Remarques sur les pompes à vide élevé et leurs conditions d'emploi. Pompes à condensation fonctionnant sur vide primaire mediocre». *Le Journal de Physique et le Radium*, vol. 7, n.º 3, marzo de 1926, pp. 69-75. DOI: https://doi.org/10.1051/jphysrad:019260070306900. **100.** Dushman, Saul. «Recent Advances in the Production and Measurement of High Vacua». *Journal of the Franklin Institute*, vol. 211, n.º 6, junio de 1931, pp. 689-750. DOI: https://doi.org/10.1016/S0016-0032(31)90550-4. **101.** Stimson, Harold F. «A Two-Stage Mercury Vapor Pump». *Journal of the Washington Academy of Sciences*, vol. 7, n.º 15, septiembre de 1917, pp. 477-482. URL: https://www.jstor.org/stable/24521361. **102.** Burch, Cecil Reginald. «Oils, Greases, and High Vacua». *Nature*, n.º 122, noviembre de 1928, p. 729. *Chemistry and Industry*, vol. 6, 1928, p. 87. **103.** Burch, C., y Bancroft, F. E., y Metropolitan-Vickers Electrical Co., Ltd. «Improvements in or Relating to Vacuum Distillation», patente GB303078A. **104**. Burch, C. «Improvements in Vacuum Pumps Employing Condensable Vapours as Working Fluid», patente GB346293A. **105**. Hickman, Kenneth. «Vacuum Pump», patente US2080421A. — «Vacuum Pump», patente US1857506A. **106**. Malter, Louis. «Vacuum Diffusion Pump», patente US2112037A. **107**. Kundt, August, y Warburg, Emil. «Ueber Reibung und Wärmeleitung verdünnter Gase». *Annalen der Physik*, vol. 232, n.º 10, 1875, pp. 177-211. DOI: https://doi.org/10.1002/andp.18752321002. **108**. Pirani, Marcello Stefano. «Continuously Indicating Gauge». *Verhandlungen der Deutschen Physikalischen Gesellschaft*, vol. 8, 1906, p. 686. **109**. Voege, W. «Ein neues Vacuummeter». *Physikalische Zeitschrift*, vol. 7, n.º 14, 1906, pp. 498-500. **110**. Sección de Alto Vacío del Instituto Leonardo Torres Quevedo, Consejo Superior de Investigaciones Científicas. *Contribuciones al desarrollo de una técnica propia de alto vacío. La destilación molecular en España.* CSIC, Patronato «Juan de la Cierva», 1949. **111**. Blasco, Emilio, y Miranda, Luis. «A New Pirani-Type Vacuum Gauge». *Review of Scientific Instruments*, vol. 21, n.º 5, 1950, pp. 494-495. DOI: https://doi.org/10.1063/1.1745624. **112**. Knudsen, Martin. «Die Molekularströmung der Gase durch Öffnungen und die Effusion». *Annalen der Physik*, vol. 333, n.º 5, 1909, pp. 999-1016. DOI: https://doi.org/10.1002/andp.19093330505. — «Ein absolutes Manometer». *Annalen der Physik*, vol. 337, n.º 9, 1910, pp. 809-842. DOI: https://doi.org/10.1002/andp.19103370906. **113**. Langmuir, Irving. «Chemical Reactions at very Low Pressures». Comunicación presentada a la Sección de Nueva York de la Sociedad Americana de Química, 8 de noviembre de 1912. DOI: https://doi.org/10.1021/ja02191a001. **114**. Baeyer, Otto von. «Über langsame Kathodenstrahlen». *Physikalische Zeitschrift*, vol. 10, n.º 5, 1909, pp. 168-182. Einstein, Albert. «Zum gegenwärtigen Stand des Strahlungsproblems». *Physikalische Zeitschrift*, vol. 10, n.º 6, 1909, pp. 185-193. **115**. Wehnelt, Arthur. «Über den Austritt negativer Ionen aus glühenden Metallverbindungen und damit zusammenhängende Erscheinungen». *Annalen der Physik*, vol. 319, n.º 8, 1904, pp. 425-468. DOI: https://doi.org/10.1002/andp.19043190802. **116**. *History of Vacuum Science and Technology, vol. 2. Vacuum Science and Technology. Pioneers of the 20th Century*, p. 153. American Vacuum Society, 1994. **117**. Stark, J. «Ionisierung durch den Stoss negativer Ionen von glühender Kohle». *Physikalische Zeitschrift*, vol. 5, n.º 2, 1904, pp. 51-57. **118**. Buckley, Oliver Ellsworth. «An Ionization Manometer». *Proceedings of the National Academy of Sciences of the United States of America*, vol. 2, diciembre de 1916, pp. 683-685. DOI: https://doi.org/10.1073/pnas.2.12.683. **119**. Penning, Frans Michel. «Ein neues Manometer für niedrige Gasdrucke, insbesondere zwischen 10^{-3} und 10^{-5} mm». *Physica*, vol. 4, n.º 2, febrero de 1937, pp. 71-75. DOI: https://doi.org/10.1016/S0031-8914(37)80123-8. Versión en inglés: «High-Vacuum Gauges». *Philips Technical Review*, vol. 2, n.º 7, enero de 1937, pp. 201-208. **120**. Dempster, Arthur Jeffrey. «A New Method of Positive Ray Analysis». *Physical Review*, vol. 11, n.º 4, 1918, pp. 316-325. DOI: https://doi.org/10.1103/PhysRev.11.316.

121. Classen, J. «Eine Neubestimmung von ε/μ für Kathodenstrahlen». *Physikalische Zeitschrift*, vol. 9, 1908, pp. 762-765. **122**. Nier, A. O., Stevens, C. M., Hustrulid, A., y Abbott, T. «Mass Spectrometer for Leak Detection». *Journal of Applied Physics*, vol. 18, n.º 1, enero de 1947, pp. 30-33. DOI: https://doi.org/10.1063/1.1697552. **123**. Jacobs, R. B., y Zuhr, H. F. «New Developments in Vacuum Engineering». *Journal of Applied Physics*, vol. 18, n.º 1, enero de 1947, pp. 34-38. DOI: https://doi org/10.1063/1.1697553. **124**. De Forest, Lee. «Space telegraphy», patente US879532A. **125**. Coolidge, William. «Vacuum Tube», patente US1203495A. **126**. — «X-Ray Apparatus», patente US1215116A. — «X-Ray Anode», patente US1714975A. **127**. Wehnelt, Arthur. «Empfindlichkeitssteigerung der Braunschen Röhre durch Benutzung von Kathodenstrahlen geringer Geschwindigkeit». *Physikalische Zeitschrift*, vol. 6, n.º 22, marzo de 1905, pp. 732-733. **128**. — «Ein elektrisches Ventilrohr». *Annalen der Physik*, vol. 324, n.º 1, 1906, pp. 138-156. DOI: https://doi org/10.1002/andp.19063240108. **129**. Campbell Swinton, Alan Archibald. «Distant Electric Vision». *Nature*, vol. 78, junio de 1908, p. 151. DOI: https://doi.org/10.1038/078151a0. **130**. Zvorykin, Valdímir. «Television System», patente US2141059A. **131**. Langmuir, Irving. «The Vapor Pressure of Metallic Tungsten». *Physical Review*, vol. 2, n.º 5, noviembre de 1913, pp. 329-342. DOI: https://doi.org/10.1103/PhysRev.2.329. **132**. — «Chemical Reactions at Low Pressures». *Journal of the American Chemical Society*, vol. 37, n.º 5, mayo de 1915, pp. 1139-1167. DOI: https://doi.org/10.1021/ja02170a017. **133**. — «The Melting-Point of Tungsten». *Physical Review*, vol. 6, n.º 2, agosto de 1915, pp. 138-157. DOI: https://doi.org/10.1103/PhysRev.6.138. **134**. — «The Effect of Space Charge and Residual Gases on Thermionic Currents in High Vacuum». *Physical Review*, vol. 2, n.º 6, diciembre de 1913, pp. 450-486. DOI: https://doi.org/10.1103/PhysRev.2.450. **135**. Pring, J. N., y Parker, A. «The Ionization Produced by Carbon at High Temperatures». *The London, Edinburgh, and Dublin Philosophical Magazine and Journal of Science*, 6.ª serie, vol. 23, n.º 133, 1912, pp. 192-200. DOI: https://doi org/10.1080/14786440108637212. **136**. Langmuir, Irving. «The Mechanism of the Catalytic Action of Platinum in the Reactions $2Co + O_2 = 2Co_2$ and $2H_2 + O2 = 2H_2O$». *Transactions of the Faraday Society*, vol. 17, 1922, pp. 621-654. DOI: https://doi.org/10.1039/TF9221700621. **137**. Sime, Ruth Lewin. *Lise Meitner. A Life in Physics.* University of California Press, 1996. **138**. Auger, Pierre-Victor. «Sur l'effet photoélectrique composé». *Journal de Physique et le Radium*, vol. 6, n.º 6, junio de 1925, pp. 205-211. DOI: https://doi.org/10.1051/jphysrad:0192500606020500. **139**. Wilson, Charles Thomson Rees. «On an Expansion Apparatus for Making Visible the Tracks of Ionising Particles in Gases and some Results Obtained by its Use». *Proceedings of the Royal Society of London*, vol. 87, n.º 595, septiembre de 1912, pp. 277-292. DOI: https://doi.org/10.1098/rspa.1912.0081. **140**. Lafferty, James M. «Saul Dushman (1883-1954)». Redhead, Paul Aveling (ed.). *Vacuum Science and Technology. Pioners of the 20th Century*, American Institute of Physics Press, 1943. **141**. Dushman, Saul, y Found, C. G. «Studies with the Ionization Gauge

I. Construction and Method of Calibration». *Physical Review,* vol. 17, n.º 1, enero de 1921, pp. 7-19. DOI: https://doi.org/10.1103/PhysRev.17.7. — «Studies with Ionization Gauge II. Relation between Ionization Current at Constant Pressure and Number of Electrons per Molecule». *Physical Review,* vol. 23, n.º 6, junio de 1924, pp. 734-743. DOI: https://doi.org/10.1103/PhysRev.23.734. Duchman, Saul, y Young, A. H. «Calibration of Ionization Gauges for Different Gases». *Physical Review,* vol. 68, n.º 11-12, diciembre de 1945, p. 278. DOI: https://doi.org/10.1103/PhysRev.68.278.2. Dushman, Saul. «Recent Advances in the Production and Measurement of High Vacuum». *Journal of the Franklin Institute,* vol. 211, n.º 6, junio de 1931, pp. 689-750. DOI: https://doi.org/10.1016/S0016-0032(31)90550-4. — «Proposed Unit for High Vacuum». *Science,* vol. 102, n.º 2650, octubre de 1945, p. 383. DOI: https://doi.org/10.1126/science.102.2650.383.a. — «Manometers for Low Pressures». *Industrial & Engineering Chemistry Analytical Edition,* vol. 4, n.º 1, enero de 1932, p. 18. URL: https://archive.org/details/vol4industrialen00unse/page/18/mode/2up. — «Development of High Vacuum Technique». *Industrial & Engineering Chemistry,* vol. 40, n.º 5, mayo de 1948, pp. 778-780. DOI: https://doi.org/10.1021/ie50461a003. **142.** Dushman, Saul. *Scientific Foundations of Vacuum Technique.* John Wiley & Sons, 1949.

El siglo XX: 1940-2000. El ultra alto vacío

El advenimiento del ultra alto vacío abre las puertas a insospechados desarrollos en ciencia y tecnología.

Fenómenos de superficie que anuncian la obtención de presiones menores de 10^{-7} mbar

DURANTE las décadas de 1920 a 1950 el manómetro más utilizado fue sin duda el manómetro triodo de ionización, junto con el Penning, descubierto en 1916.[143] A pesar de las mejoras introducidas en los sistemas de vacío (mejores bombas con mayor velocidad de bombeo, vacíos más bajos, y sistemas de mayor volumen), los manómetros no eran capaces de indicar presiones inferiores a 10^{-8} mbar.[144] Sin embargo, los estudios relacionados con los fenómenos de superficie sugerían que las presiones alcanzadas eran inferiores a las indicadas por los manómetros. Véanse Dan Alpert[145] y LeRoy Apker[146] para una excelente introducción al origen del ultra alto vacío y su base científica.

Los fenómenos relacionados fueron los estudios de superficies iniciados por Langmuir en 1913, con el estudio de la influencia del oxígeno sobre la emisión electrónica del volframio a temperaturas inferiores a 2200 K, y posteriores sobre adsorción-desorción de gases en superficies.[147] Los trabajos de Nottingham[148] y Martin[149] fueron en la misma línea, pero sobre emisión termiónica. El efecto fotoeléctrico fue también motivo de estudio y la influencia que la adsorción de gases sobre la superficie emisora ejercía sobre la eficiencia de emisión fotoelectrónica.[150] Los trabajos de Müller sobre emisión de campo fueron también muy decisivos para demostrar la influencia de la adsorción de gases sobre la emisión de campo.[151] Langmuir ya demostró que, midiendo el tiempo de adsorción de una monocapa de gas, a una presión determinada sobre una superficie, la presión correspondiente era inferior a la indicada por el manómetro. Nottingham utilizó la tasa de desactivación de un filamento de volframio toriado como medida de la presión de adsorción, concluyendo que la presión determinada era mucha mejor indicación que la del manómetro de ionización.[147]

Como reveló Alpert, el descubrimiento del microscopio de emisión de campo por Müller[152] en 1937 abrió un amplio campo de investigación en las áreas de la física y química de superficies, que solo podía realizarse en superficies no contaminadas, es decir a presiones menores de 10^{-8} mbar. Otro campo que requería la utilización de muy bajas presiones fue el estudio de superficies semiconductoras, pues la presencia de especies adsorbidas suponía una de las principales fuentes de acumulación de carga superficial. Con el fin de disponer de superficies semiconductoras libres de contaminantes, Farnsworth[153] utilizó el bombardeo iónico para eliminar los gases adsorbidos, lo que le permitió obtener información acerca del estado de las superficies mediante la utilización de la técnica de difracción de electrones.

Otras investigaciones que demandaban la utilización de presiones inferiores a las que podían medirse de 10^{-8} mbar fue el estudio de la descarga eléctrica en gases. En estos experimentos, el gas es introducido en el sistema y el grado de vacío limita la pureza del gas, lo que afecta a sus propiedades eléctricas. En el estudio de la descarga disruptiva *(breakdown)*, Kruithof y Penning[154] determinaron que el voltaje necesario era muy afectado por la presencia de impurezas de 1 ppm (una parte por millón). Manfred A. Biondi[155] demostró que impurezas superiores a 0,001 ppm influían en las propiedades de la descarga en helio.

En definitiva, hasta 1950 el manómetro ampliamente utilizado era el conocido como manómetro triodo de ionización ya descrito en el capítulo 6, pero se estableció que no era capaz de medir presiones inferiores a 10^{-8} mbar. Sin embargo, podían producirse presiones menores a ese valor y medirse por procedimientos indirectos.

El descubrimiento de la limitación en la medida del manómetro triodo convencional

La figura 7.1 muestra el esquema del manómetro triodo convencional, de gran sencillez, facilidad de construcción y utilización, basado en el propuesto por Buckley.[118] El filamento emite un haz de electrones, que son acelerados por la rejilla y, después de algunas oscilaciones alrededor de la misma, son colectados. En su recorrido tienen una gran probabilidad de impactar con las moléculas o átomos del gas residual. Los iones producidos en los espacios comprendidos entre la rejilla y filamento y el colector y la rejilla son colectados por el colector de iones, neutralizados y devueltos al volumen. Un galvanómetro situado entre el colector y tierra mide la corriente, que es proporcional a la concentración del gas. Para un valor del voltaje acelerador (30-180 V) que excede al potencial de ionización de las moléculas o átomos del gas, la corriente indicada por el colector viene dada por lo siguiente:

$$i_c = i_g kp$$

Donde i_g es la corriente electrónica que llega a la rejilla, i_c es la corriente iónica medida en el colector, y p la presión del gas. La sensibilidad, k, del manómetro se expresa de este modo:

$$K = i_c / i_g \, 1/p$$

El valor típico para k es de 10 mbar^{-1} para nitrógeno, y una corriente de emisión electrónica de 10 mA. En estas condiciones, a una presión de 10^{-8} mbar, la corriente iónica es de 10^{-9} A. De donde se deduce que, en este manómetro, la limitación en la medida de la presión estaría en la capacidad de medir corrientes de órdenes de magnitud más bajas de 10^{-9} A, que los electrómetros de ese tiempo ya permitían. Pero el hecho fue que la corriente medida nunca bajaba de ese valor, con lo que no se podían medir presiones más bajas, dando evidencia de que la indicación estaba afectada por una corriente que no dependía de la presión.

Nottingham en 1947 fue el primero en reconocer la existencia de esa limitación, y encontró que consistía en una corriente residual en el colector de iones independiente de la presión causada por la radiación X generada por los electrones que chocan con la rejilla.[156] La radiación X, al incidir sobre el colector de iones, libera fotoelectrones, lo que indica una corriente en el colector del mismo signo que la producida por iones que llegan al colector y debida a la presión. En condiciones normales de operación, la relación de la corriente de radiación X a la corriente electrónica en la rejilla es de 1×10^{-7}, con lo cual la correspondiente lectura de presión sería de 10^{-8} mbar, y el manómetro solo podría medir presiones superiores a ese valor.

Si se conseguía eliminar o, al menos, disminuir significativamente esa corriente de radiación X, el camino al ultra alto vacío como presión obtenible y medible quedaría abierto.

Confirmación de la existencia de la corriente residual de radiación X y su disminución

Después del trabajo de Nottingham, Bayard y Alpert[157] dieron evidencia de la hipótesis de Nottingham, y descubrieron un manómetro con un límite inferior de medida de, al menos, cien veces menor que la del manómetro de ionización triodo convencional. Independientemente, y poco después de esta publicación, J. J. Lander[158] y G. H. Metson[159] demostraron la existencia del efecto de radiación X y sugirieron métodos para reducirla. Como hemos indicado anteriormente, las primeras evidencias sobre la existencia de una corriente residual independiente de la presión surgieron de la observación de que el manómetro convencional no indicaba presiones inferiores a 10^{-8} mbar, a pesar de que por otros métodos indirectos se tenía la certeza de que el vacío era inferior a ese valor: por ejemplo, el tiempo de adsorción de una monocapa sobre una superficie limpia, que era proporcional a la presión (Langmuir).

Pero la evidencia física de la limitación la demostraron Bayard y Alpert mediante el estudio de la variación de la corriente del colector, i_c, con el potencial de la rejilla aceleradora de los electrones, figura 7.2. En el manómetro convencional, figura 7.2 (a), a una presión de 10^{-5} mmHg ($1,33\times10^{-5}$ mbar), la curva es característica de la eficiencia de ionización de un gas por impacto electrónico[160], pero, a presiones menores de 10^{-8} mbar, muestra una subida lineal (escala logarítmica doble) con pendiente 1,5-2, típica de la emisión de fotoelectrones producida por la radiación X emitida por la rejilla.

Con el fin de demostrar definitivamente la existencia de la corriente residual de radiación X y, al mismo tiempo, diseñar un manómetro en el que esta corriente residual estuviera muy disminuida, Bayard y Alpert realizaron el siguiente experimento: la idea genial fue la de invertir la configuración del triodo convencional, tal como indica la figura 7.2 (b). El filamento está situado en la parte externa a la rejilla, mientras que el colector se sustituye por un hilo muy fino de volframio, 0,15 mm de diámetro, situado en el eje de la rejilla. Con este manómetro repitieron el experimento de determinar la variación de la corriente del colector con el potencial de la rejilla. El resultado presenta un comportamiento muy diferente al del manómetro triodo convencional. A presiones entre 10^{-5} y 10^{-7} mbar la curva es típica de la de ionización de un gas con la energía del electrón. A una presión de 10^{-9} mbar la curva presenta la superposición de dos corrientes, la predominante debida a la ionización del gas, y una componente, para $V > 150$ V, independiente de la presión. A una presión menor de 5×10^{-11} mbar todavía es observable el efecto debido a la ionización del gas a bajos potenciales, V < 150 V, mientras que a valores mayores predomina claramente el efecto de la corriente residual independiente de la presión. La disminución de la corriente debida a la radiación X se debe a que el ángulo sólido subtendido por el colector es cien veces menor que en el caso del manómetro convencional. Una muy importante característica del nuevo manómetro es que su sensibilidad es prácticamente igual a la del triodo convencional, ~20 mbar^{-1}. Esta característica es consecuencia de la distribución del campo eléctrico rejilla-colector que cae por debajo de los 50 eV a una distancia de 0,25 mm del colector, lo que significa que prácticamente todo el volumen comprendido entre la rejilla y el colector es útil para la ionización.

En definitiva, Bayard y Alpert no solo resolvieron el problema de determinar la corriente residual de radiación X, sino que inventaron un manómetro capaz de medir presiones del orden de 10^{-11} mbar. Es de señalar que Alpert continuó el estudio de los principios básicos de las bajas presiones, junto con el desarrollo de componentes de sistemas de vacío, como válvulas todo metal, trampas de cobre y sistemas modulares que permitían la obtención de presiones muy bajas, y se le puede considerar el inventor del ultra alto vacío, que tuvo gran impacto en la investigación de superficies, láminas delgadas, física del plasma, materiales electrónicos y, finalmente, en la nanotecnología, pasando por el desarrollo de los grandes aceleradores de partículas y máquinas de fusión termonuclear.

Manómetros para medida de vacíos extremadamente bajos, < 10^{-11} mbar

El manómetro de baja corriente de radiación X desarrollado por W. C. Schuemann,[161] figura 7.3, consiste en dos regiones separadas por una pantalla *(shield)*, que incorpora una rejilla *(grid)* que permite el paso de los iones, pero no de los electrones. El filamento *(filament)* y la rejilla tienen una configuración similar a la del Bayard-Alpert, excepto por la rejilla de cierre situada en la parte inferior. Los potenciales de estos electrodos son los mismos que en el B-A. La pared de vidrio está recubierta de una película conductora a cero potencial, con dos funciones principales: (1) Apantalla el anillo supresor *(supressor)*, que crea el potencial retardador para los fotoelectrones emitidos por el colector *(collector)*, producidos por la radiación X proveniente de la rejilla que incide sobre el colector, obligando a los fotoelectrones a retornar al colector, con lo que se suprime la corriente residual debida a la radiación X. (2) La rejilla junto con la pantalla *(shield)* forma un sistema de lentes electrostáticas que focaliza los iones creados en el espacio-rejilla hacia el colector. (3) La pantalla, junto con el recubrimiento de la pared, protege la región de la trayectoria de los iones y del colector de variaciones del potencial de la pared, que cambiaría la sensibilidad del manómetro. El manómetro puede medir presiones tan bajas como 10^{-13} mbar.

En 1966, Paul Aveling Redhead[162] diseña el manómetro extractor, cuyo esquema se representa en la figura 7.4. En esencia es similar al manómetro de Schuemann, excepto que el anillo supresor es sustituido por el reflector de iones *(ion reflector)*, y el colector *(collector)*, por un fino hilo que penetra unos pocos milímetros dentro del reflector de iones. La presión mínima medible es también del orden de 10^{-13} mbar. Este principio de los manómetros extractores de Schuemann y Redhead constituye la base de los manómetros actualmente disponibles

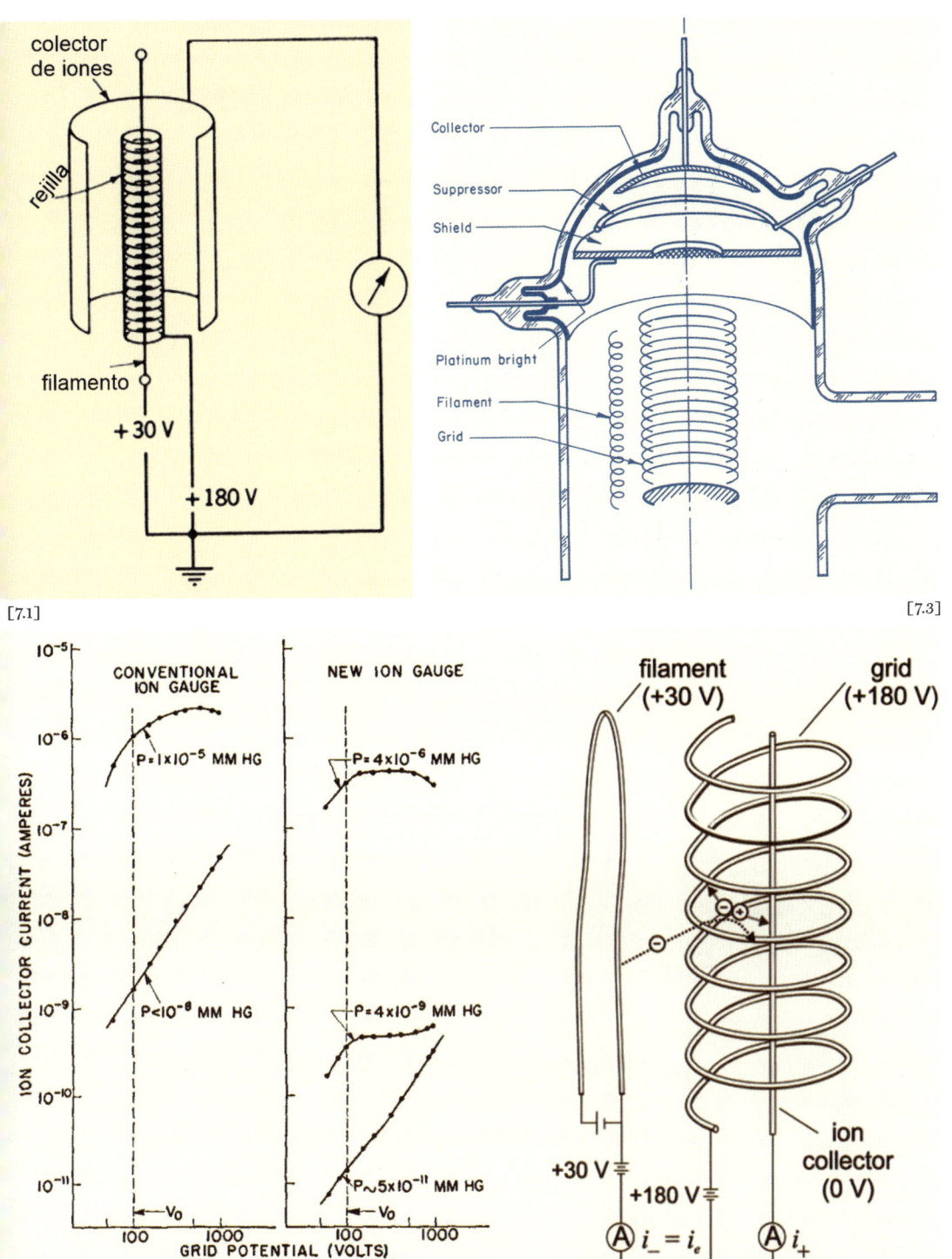

[7.1]

[7.2]

[7.3]

[7.1] Manómetro triodo convencional.
[7.2] Izquierda: curva típica de corriente del colector en función del voltaje de rejilla.
(a) Manómetro convencional.

(b) Manómetro de Bayard-Alpert. Derecha: esquema del manómetro de Bayard-Alpert.
[7.3] Esquema del manómetro supresor de Schuemann.

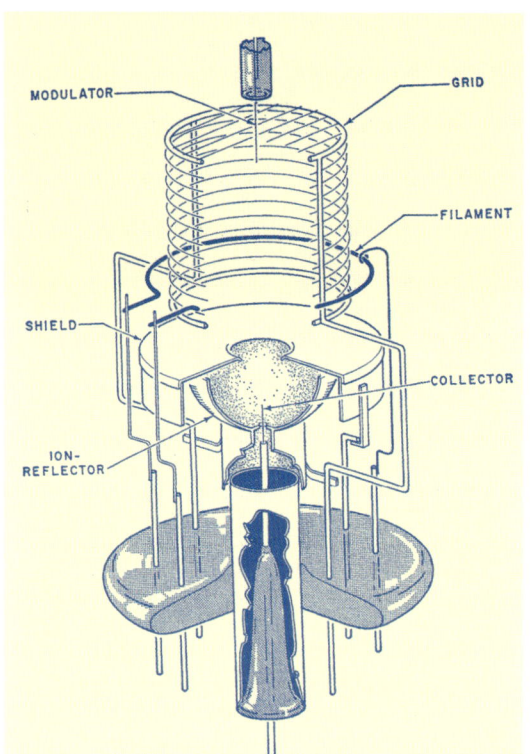

[7.4]

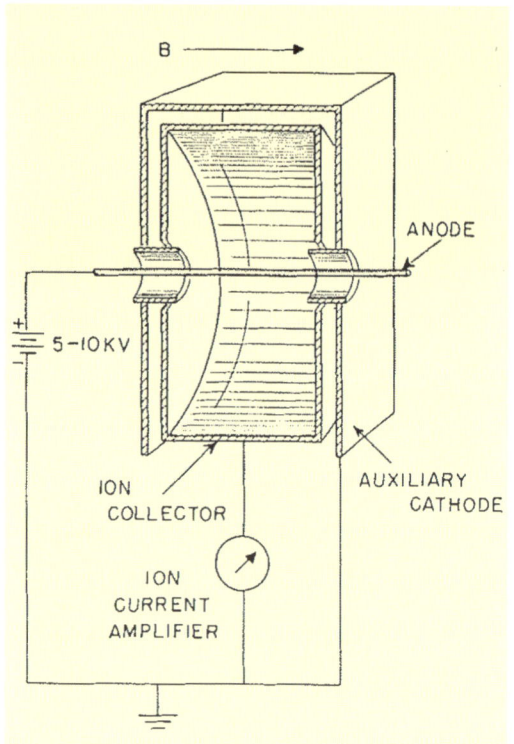

[7.5]

[7.6]

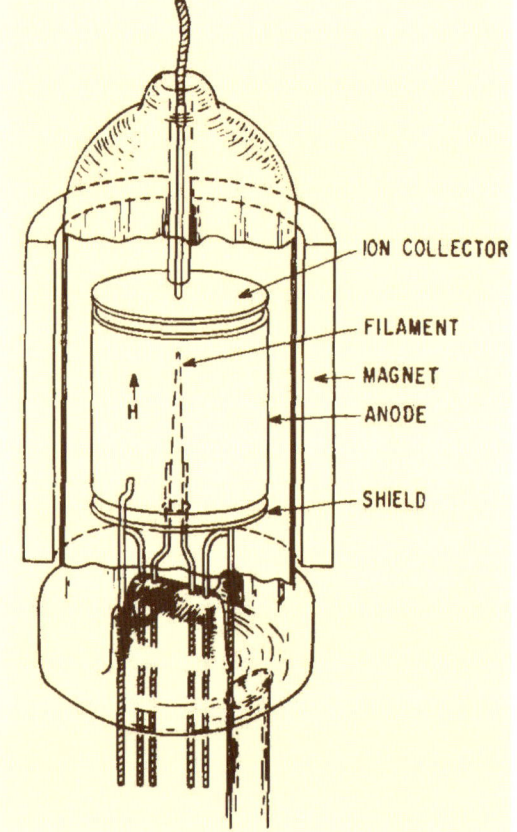

[7.4] Esquema del manómetro extractor de Redhead.

[7.5] Esquema del manómetro magnetrón invertido de Redhead.

[7.6] Esquema del manómetro magnetrón de cátodo caliente de Lafferty.

comercialmente, que permiten medir presiones hasta los mencionados 10^{-13} mbar, y aún más bajas.

Manómetros con campo magnético

Una importante modificación del manómetro de ionización de Penning, descrito en el capítulo 6, fue realizada por Redhead en 1958, dando lugar al llamado manómetro magnetrón invertido, que permite medir presiones hasta 10^{-13} mbar, y que se representa en la figura 7.5.[163] El cátodo *(auxiliary cathode)* está formado por un cilindro de 30 mm de diámetro y 20 mm de longitud, y parcialmente cerrado en ambos extremos y con eje paralelo al campo magnético, *B*. El ánodo *(anode)* es una varilla de 1 mm de diámetro que pasa a través de los orificios del cátodo. El potencial del ánodo es de 6 keV y el campo magnético de 2000 gauss. La presión mínima medible está entre 10^{-10} y 10^{-13} mbar. La corriente iónica depende de la presión, *p*, en la relación $I^+ = k\,p^n$, con $1,10 < n < 1,25$.[164] El empleo de muy altos voltajes y del imán para producir el campo magnético reduce de forma importante su utilidad. Por ejemplo, no es útil en los grandes aceleradores de partículas, máquinas de fusión y sistemas de análisis de superficie debido a la presencia del campo magnético. Prácticamente no se utiliza actualmente.

Una versión tipo magnetrón del manómetro de ionización fue la inventada por Lafferty en 1961.[165] La figura 7.6 muestra el esquema del manómetro. El filamento está situado en el eje del manómetro, rodeado de un ánodo, colector de electrones, cilíndrico. En la parte inferior se sitúa una placa que rechaza los iones, mientras que el colector de iones es una placa circular situada en la parte superior. Un campo magnético paralelo al eje del cilindro es creado por un imán cilíndrico y exterior al manómetro. La combinación del campo eléctrico ánodo-filamento y del campo magnético hacen que los electrones describan una trayectoria en espiral hasta alcanzar el colector de electrones, aumentando grandemente su recorrido libre medio y, por tanto, la probabilidad de ionización de las moléculas del gas. La ventaja es que trabaja a una corriente electrónica muy baja, con lo que reduce muy considerablemente la corriente debida a la radiación

X, a la que se suma su gran sensibilidad, 10^4 veces mayor que la del manómetro de Bayard-Alpert. Lafferty, en mejoras posteriores, le incorporó un fotomultiplicador que permitía medir presiones tan bajas como 10^{-17} Torr ($1,33\times10^{-17}$ mbar). Como en algunos de los manómetros anteriormente reseñados, su principal inconveniente está en la utilización del campo magnético. No fue muy empleado en los años posteriores, aunque es muy indicado para investigación en vacíos extremadamente bajos.

Fenómenos de superficie que limitan la medida de la presión

Descubierto el límite de la corriente residual debida a la radiación X producida en la rejilla que limita la medida de los manómetros de ionización, aparece otra corriente en el colector que no depende directamente de la presión. Es decir, no existe proporcionalidad entre la corriente iónica y la electrónica, como exige que el número de iones producidos sea proporcional al número de electrones. El fenómeno fue descubierto por Ackley y otros investigadores,[166] que indicaron que está relacionado con el estado de limpieza de la rejilla del manómetro, y que la corriente residual podía ser reducida por el bombardeo intenso de la rejilla, u operando el manómetro a alta corriente electrónica.

Independientemente, los grupos de Alpert[167] y Redhead[168] dan una nueva interpretación para el anómalo efecto: la corriente anómala es atribuida a la ionización por impacto electrónico de gases adsorbidos o químicamente ligados a la superficie de la rejilla del manómetro. El experimento revelador realizado por el grupo de Alpert fue el siguiente: un sistema de vacío de vidrio bombeado con difusora de aceite y atrapado con trampas de zeolita, equipado con un manómetro Bayard-Alpert, un manómetro supresor de Schuemann y un espectrómetro de masas omegatrón.[169] El omegatrón se utilizó como referencia de la presión, pues no presentaba efectos anómalos y daba una indicación fiable de las masas presentes. Véase parte izquierda de la figura 7.7. El manómetro B-A operaba a una baja emisión electrónica de 0,1 mA, mientras que el manómetro supresor operaba a

10 mA. Al tiempo cero se introduce O_2 en el sistema a una presión constante de 10^{-7} Torr. Puede observarse como la indicación de ambos manómetros crece con el tiempo, alcanzando intensidades muy próximas. Es importante notar el aumento que experimenta la presión de CO indicada por el omegatrón. A los treinta y cinco minutos se cierra la válvula de O_2 y se observa que, mientras la presión indicada por el manómetro supresor (trabajando a 10 mA) y la presión indicada por el omegatrón (después de cierto tiempo) dan lecturas muy similares, el *B-A* (operando a 0,1 mA de emisión electrónica) indica una presión de orden de magnitud mayor. Al mismo tiempo se descubre que el gas presente en el sistema está formado por CO, mientras que la presión de oxígeno fue muy baja. Al someter el *B-A* a un bombardeo electrónico intenso de la rejilla, la indicación fue similar a las del omegatrón y manómetro supresor. Este comportamiento revela que la desorción de iones procedentes del O_2 / CO adsorbido en la rejilla por el impacto electrónico es la responsable de la corriente anómala. Con el fin de confirmar este descubrimiento se realizó una comparación entre los espectrómetros de masas Davis-Vanderslice y omegatrón.[166, 170] La parte derecha de la figura 7.7 muestra el espectro obtenido por el espectrómetro Davis-Vanderslice.[171] La mayor y más interesante diferencia con el espectro registrado por el omegatrón es la presencia de la *masa 19*, atribuible a F^+, y la doble estructura del pico a *masa 16*, atribuible a O^+, que no son registradas por el omegatrón. Ambos iones revelan la desorción por impacto electrónico de F^+ y CO^+ del flúor y CO adsorbidos en la rejilla del espectrómetro de masas. La diferencia en energía de ambos iones es de aproximadamente 5 eV. Esta masa anómala también fue observada independientemente por Robins.[172] Así, hacia mediados de los años sesenta, quedaba identificada la limitación de los manómetros debida a la radiación X emitida por el impacto de los electrones con la rejilla del manómetro y el muy importante descubrimiento de la desorción estimulada por electrones.

Así pues, en los años sesenta se desarrollan manómetros del tipo Bayard-Alpert, que permitían medir presiones tan bajas como 10^{-11} mbar, y los manómetros supresores de la radiación X, que medían presiones tan bajas como 10^{-13} mbar. También se identifica y explica la no proporcionalidad entre la corriente iónica y electrónica en los manómetros como debida a la

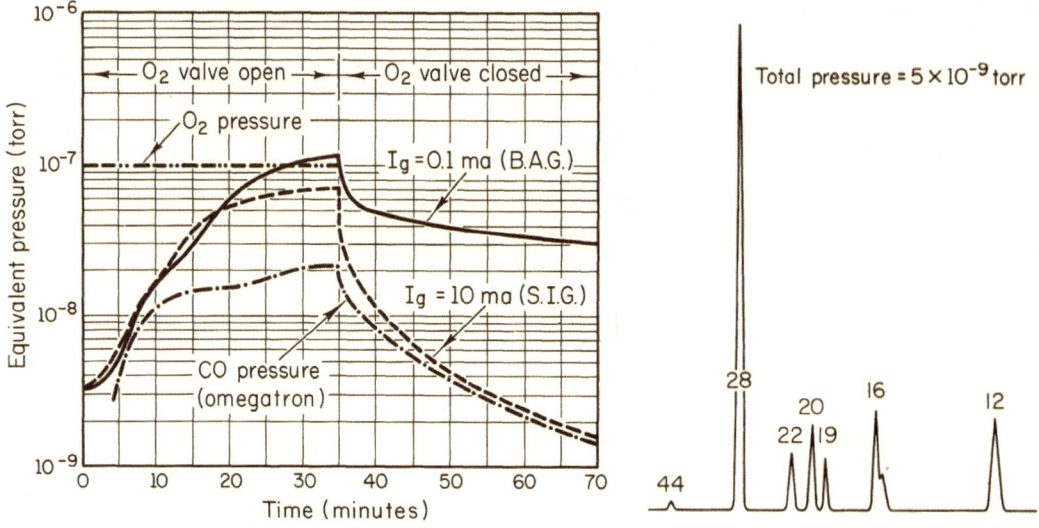

[7.7] Izquierda: efecto de la corriente debida a la desorción inducida de iones de la rejilla en presencia de oxígeno. Derecha: espectro de masas registrado con el espectrómetro de Davis-Vanderslice mostrando iones de superficie a m/e = 19 uma, y el pico más alto a 16 uma.

desorción estimulada por electrones de gases adsorbidos en la rejilla del manómetro. Este fenómeno fue de gran trascendencia, pues abría el camino para su utilización en el estudio de la ad-desorción de gases con superficies[173] y, más tarde, al vasto campo de la *desorción inducida por transiciones electrónicas*. Incluso dio lugar a la identificación del enlace átomo-superficie mediante la técnica de *distribución de la desorción estimulada por electrones con resolución angular.*[174]

La medida de presiones parciales: desarrollo de la espectrometría de masas

En el capítulo 6 ya hemos descrito el descubrimiento del espectrómetro de masas, que utilizaba campos magnéticos para su separación. Pero a partir del año 1950 los espectrómetros de masas experimentaron un gran desarrollo, e incorporaron nuevos métodos para la separación de masas sin campos magnéticos y de volúmenes muy reducidos.

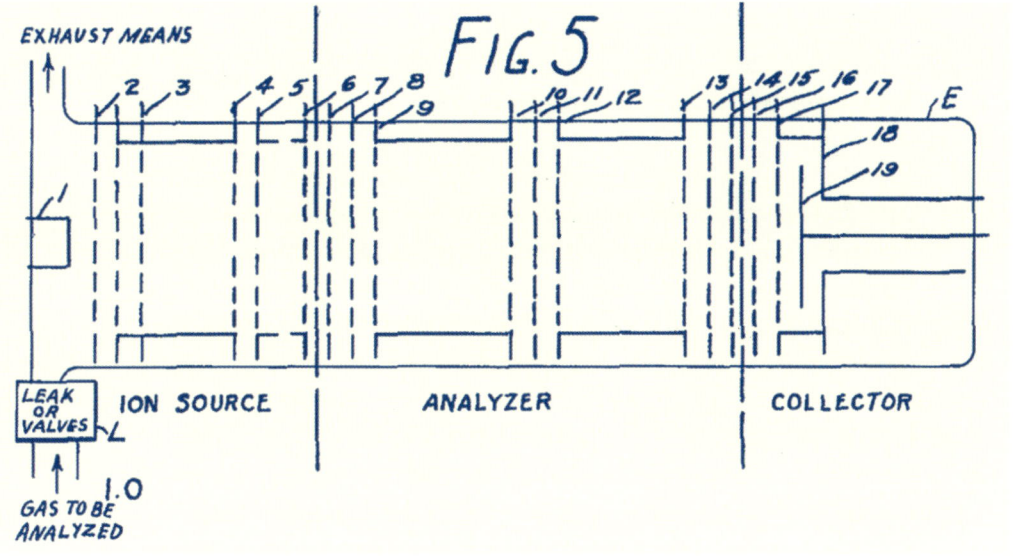

[7.8] Espectrómetro de radiofrecuencia de W. H. Bennet.

Espectrómetros de radiofrecuencia

En el año 1954, Willard H. Bennet[175] inventa el espectrómetro de radiofrecuencia cuyo esquema se representa en la figura 7.8, tomado de la patente, y que consta de las tres partes características de los espectrómetros: cámaras de ionización *(ion chamber),* región analizadora *(analyzer)* y colector de iones *(collector).* En este espectrómetro la distancia entre rejillas es muy crítica. Los iones creados en la región comprendida entre las rejillas *3-4* por el haz de electrones emitidos por el cátodo *1* son acelerados por el potencial negativo de la rejilla *7,* y penetran en la primera etapa *7-8-9-10.* A las rejillas *7-10-14* se les aplica un potencial de radiofrecuencia de tal forma que un ion de masa determinada pase a la segunda etapa y sucesivamente. La distancia entre las rejillas es tal que el ion durante el ciclo de radiofrecuencia adquiere una velocidad suficiente para pasar a la segunda etapa, y así ocurre con las demás etapas, hasta alcanzar finalmente el colector de iones. Tiene la ventaja de que se podían registrar en el osciloscopio las masas de 2 a 50 uma en el mismo barrido. Tanto su construcción como su electrónica son bastante complicadas y no se hizo muy popular.

El espectrómetro omegatrón

En el año 1951, Sommer, Thomas y Hipple desarrollaron un tipo de espectrómetro para la determinación de la relación de carga a masa del protón, basado en la resonancia magnética.[176] Presentaba la gran ventaja de tener un volumen muy pequeño en comparación con los espectrómetros de deflexión magnética de 60°, aunque el campo magnético externo, de relativa alta intensidad, 3000 gauss, imponía ciertas restricciones de espacio.

La aplicación de este espectrómetro a la determinación de la composición del vacío fue debida a Alpert y Buritz.[177] La parte izquierda de la figura 7.9 muestra el esquema del espectrómetro en forma de cubo de 2 cm de lado. Entre las placas superior e inferior se aplica el campo de radiofrecuencia, mientras que el campo magnético es paralelo al haz de electrones, que es un fino haz de 0,5 mm de diámetro, y que genera los iones de las masas presentes en los gases del sistema de vacío. Cuando la frecuencia propia del ion, eB/M, coincide con la frecuencia del campo alternativo, el ion describe una espiral de Arquímedes, alcanzando el colector. La resolución de los instrumentos disponibles era de fjm/m = 1/50. La parte derecha de la figura 7.9 muestra la fotografía del omegatrón CIF II diseñado por el autor en 1965, y que mejoró considerablemente la resolución, con lo que fue posible separar los isótopos del xenón (124, 126, 128, 129, 130, 131, 132, 134 y 136 uma), y una resolución de fjm/m = 1/130. [177, 178, 179]

El espectrómetro de masas cuadrupolo

En 1954, Wolfgang Paul y Helmut Steinwedel patentaron el espectrómetro de masas cuadrupolo.[180] La figura 7.10 muestra el esquema que, en la parte de la separación de masas, consiste en cuatro barras de cuyas secciones transversales forman dos hipérbolas *(Fig. 1)*. *Fig. 2* muestra la situación de las barras en el conjunto del espectrómetro. Las barras *AA* y *BB*, separadas del eje central, *x,* por una distancia determinada, r_o, crean un campo eléctrico cilíndrico. A las barras *AA* y *BB* se les aplica un potencial *U+Vcos(ωt)*. En este campo eléctrico los iones realizan oscilaciones laterales. Los iones presentes en el campo eléctrico de acuerdo con los valores de *U* y *V* se clasifican en estables e inestables. Los iones estables oscilan con una pequeña amplitud y viajan a través de las barras hasta alcanzar el colector de iones. Sin embargo, los iones no estables realizan un movimiento ondulatorio a lo largo del eje x, aumentado su amplitud, hasta que después unas pocas oscilaciones alcanzan las barras, o escapan a través de ellas, y son neutralizados. La separación de masas se realiza manteniendo constante la frecuencia y variando los potenciales U y V. *Fig. 5* muestra la alimentación eléctrica del conjunto, donde las barras, por facilidad de construcción, tienen forma cilíndrica, y producen un campo eléctrico prácticamente igual a las barras de simetría hiperbólica. El rango de masas detectable depende de la longitud de las barras: un espectrómetro de rango 1 a 300 uma tiene 30 cm de longitud, y presenta la gran ventaja de poder incorporar un multiplicador de electrones, con lo que su sensibilidad puede llegar a los 10^{-15} mbar.

A partir del año 1970, este espectrómetro ha reemplazado a todos los utilizados hasta entonces debido, principalmente, a la ausencia de campo magnético, su gran sensibilidad utilizando los multiplicadores de electrones y la incorporación de los dispositivos electrónicos desarrollados a su alimentación y control. Se pueden utilizar para la detección de masas entre 1 y 3000 uma.

El espectrómetro de tiempo de vuelo

Un espectrómetro, en principio muy sencillo, es el que se basa en el tiempo empleado por el ion en recorrer un espacio definido exento de campo eléctrico. Damoth y Burgess describieron el espectrómetro de tiempo de vuelo, cuyo esquema se representa en la figura 7.11, con fuente de iones desnuda, que podía introducirse en el mismo sistema de vacío.[181] Los iones creados *(ion bunch)* penetran en el espacio de aceleración y, después, en el de vuelo, donde recorren el espacio libre de campo eléctrico, alcanzando el colector de iones secuencialmente en tiempos dados por $l\left((m/2)eV\right)^{1/2}$. Siendo l la longitud entre el plano origen de los iones y el colector, m la masa del ion, e la carga del electrón y V el potencial acelerador inicial. En este tiempo se supone que la velocidad inicial del ion es la correspondiente a la energía térmica de la temperatura del gas, generalmente la ambiente, y su velocidad final es la suministrada por el potencial acelerador V.

Si los iones son creados con cierta energía inicial, hay que tenerla en cuenta en la determinación del tiempo de vuelo. Incorpora un fotomultiplicador de electrones que aumenta considerablemente la sensibilidad del instrumento. Tiene la gran ventaja de que en el osciloscopio pueden registrarse en tiempo real todos los iones detectados durante el tiempo de barrido y se repite en los ciclos siguientes de producción de iones.

Espectrómetro de deflexión magnética

El espectrómetro de masas inventado por Arthur Jeffrey Dempster en 1918, basado en la separación de las masas mediante la combinación de un campo eléctrico y uno magnético, descrito en el capítulo 6, experimentó un gran desarrollo, y se construyeron grandes espectrómetros que podían separar hasta masas muy elevadas, pero no útiles en el campo del ultra alto vacío.

En el año 1960, Davis y Vanderslice inventaron un espectrómetro de deflexión magnética de 90°, que por su volumen y bajo campo magnético utilizado gozó de gran difusión en los sistemas de ultra alto vacío, y fue fabricado por la General Electric.[182]

La figura 7.12 muestra el esquema del espectrómetro. Los iones creados en la cámara de ionización *(ion cage assembly)* son focalizados por un sistema de electrodos *(focusing electrodes)* y, a través de una rendija *(defining slit),* penetran en el campo magnético (perpendicular al plano del dibujo), donde por la acción del campo magnético son obligados a describir una trayectoria circular de radio:

$$r = \sqrt{2U}/B\sqrt{m/e}$$

Siendo B la intensidad del campo magnético en Gauss; U el potencial acelerador de los iones; m/e la relación masa a carga del ion expresada en unidades de masa atómica, por ejemplo: $m/e = 16$ para el O^+. Los iones para los cuales el radio descrito pasa por los centros de la rendija de entrada y de salida son colectados, los demás iones se pierden al chocar con las paredes del espectrómetro y son neutralizados. Su construcción no es complicada y, al incorporar el fotomultiplicador de electrones, tiene una gran sensibilidad, 10^{-17} Torr.

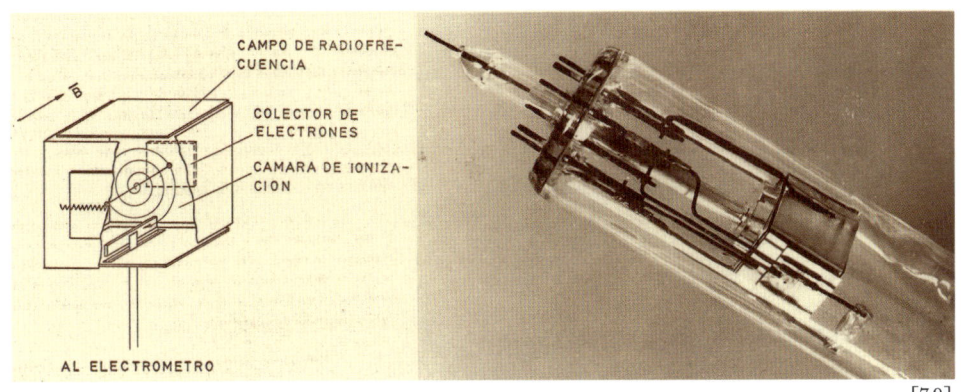

CAMPO DE RADIOFRE-
CUENCIA

COLECTOR DE
ELECTRONES

CAMARA DE IONIZA-
CION

AL ELECTROMETRO

[7.9]

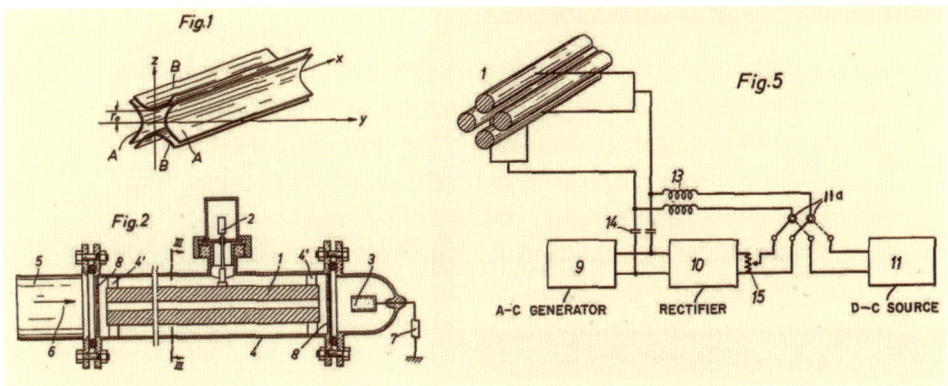

Fig.1

Fig.2

Fig.5

13

14

9
A-C GENERATOR

10
RECTIFIER

15

11a

11
D-C SOURCE

[7.10]

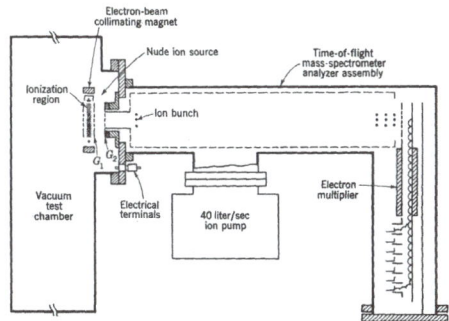

Electron-beam
collimating magnet

Nude ion source

Time-of-flight
mass-spectrometer
analyzer assembly

Ionization
region

Ion bunch

G_1
G_2

Vacuum
test
chamber

Electrical
terminals

40 liter/sec
ion pump

Electron
multiplier

[7.12]

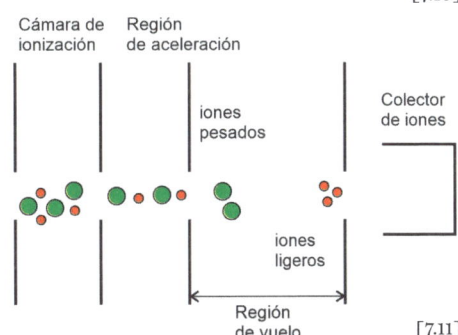

Cámara de
ionización

Región
de aceleración

iones
pesados

Colector
de iones

iones
ligeros

Región
de vuelo

[7.11]

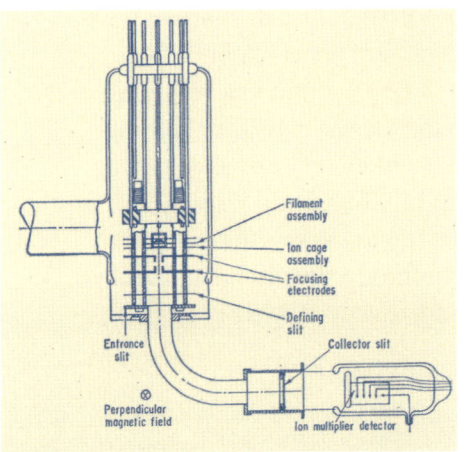

Filament
assembly

Ion cage
assembly

Focusing
electrodes

Defining
slit

Entrance
slit

Collector
slit

Perpendicular
magnetic field

ion multiplier detector

[7.9] Izquierda: esquema del
espectrómetro de masas de Alpert,
resolución de 1 uma a 50 uma. Derecha:
fotografía del espectrómetro de masas
omegatrón desarrollado por el autor
con resolución de 1 uma a 130 uma.

[7.10] Espectrómetro cuadrupolo.
Izquierda: esquema de la disposicion
de las barras. Derecha: esquema
de la alimentación eléctrica.

[7.11] Izquierda: esquema del
espectrómetro de tiempo de vuelo
de Damoth y Burgess. Derecha:
principio del espectrómetro.

[7.12] Esquema del espectrómetro
de masas de Davis-Vanderslice.

Durante esos años de 1960, se desarrollaron otros tipos de deflexión magnética, como el de 180°, pero su uso en el campo del ultra alto vacío no prosperó. Sin embargo, es ampliamente utilizado en los detectores de fugas de helio, por su menor tamaño y buena resolución para la masa del He de 4 uma.

Nuevos desarrollos en los dispositivos de bombeo

Las bombas de difusión presentan el inconveniente del vapor de aceite que retorna al sistema, lo que requiere la utilización de atrapadores que utilizan zeolitas o N_2 líquido. Aunque subsiste el problema durante el apagado y encendido de las bombas. Estas circunstancias estimularon el desarrollo de nuevos dispositivos o métodos de bombeo. Por tanto, vuelve a despertar el interés de los investigadores y fabricantes en el desarrollo de nuevos dispositivos de bombeo que superen estas dificultades y logren un vacío limpio.

Bombas mecánicas

Bomba turbomolecular

El principio de la bomba de Gaede de arrastre molecular, ya descrito en el capítulo 6, fue utilizado por Holweck[183] en 1922, y construye una bomba que mejora el modelo de Gaede. En 1940, Siegbahn[184] describe otra bomba molecular con rotor acanalado. Estas bombas no experimentaron un gran desarrollo industrial debido a su baja velocidad de bombeo y dificultad de realización.

En 1955, Becker[185] solicita patentes para varios tipos de bombas moleculares, desarrolladas para obtener la máxima velocidad de bombeo posible, con la misma velocidad de rotación. Por esas mismas fechas, Leybold solicita varias patentes[186] en las que pone como inventor a Carl Pfleiderer, de la Universidad Técnica de Braunschweig, pero la concesión se retrasa varios años hasta el punto de que Becker no tuvo conocimiento de ella hasta la publicación de 1970, cuando ya había finalizado el desarrollo de su bomba turbomolecular.[187] Es interesante indicar que Becker obtiene la idea de la bomba cuando inventó un atrapador de vapor de aceite para las bombas de difusión, que consistía en un cilindro acanalado que gira a elevada velocidad, como indica la parte izquierda de la figura 7.13. La disposición de los canales hace que la probabilidad de paso de las moléculas sea mucho mayor hacia abajo que en sentido contrario. De esta forma, las moléculas de aceite tienen muy escasa probabilidad de penetrar en el sistema de vacío. Pero lo más interesante es que observó que entre la parte superior y la inferior existía una diferencia de presión, lo que le llevó al desarrollo del primer diseño de bomba turbomolecular. La parte derecha de la figura muestra el esquema de la primera bomba que inventó, que no llegó a fabricarse, pero es importante señalar su disposición vertical: la carcasa (1) incluye los canales (2) de sección rectangular. Los rotores cilíndricos (3) rodean los canales. La parte superior es la toma de vacío, S, y la inferior es la descarga hacia el vacío previo. Basándose en el hecho de que el turbo-atrapador, en forma de turbina a paletas, producía una diferencia de presiones entre la parte superior y la inferior en el régimen molecular, en analogía situó guías acanaladas antes y después del rotor. De esta forma, la razón de presiones aumentó, y el desarrollo de la bomba turbomolecular fue la próxima etapa.

Becker, en su diseño, siguió básicamente la bomba de Gaede desarrollada en 1913.[188] La figura 7.14 muestra el corte longitudinal de la bomba, que consta de un doble cuerpo situado a cada lado de la entrada de alto vacío. Ambos cuerpos comienzan con un estator de paletas. Es importante señalar que Becker comprobó que la teoría desarrollada por Gaede para su bomba molecular era también válida para su bomba. Becker solicitó la patente en 1956, y fue concedida en 1958. Cuando la patente de Pfleiderer fue concedida en 1970, las dos compañías Pfeiffer y Leybold llegaron a un acuerdo en 1971.

Las características de la bomba de Becker fueron las siguientes: dos cuerpos de diecinueve etapas, doce de alto bombeo y siete de alta compresión, el diámetro de los rotores de 170 mm, la velocidad media periférica de 125 m/s a 16 000 rpm, la velocidad de bombeo fue de 140 l/s y la compresión máxima para hidrógeno de doscientos cincuenta. Con una presión previa de 10^{-3} mbar, la presión final de hidrógeno sería de 4×10^{-6} mbar.

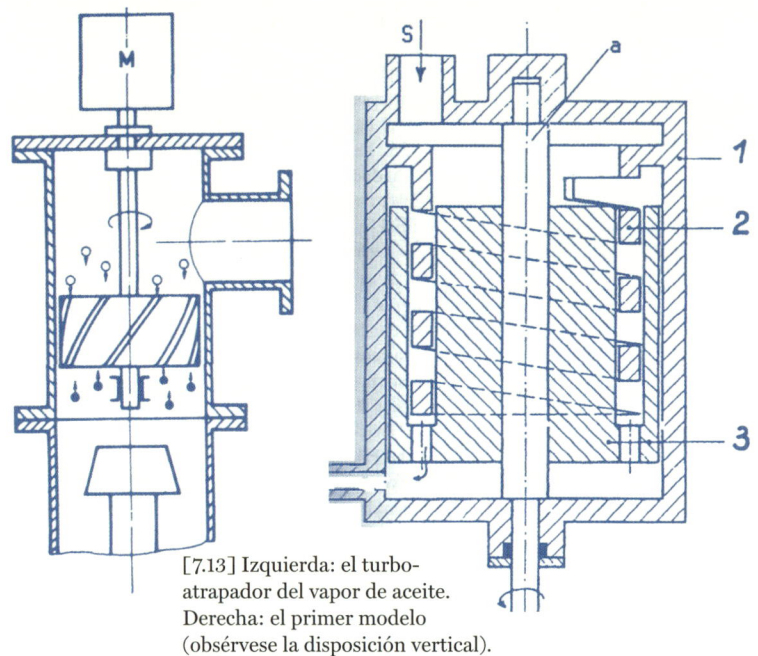

[7.13] Izquierda: el turbo-
atrapador del vapor de aceite.
Derecha: el primer modelo
(obsérvese la disposición vertical).

A partir de 1958, la bomba turbomolecular experimentó un
rápido desarrollo tanto técnicamente como teóricamente. Un
hito en la teoría de funcionamiento de la bomba fue el trabajo
publicado por Kruger y Shapiro en 1960 sobre la geometría de
las paletas para las bombas de flujo axial.[189] En 1971 tiene lugar
un importante desarrollo realizado por Mirgel, de la compañía
Leybold-Heraeus, y de gran trascendencia en la utilización de
las bombas turbomoleculares, como fue la bomba vertical.[190]

La figura 7.15 muestra el esquema de la bomba. Mientras que
en la bomba horizontal el eje y los rodamientos correspondientes
se sitúan en la parte externa de bajo vacío, el motor es externo
y requiere del dispositivo correspondiente de transmisión, en
la bomba vertical el motor es interno. El alojamiento del motor
está formado por una carcasa acampanada y los rodamientos
superior e inferior son lubrificados por una nube de aceite que,
desde el depósito inferior y a través de un canal practicado en el
eje, asciende desde el depósito situado en la parte inferior. Este
conjunto queda aislado de la región de entrada o de alto vacío.
El motor es del tipo jaula cilíndrica. Las paletas o álabes que
forman la turbina se van montando alternativamente formando el estator y rotor. Para su construcción se parte de láminas
cilíndricas en las que se practican cortes radiales y, después, se

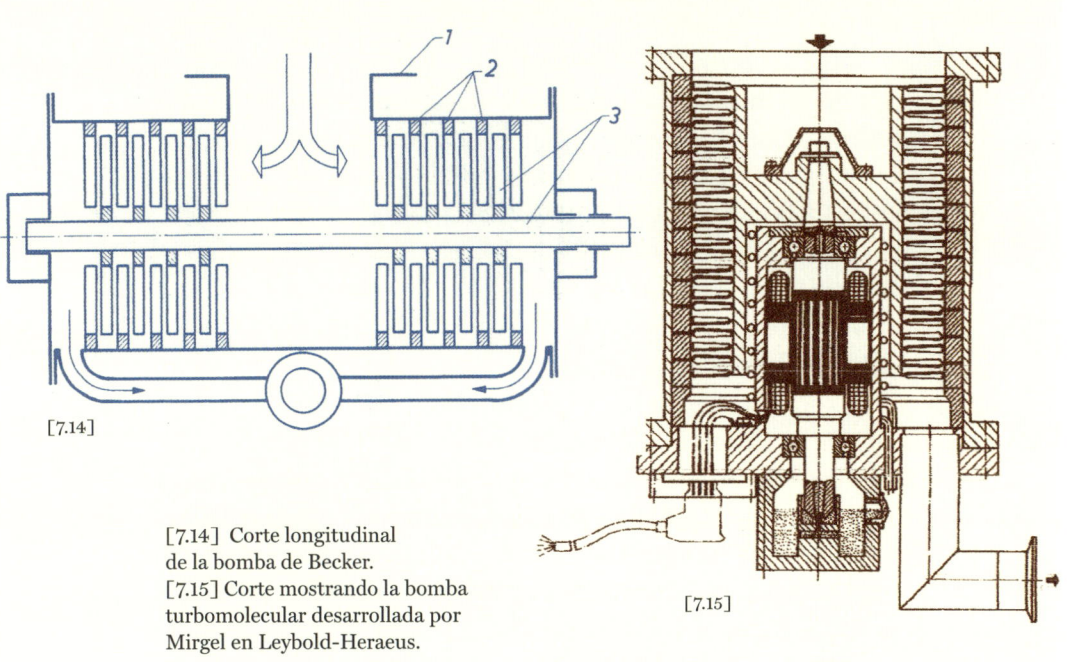

[7.14] Corte longitudinal
de la bomba de Becker.
[7.15] Corte mostrando la bomba
turbomolecular desarrollada por
Mirgel en Leybold-Heraeus.

doblan al ángulo requerido. La bomba mostrada en la figura es
de veintitrés etapas, con una razón de compresión para nitrógeno de 10^6 y para hidrógeno de 10^2. La velocidad de bombeo
es de 370 l/s, con una velocidad de rotación de 24000 rpm. La
presión final es de 10^{-8} mbar para aire. En el caso del hidrógeno,
el sistema debe completarse con una bomba de sublimación de
titanio.

Desde la invención de Mirgel en 1971, los fabricantes de
bombas, estimulados por una alta competencia, han ido per-
feccionando las bombas turbomoleculares hasta el punto de ser
actualmente la más utilizada, con razones de compresión de
10^{10} para nitrógeno y velocidades de bombeo entre 50 l/s y 350
l/s. Actualmente se combina el diseño turbomolecular para la
etapa de alto vacío y, en la de bajo vacío, de arrastre molecular.

Bombas de apoyo (o previas) secas (sin aceite)

Las emergentes tecnologías modernas de los años cuarenta
(microscopía electrónica, fenómenos de superficie, láminas
delgadas, nanotecnología, grandes aceleradores de partículas y
máquinas de fusión) demandaban la obtención de vacíos *lim-
pios*, es decir, sin contaminación de los sistemas por el vapor

de aceite utilizado en las bombas mecánicas. En el apartado anterior ya hemos descrito la bomba turbomolecular que evita esa contaminación, pero permanecía el problema en la utilización de las bombas previas rotatorias, ampliamente utilizadas, cuyo elemento de cierre y de bombeo es el aceite. Así surgió la necesidad de desarrollar bombas secas, sin aceite.

Bomba de pistón alternativo

En los años cuarenta, micrografías obtenidas mediante microscopía electrónica mostraban falta de resolución, que fue achacada a la presencia de vapores de aceite provenientes de las bombas previas rotatorias utilizadas. John Lascelles Farrant[191] fue contratado para el grupo de Microscopía Electrónica, sección de la CSIRO Division of Chemical Physics, Melbourne, Australia, e importaron el primer microscopio electrónico en 1945 de la RCA de Estados Unidos. J. Hillier en 1947 comunicó mejoras importantes en la resolución del microscopio electrónico. Ambos informaron acerca de estas mejoras en la resolución, y concluyen que la presencia de vapor de aceite en el microscopio era el responsable de la escasa resolución.

Farrant comienza su trabajo sobre el desarrollo de una bomba sin aceite y piensa en la bomba de pistón alternativo, pero el problema era el material de los segmentos del pistón. Necesitaba un material de muy bajo coeficiente de rozamiento y facilidad de ajuste al cilindro. En 1968 comienza a disponerse de materiales basados en el polifluoroestileno, PTFE (teflón), que podían utilizarse como anillos, pero no terminaban de asegurar una larga vida. Entonces se probaron materiales a los que se les agregaba partículas finamente divididas de grafito, bronce, molibdeno, etc., que mejoraron sensiblemente la vida del pistón.

Es interesante indicar cómo Farrant concibió la idea de la bomba de pistón alternativo: había observado que el aire encerrado a presión en una jeringuilla hipodérmica fugaba muy lentamente a través del reducido espacio entre el cilindro y el émbolo de la jeringa, lo que le dio la idea de elegir la bomba basada en el pistón alternativo en forma similar a la jeringuilla y al cilindro de las locomotoras de vapor. El pistón estaba forrado de teflón, y el ajuste con el cilindro permitía, de una parte, un buen desplazamiento y, de otra, que la fuga a lo largo del pistón fuera extremadamente pequeña. El primer prototipo diseñado por Farrant de un cilindro, construido por E. Bez, del grupo de Microscopía Electrónica, dio tan buenos resultados que las mejoras introducidas terminaron en la construcción de una bomba de dos cilindros montados en oposición, tal como los dos cilindros de las motocicletas BMW de los años cincuenta. El diámetro era de 70 mm y el recorrido del pistón de 19 mm. El vacío final alcanzado fue de 10 mTorr ($1{,}33\times10^{-2}$ mbar). Desarrollaron varios prototipos de cuatro cilindros[192] y en 1986 Varian comenzó a su fabricación en serie. La figura 7.16 muestra el esquema de la bomba en 1987.

Bomba rotatoria *scroll*. Bomba de vacío en espiral

La bomba de vacío en espiral fue inventada por Léon Creux, Francia, en 1905, como compresor de aire que no utiliza aceite, y la patentó en los Estados Unidos.[193] La parte izquierda de la figura 7.17 muestra un corte normal al eje de la bomba tomado de la patente. Tanto el estator como el rotor tienen forma de un rollo arrollado en espiral, generalmente de Arquímedes, aunque actualmente se fabrican con distintas variantes de la espiral. El rotor no gira, sino que se desplaza excéntricamente respecto del estator. La parte derecha de la figura muestra esquemáticamente su funcionamiento. El rotor, de color negro, gira excéntricamente respecto del estator, en rojo. El desplazamiento se realiza de tal forma que siempre existen puntos de *casi* contacto con el estator. Entre los puntos de contacto se atrapa un volumen de aire, que se desplaza continuamente hasta la válvula de descarga.

Aunque su invención es del año 1905, los materiales y máquinas de conformado de esa época no permitieron su fabricación en la versión como bomba de vacío. Las tolerancias requeridas en los puntos de aparente contacto no era posible obtenerlas con las máquinas de esa época. Actualmente se fabrican con una capacidad de bombeo de hasta los 60 m³/h y presión última obtenible de 10^{-2} mbar. Presión última limitada por la holgura entre el rotor y estator, que permite el reflujo de gas desde la salida a la entrada. Como todas las bombas secas, es de gran aplicación en sistemas que requieran vacíos exentos de vapor de aceite.

Bomba de vacío seca de tornillo

La bomba de vacío sin aceite de tornillo se basa en el principio de la bomba inventada en la antigua Grecia y perfeccionada por Arquímedes para elevar agua, y que se muestra en la parte izquierda de la figura 7.18. Un tornillo sin fin gira dentro del cilindro externo, atrapa agua en su parte inferior y la desplaza hacia una altura superior donde la descarga. La parte derecha de la figura muestra una versión industrial actual. Consta de dos tornillos montados en oposición. El gas atrapado en la cavidad inicial formada por los dos tornillos es transferido en forma similar a como lo hace la bomba de agua hasta la válvula de descarga, generalmente a la atmósfera. Actualmente se fabrican con velocidades de bombeo de hasta 700 m³/h y un vacío final de 10^{-2} mbar.

Bomba de vacío seca de membrana (o diafragma)

La bomba de diafragma es una de las bombas más ampliamente utilizadas como bomba de apoyo exenta de fluido de bombeo, desarrollada en 1974 por la compañía Edwards. La figura 7.19 muestra el esquema de su principio de funcionamiento. El émbolo, con un movimiento ascendente-descendente y oscilante izquierda-derecha, permite que el diafragma elástico cree un volumen de aspiración (parte izquierda) y expulsión (parte derecha) que permite hacer el vacío.

Las bombas de una sola etapa tienen un vacío final de 33 mbar con velocidad de bombeo de 60 l/min. Vacíos más bajos se alcanzan con bombas de tres etapas en serie, llegando a los 5-8 mbar y velocidades de bombeo de hasta 6 m³/h. Son muy apropiadas como bombas de apoyo de las turbomoleculares.

Bombas de atrapamiento

Aunque en la centuria anterior ya se utilizaban las bajas temperaturas para eliminar el vapor de agua y otros gases condensables, y los *guéteres* se empleaban con gran profusión en la fabricación de tubos electrónicos, el principio de aprovechar

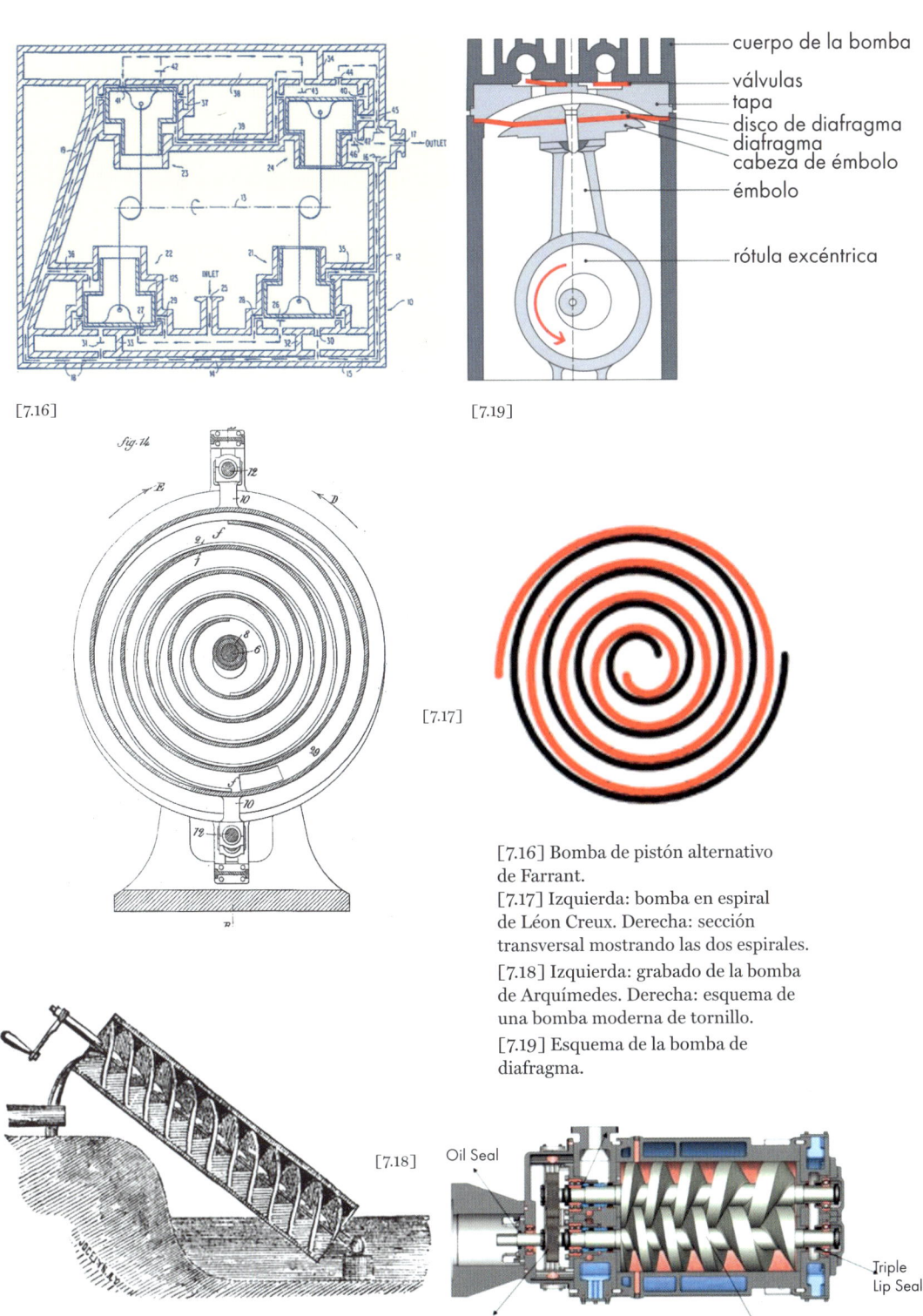

[7.16]

[7.19]

cuerpo de la bomba
válvulas
tapa
disco de diafragma
diafragma
cabeza de émbolo
émbolo
rótula excéntrica

[7.17]

[7.16] Bomba de pistón alternativo de Farrant.
[7.17] Izquierda: bomba en espiral de Léon Creux. Derecha: sección transversal mostrando las dos espirales.
[7.18] Izquierda: grabado de la bomba de Arquímedes. Derecha: esquema de una bomba moderna de tornillo.
[7.19] Esquema de la bomba de diafragma.

[7.18]

Oil Seal

Triple Lip Seal

Timing Gear Set

Screw

las propias paredes del sistema de vacío, u otras situadas en el mismo, para atrapar gases no se aplicó hasta 1950 al desarrollo e invención de las llamadas *bombas de atrapamiento;* es decir, las moléculas o átomos del gas bombeado quedaban permanentemente en las paredes de la bomba o en las del sistema de vacío.

Bomba de pulverización catódica-ionización

Los manómetros de ionización pueden bombear gases básicamente por dos mecanismos: (1) los iones producidos son atrapados en los electrodos negativos del manómetro; (2) una vez desgasificados para su limpieza, los electrodos a muy elevadas temperaturas, 1500 K, quedan muy activos para la adsorción y quimisorción de gases sobre esas superficies. Además, el material evaporado sobre las paredes también reaccionaba con los gases activos formando compuestos químicamente estables, con lo que la presión del sistema disminuía.

Penning ya observó en 1937 que su manómetro de cátodo frío podía bombear gas del volumen en el que estaba insertado. Determinó que la velocidad de bombeo era de 0,02 l/s a una presión de $1,3 \times 10^{-4}$ mbar.[194] Soddy y Mackenzie (1908)[195] y Vegard (1916)[196] observaron que se bombeaba gas como consecuencia del *sputtering* (evaporación de material por la pulverización del cátodo, producida por el impacto de los iones), átomos que se depositaban en las paredes y reaccionaban con las moléculas de los gases activos formando compuestos químicos estables. Estos fenómenos condujeron a Lewis D. Hall en 1958, trabajando en la recién creada compañía Varian (por los hermanos Russel —inventores del klistrón— y Sigurd, en 1948), a inventar la primera bomba de pulverización catódica-ionización que bombeaba por la combinación de ambos procesos.[197] El fenómeno que estimuló a Varian para el desarrollo de un nuevo método de bombeo que eliminara la utilización de fluidos de bombeo fue que el klistrón, amplificador de microondas y radiofrecuencia, se contaminaba con el fluido de bombeo y dejaba de funcionar. El nuevo método de bombeo resolvía el problema, pues eliminaba los indeseables vapores y prometía una alta velocidad de bombeo.

La figura 7.20 muestra las tres etapas para la implantación de la bomba de pulverización catódica-ionización. (a) Muestra la fotografía de la bomba original con su imán para producir el campo magnético y (b), su esquema, que consiste en un ánodo, generalmente de acero inoxidable en forma de panal y, a ambos lados, sendas placas de titanio. El campo magnético de 1200 gauss y un voltaje de cátodo-ánodo de 3 kV hacen que los electrones libres que hay en el volumen sean acelerados hacia el ánodo, recorriendo una trayectoria helicoidal, lo que aumenta considerablemente su recorrido y, como consecuencia, la probabilidad de ionización. En su viaje ionizan moléculas o átomos del gas, y los iones creados son acelerados con energía creciente hacia el cátodo, donde, al chocar y debido a su alta energía, son capaces de sublimar átomos, en este caso de Ti, que se depositan en las paredes del ánodo y otros lugares accesibles. Su alta reactividad para los gases químicamente activos, N_2, H_2, CO, etc., hace que reaccionen químicamente con el Ti, formando compuestos estables que quedan *atrapados* permanentemente en el ánodo y otros lugares. Esta es la razón de que sea en forma de panal cúbico, pues se aumenta considerablemente el área de deposición del titanio, aumentando su velocidad de bombeo y una mayor vida a la bomba. Dado que se establece una descarga eléctrica cátodo-ánodo, no puede trabajar a presión atmosférica. Generalmente hay que hacer un vacío previo de 10^{-2} mbar donde arranca la bomba con una descarga estable.

Cuando se probó por primera vez, la sombra del fracaso cubrió las caras de los investigadores, pues, al disparar la bomba, en vez de disminuir la presión, comenzó a aumentar hasta valores que hicieron peligrar su estructura y la fuente de alimentación, debido al gran desarrollo de calor. Arriesgando bastante, Hall mantuvo la bomba y, cuando estuvo a punto de apagarla, observó como la presión comenzó a disminuir hasta llegar a los 10^{-9} mbar.

La figura (c) muestra el esquema que figura en la patente.[198] La figura (d) muestra el primer prototipo comercial. Actualmente se fabrican en una amplia gama con un vacío final $< 10^{-11}$ mbar y velocidades de bombeo de hasta 400-500 l/s. No contaminan el sistema, pero poseen efecto de memoria, pues pueden devolver gases previamente bombeados al sistema, especialmente cuando bombean argón. Otra de las limitaciones es que no pueden bombear grandes cargas de gas.

a)

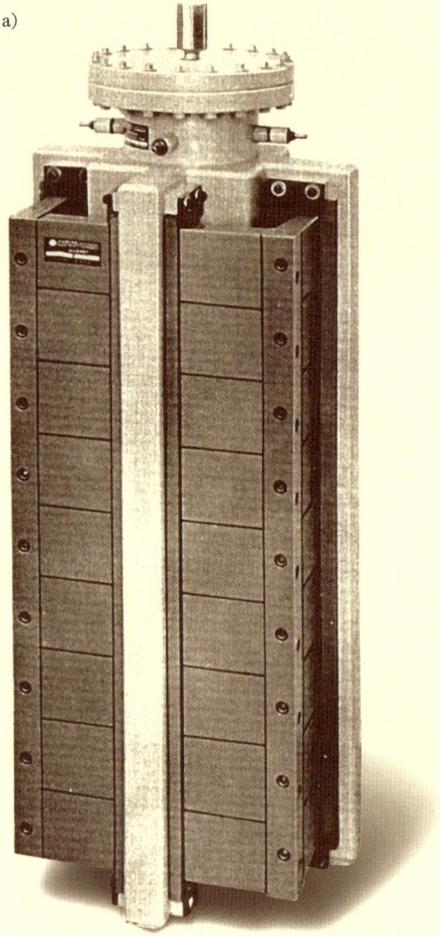

b)

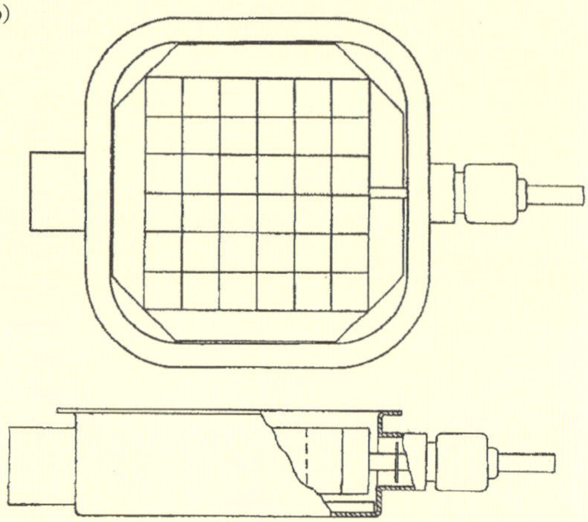

c)

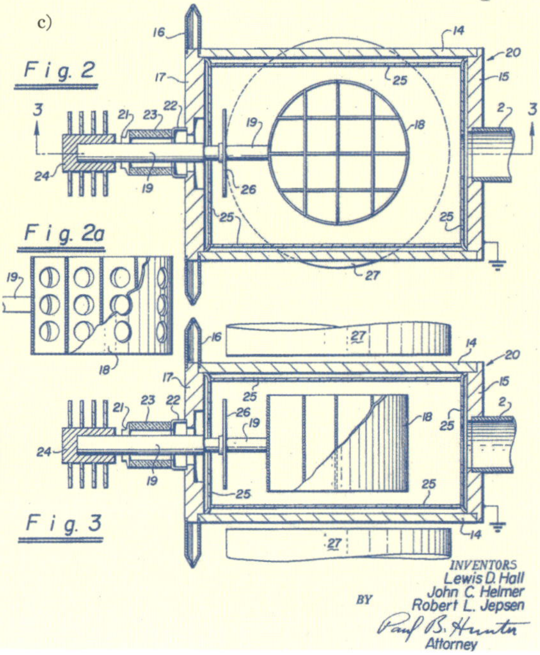

Fig. 2

Fig. 2a

Fig. 3

INVENTORS
Lewis D. Hall
John C. Helmer
Robert L. Jepsen
BY
Paul B. Hunter
Attorney

[7.20] (a) Primera bomba desarrollada.
(b) Su esquema, donde se aprecia el
ánodo en forma de panal cúbico.
(c) Esquema que figura en la patente.
(d) Figura que representa el primer
prototipo comercial.

d)

VARIAN INVENTED
THE 'WORLD'S FIRST VACION® PUMP—1957

Bombas de sorción

La adsorción química o física y las reacciones químicas sobre superficies se utilizan como elementos de bombeo: acción guéter, bombeo por guéteres o bombeo por quimisorción. Las sustancias que bombean por adsorción y reacción química reciben el nombre de *guéteres*. Fueron extensivamente utilizadas para mantener el vacío en las válvulas utilizadas en radiofrecuencia.

Holland publicó en 1959 las características principales de láminas metálicas útiles como guéter.[199] En general, el metal más ampliamente utilizado ha sido y es el titanio: bomba de sublimación de titanio. La figura 7.21 muestra una bomba típica que consiste en tres filamentos de titanio o un evaporador de titanio (parte inferior de la figura), montados en una brida tipo *con-flat* que se incorpora al sistema de vacío, en un lugar donde el titanio evaporado no pueda depositarse sobre los instrumentos de medida o elementos activos del equipo de vacío, generalmente en el cuerpo de la propia bomba de pulverización catódica-ionización. El filamento es calentado a una temperatura donde el Ti sublime sin llegar a la fusión. El Ti forma una película químicamente activa en los lugares donde se deposita, reaccionando con las moléculas activas del gas residual H_2, CO, CO_2, H_2O. Cuando la película de Ti se satura, se vuelve a evaporar otra película sobre la primera y así sucesivamente.

La bomba de Ti es ampliamente utilizada en el bombeo de H_2, gas para el que es muy eficiente. Por ejemplo, en los sistemas de bombeo por turbomoleculares, para reducir su presión, dada la baja velocidad de bombeo para este gas. El principal inconveniente es la baja carga de gas que puede bombear.

Bombeo por fisisorción: crioadsorción y crioatrapamiento

La adsorción por superficies a bajas temperaturas ya fue utilizada en el siglo XIX, después del descubrimiento de la licuefacción de gases, especialmente oxígeno y nitrógeno, que, en fase líquida y a presión atmosférica, tienen temperaturas de 90,1 K y 77,3 K, respectivamente. Superficies del sistema de vacío a estas temperaturas pueden bombear H_2O, que se solidifica sobre la superficie. Esta agua condensada puede atrapar otros gases no condensables, por ejemplo, el N_2, mediante el proceso denominado *crioatrapamiento*. Esta acción fue descubierta por Brackmann y Fite en 1961.[200]

Este fenómeno del crioatrapamiento fue de gran importancia para la utilización de superficies de He (4,2 K) líquido como elemento de bombeo, no solo por la adsorción y baja presión de vapor de los gases presentes en los sistemas de vacío, sino por este fenómeno de crioatrapamiento, lo que dio lugar al desarrollo de las bombas criogénicas, ampliamente utilizadas en los grandes aceleradores de partículas y sistemas de fusión termonuclear. Hengevoss y Trendelenburg estudiaron el crioatrapamiento de H_2 y He con argón a la temperatura de He líquido a 4,2 K: un átomo de argón atrapa una molécula de hidrógeno, mientras que se necesitan treinta átomos de A para atrapar un átomo de He.[201] Este fenómeno fue confirmado por Degras en 1963.[202] En los grandes aceleradores de partículas, grandes superficies del propio sistema de vacío a temperaturas de hasta 3,2 K se utilizan como paneles de bombeo.

Estas bombas son actualmente fabricadas con distintos diseños y capacidades de bombeo. La figura 7.22 muestra una bomba de esta clase. Generalmente se distinguen dos etapas. La primera etapa es refrigerada por N_2 líquido alcanzando una temperatura de aproximadamente 50 K, y sirve de pantalla térmica para la segunda etapa, que adquiere una temperatura de 10-20 K. Antes de refrigerar es necesario evacuar la bomba a una presión de 10^{-2} mbar, de otra forma se formaría inmediatamente una gruesa capa con el gas presente a la presión atmosférica. Estas bombas necesitan regenerarse cuando han adsorbido la máxima carga de gas permisible. Hay que procurar que los gases adsorbidos no evaporen súbitamente, pues puede estallar la bomba.

Trampas y atrapadores

Las bombas de difusión eran ampliamente utilizadas por su sencillez de construcción, facilidad de manejo y bajo coste, pero tenían el gran inconveniente del reflujo del aceite de bombeo hacia el sistema de vacío, su contaminación y la de los procesos realizados. Tres desarrollos fueron de gran importancia e impacto en el uso de las difusoras: la utilización de trampas

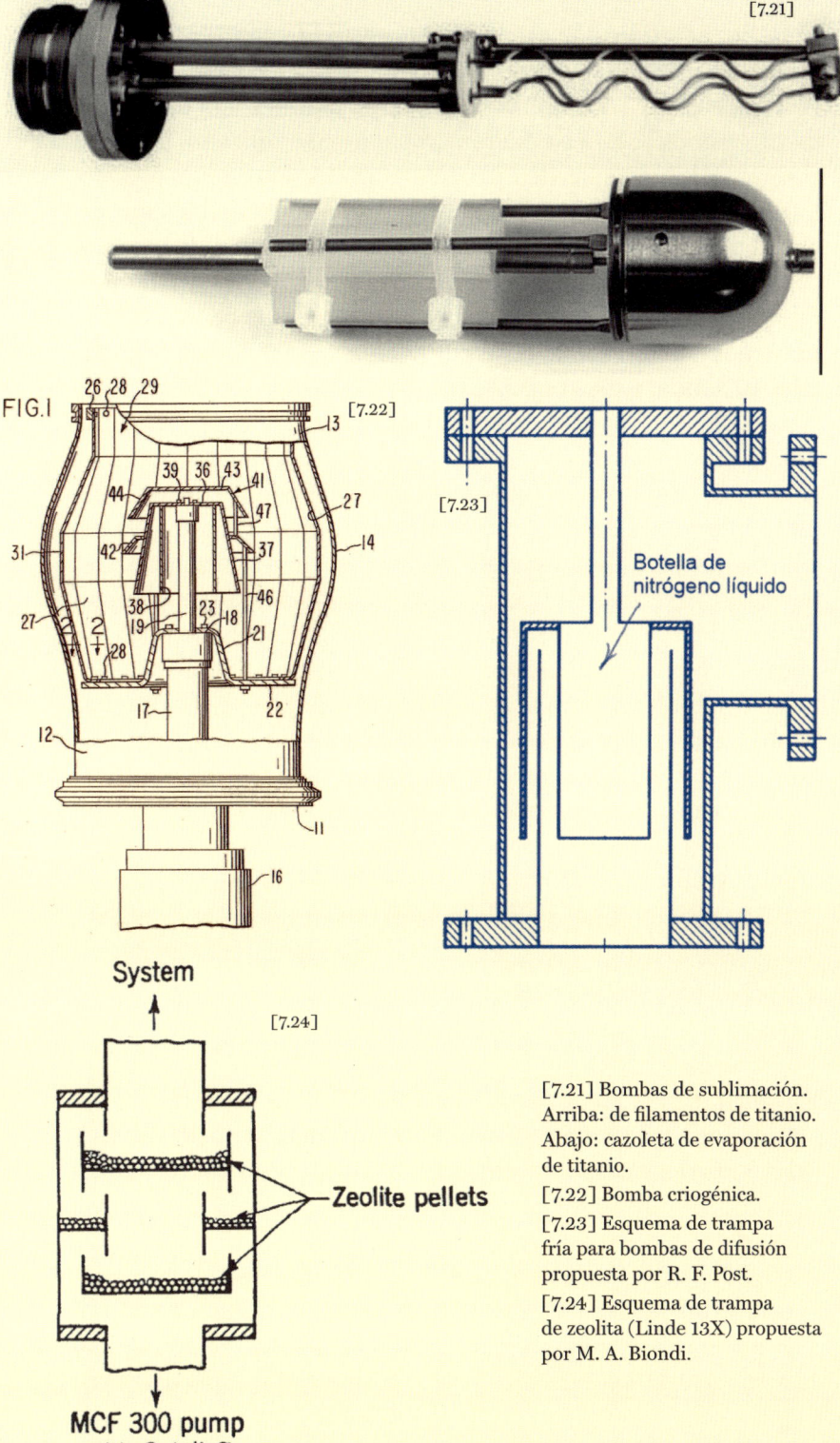

FIG.I

[7.21]

[7.22]

[7.23]

Botella de nitrógeno líquido

System

[7.24]

Zeolite pellets

MCF 300 pump with Octoil *S*

[7.21] Bombas de sublimación. Arriba: de filamentos de titanio. Abajo: cazoleta de evaporación de titanio.

[7.22] Bomba criogénica.

[7.23] Esquema de trampa fría para bombas de difusión propuesta por R. F. Post.

[7.24] Esquema de trampa de zeolita (Linde 13X) propuesta por M. A. Biondi.

frías, de materiales de gran microporosidad y la utilización de aceites de muy baja presión de vapor a temperatura ambiente.

En el caso de las bombas de mercurio o utilización de manómetros como el McLeod, fueron ampliamente utilizadas durante el siglo xx las trampas de nitrógeno líquido, y su reflujo ha sido estudiado por Power y otros en una profunda revisión sobre la utilización de este tipo de bombas.[203] La utilización de los aceites de baja presión de vapor como el Octoil DC-705, evaluado por Crawley y otros, demostró que podían obtenerse presiones inferiores a 10^{-9} mbar.[204] Con atrapadores apropiados podían llegarse a los 10^{-11} mbar y más bajas.

En la figura 7.23 se representa la trampa de nitrógeno líquido diseñada por R. F. Post.[205] Puede observarse como la comunicación entre el alto vacío, parte superior, y la bomba de difusión, parte inferior, está diseñada de tal forma que el vapor de aceite tendría que pasar dos veces en contacto con la pared a baja temperatura. Modificaciones sobre el presente diseño fueron ampliamente utilizadas. Las difusoras de gran velocidad de bombeo no podían ser atrapadas con trampas de nitrógeno líquido por razones económicas, pues la migración de vapor de aceite en estas bombas era muy considerable. En su lugar se utilizaban diseños especiales refrigerados por agua. Actualmente se siguen utilizando y se fabrican con velocidades de bombeo de hasta 50 000 l/s. En el caso de requerirse velocidades de bombeo de hasta 2000 l/s, las bombas turbomoleculares han desplazado a las difusoras, pues no presentan reflujo de aceite, aunque los cojinetes vayan engrasados.

Trampas con absorbentes metálicos o basados en alúmina activada

En 1951, Alpert advierte que la utilización en las trampas de láminas de cobre corrugado a temperatura ambiente prevenía la migración del vapor de aceite en bombas de pequeña velocidad de bombeo y presiones del orden de 10^{-10} mbar, y podían mantenerse durante varias semanas.[206] En 1960, Biondi descubrió que las zeolitas o la alúmina activada eran mucho más efectivas que la utilización del cobre y eran fácilmente reactivadas.[207] La figura 7.24 muestra el esquema de la trampa cargada con zeolita Linde 13X (indica el tamaño de los poros). Se conectó a una bomba de

300 difusora de 300 l/s. Al tiempo cero, la presión inicial fue de $2,5 \times 10^{-10}$ Torr, pero comenzó sistemáticamente a aumentar con un cambio brusco de la pendiente. Investigaciones de los laboratorios de Westinghouse revelaron una entrada de gas en el sistema que no era removido por la trampa, y fue necesario mantener cierto bombeo iónico para mantener la presión.

El autor en 1962 realizó un estudio del vacío residual utilizando trampas de zeolita para atrapar un sistema con una bomba de difusión de aceite de 10 l/s de velocidad de bombeo, cargada con aceite DC-705, que permitió alcanzar una presión de 10^{-12} mbar, siendo el gas CO el mayor componente, con pequeñas contribuciones de CO_2 y H_2. Las zeolitas podían ser regeneradas a temperaturas de 250-300 °C durante la noche. Este trabajo permitió continuar experimentos de superficies, como los de desorción estimulada por electrones.[208, 209, 210]

Varian desarrolló la bomba *Vacsorb*, que permitía evacuar sistemas de vacío de volumen entre 100 y 200 l partiendo de la presión atmosférica hasta una presión de 10^{-2} mbar. A esta presión ya se podía arrancar la bomba de pulverización catódica-ionización sin peligro. La bomba era regenerada durante la noche a temperatura de 250-300 °C y quedaba lista para un próximo ciclo de bombeo.

Fontanería de vacío

El ultra alto vacío requería métodos de eliminación de gases adsorbidos en las paredes de los sistemas. El método más ampliamente utilizado en sistemas era el *horneado*, es decir, rodear el sistema de un horno que permitiera calentarle hasta los 200-300 °C durante un mínimo de doce horas. Seguidamente desgasificaban los elementos de medida, manómetros o espectrómetros, mediante el bombardeo de las rejillas con los electrones procedentes del filamento. Pero la construcción de los sistemas con estos requerimientos de tratamientos térmicos de una parte y, de otra, la utilización de materiales de baja tasa de desgasificación impedían la utilización de juntas y válvulas de elastómeros del tipo neopreno, dando lugar al desarrollo de toda una fontanería basada en elementos exclusivamente metálicos, o la utilización en casos muy específicos del nuevo elastómero *vitón* o hexafluoropropileno, especialmente en *O-rings*.

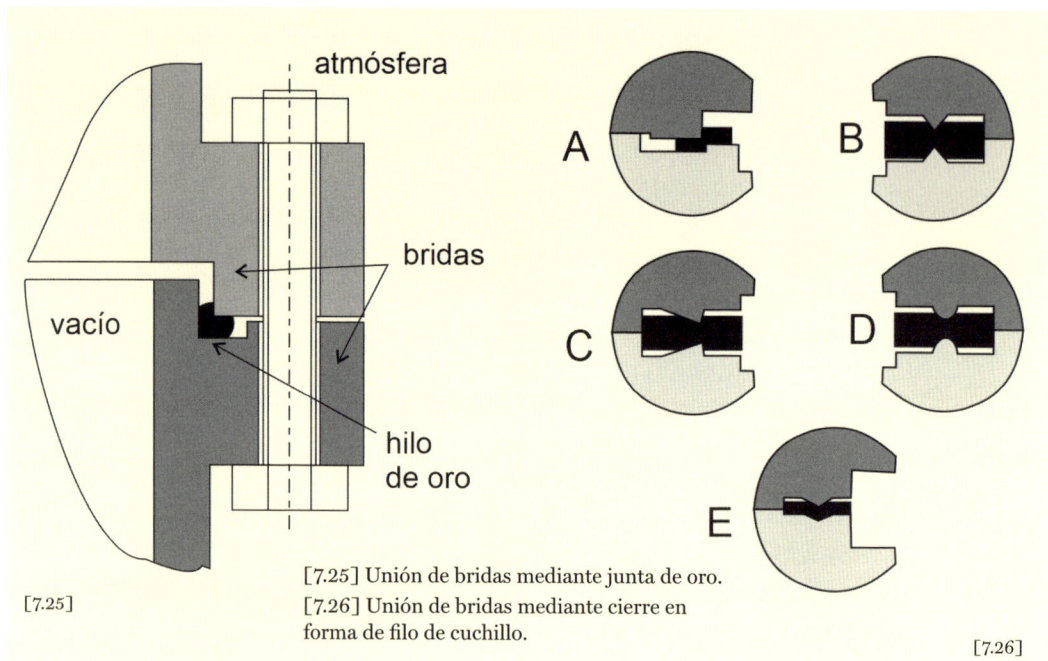

[7.25] Unión de bridas mediante junta de oro.
[7.26] Unión de bridas mediante cierre en forma de filo de cuchillo.

[7.25]

[7.26]

Bridas con juntas metálicas

Las primeras bridas metálicas que utilizaron juntas metálicas se fabricaron con hilo de oro, en la denominada junta tipo esquina. La figura 7.25 muestra la brida desarrollada por Grove[211] en 1958. Utiliza un hilo de oro de 0,25 a 0,8 cm de diámetro, el cierre se logra produciendo una compresión del hilo hasta la mitad del diámetro. La luz entre las dos bridas es de 0,025 cm. Estas juntas permiten calentamientos hasta los 400 °C. En caso de presentar fuga, se puede volver a apretar los tornillos para comprimir más el oro. El límite se encuentra cuando las dos bridas llegan al contacto físico. La brida que ha llegado a ser la más ampliamente utilizada es la que incorpora juntas de cobre u otro material relativamente blando como aluminio.

La figura 7.26 muestra los cuatro diseños básicos. *A* es la junta en escalón desarrollada por Lange y Alpert[212]. La junta *B* es la de doble filo de cuchillo.[213, 214] Es la brida que está formada por una unión doble de cuchillo. La junta *C* es la unión tipo *conflat*. La *D* es una variante de la *B*.

Wheeler y Carlson[215] sometieron a un exhaustivo estudio sobre la versatilidad y fiabilidad de los cuatro tipos de juntas llegando a la conclusión que la del tipo *C*, *conflat*, era de mayor confianza

260

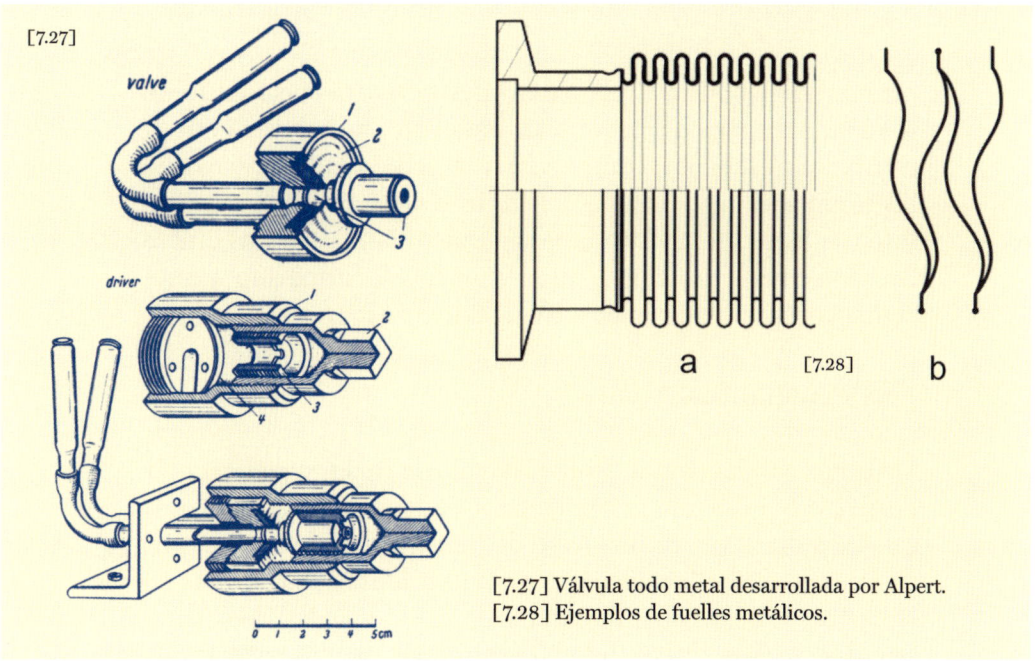

[7.27] Válvula todo metal desarrollada por Alpert.
[7.28] Ejemplos de fuelles metálicos.

y mejores prestaciones, hasta el punto de que es la más utilizada actualmente. Cabe mencionar que en la URSS también existía, como norma nacional, una variante del tipo E, que combinaba un cuchillo y una hendidura con una junta de cobre fina.

Válvulas todo metal

De forma similar a las juntas metálicas, imprescindibles en el campo del ultra alto vacío, las válvulas todo metal también lo fueron, y en los años 1950 hubo gran actividad en desarrollar este tipo de válvulas. Fue Alpert en 1951 quien diseñó la primera válvula todo metal; aunque era de pequeña conductancia, su principio de construcción sirvió de guía para nuevas válvulas de mayor conductancia.[216]

La figura 7.27 representa esquemáticamente la válvula. La parte superior muestra el cuerpo de cierre que se incorpora al sistema de vacío. Contiene una nariz altamente pulida que forma el asiento con el cuerpo de la válvula. La nariz es solidaria con una lámina flexible que la aísla de la atmósfera. La parte central muestra el mecanismo de apertura y cierre y que, durante el horneado, puede ser separada del cuerpo de la válvula, que se asegura mediante un puente para evitar que colapse por la

261

presión atmosférica. En la parte inferior figura el conjunto de la válvula dispuesta para operar. Esta válvula demostró que el cierre metal-metal es completamente fiable y la fuga, si es que la presenta, está por debajo del límite de detección de los detectores de fugas. Posteriormente se desarrollaron válvulas que se basaban en este principio y que mejoraron de forma importante el diseño y aumentaron considerablemente la conductancia.

Fuelles metálicos (*bellows*)

Distintas conducciones de los sistemas de vacío requerían unir partes, generalmente no alineadas, o se requerían aislamientos que impidieran la transmisión de vibraciones al sistema. Los fuelles metálicos flexibles que podían soldarse a las bridas de conexión empezaron a fabricarse en gran variedad de diámetros, longitudes y flexibilidad. Permitieron que los soportes de muestras pudieran moverse en las tres direcciones, así como efectuar giros.

REFERENCIAS ————

143. Penning, Frans Michel. «Ein neues Manometer für niedrige Gasdrucke, insbesondere zwischen l0⁻³ und 10⁻⁵ mm». *Physica*, vol. 4, n.° 2, febrero de 1937, pp. 71-75. DOI: https://doi.org/10.1016/S0031-8914(37)80123-8. Versión en inglés: «High-Vacuum Gauges». *Philips Technical Review*, vol. 2, n.° 7, julio de 1937, pp. 201-208. **144**. Dushman, Saul. *Scientific Foundations of Vacuum Technique*, cap. 10. John Wiley and Sons, 1949. **145**. Alpert, Daniel. «Production and Measurement of Ultrahigh Vacuum». *Handbuch der Physik*, vol. 12, pp. 609-663. Springer-Verlag, 1958. **146**. Apker, LeRoy. «Surface Phenomena Useful in Vacuum Technique». *Industrial and Engineering Chemistry*, vol. 40, n.° 5, 1948, pp. 846-847. **147**. Langmuir, Irving. «Chemical Reactions at Very Low Pressures. I. The Clean-up of Oxygen in a Tungsten Lamp». *Journal of the American Chemical Society*, vol. 35, n.° 2, febrero de 2013, pp. 105-127. DOI: https://doi.org/10.1021/ja02191a001. Langmuir, Irving, y Kingdom, K. «Thermionic Effects Caused by Alkali Vapors in Vacuum Tubes». *Science*, vol. 57, n.° 1463, enero de 1923, pp. 58-60. DOI: https://www.science.org/doi/10.1126/science.57.1463.58. — «Contact Potential Measurements with Adsorbed Films». *Physical Review*, v. 34, n.° 129, julio de 1929, pp. 129-135. DOI: https://doi.org/10.1103/PhysRev.34.129. Taylor, John Bradshaw, y Langmuir, Irving. «The Evaporation of Atoms, Ions and Electrons from Caesium Films on Tungsten». *Physical Review*, vol. 44, n.° 6, septiembre de 1933, pp. 423-458. DOI: https://doi.org/10.1103/PhysRev.44.423. **148**. Nottingham, W. B. «Electrical and Luminescent Properties of Willemite under Electron Bombardment». *Journal of Applied Physics*, vol. 8, n.° 11, noviembre de 1937, pp. 762-778. DOI: https://doi.org/10.1063/1.1710253. **149**. Martin, S. T. «On the Thermionic and Adsorptive Properties of the Surfaces of a Tungsten Single Crystal». *Physical Review*, vol. 56, n.° 9, noviembre de 1939, pp. 947-959. DOI: https://doi.org/10.1103/PhysRev.56.947. **150**. Hughes, Arthur Llewellyn, y DuBridge, Lee Alvin. *Photoelectric Phenomena*. McGraw-Hill, 1932. **151**. Müller, Erwin W. «Die Abhängigkeit der Feldelektronenemission von der Austrittsarbeit». *Zeitschrift für Physik*, vol. 102, noviembre de 1936, pp. 734-761. DOI: https://doi.org/10.1007/BF01338540. **152**. Good Jr., R. H., y Müller, Erwin W. «Field Emission». *Handbuch der Physik*, vol. 21, pp. 176-231. Springer, 1956. DOI: https://doi.org/10.1007/978-3-642-45844-6_2. **153**. Schlier, R. E., y Farnsworth, H. E. «Low-Energy Electron Diffraction Studies of Cleaned and Gas-Covered Germanium (100) Surfaces». *Semiconductor Surface Physics*. University of Pennsylvania Press, 1957. DOI: https://doi.org/10.9783/9781512803051-003. **154**. Kruithof, A. A., y Penning, Frans Michel. «Determination of the Townsend. Ionization Cefficient α for Mixtures of Neon and Argon». *Physica*, vol. 4, n.° 6, junio de 1937, pp. 430-449. DOI: https://doi.org/10.1016/S0031-8914(37)80075-0. **155**. Biondi, Manfred A. «Preparation of Extremely Pure Helium Gas». *Review of Scientific Instruments*, vol. 22, n.° 7, marzo de 1951, pp. 535-536. DOI: https://doi.org/10.1063/1.1745989. **156**. Nottingham, W. B. «Thermionic Emission from Tungsten and Thoriated Tungsten Filaments». *Physical Review*, vol. 49, n.° 1, enero de 1936, pp. 78-97. DOI: https://doi.org/10.1103/PhysRev.49.78.

157. Bayard, Robert T., y Alpert, Daniel. «Extension of the Low Pressure Range of the Ionization Gauge». *Review of Scientific Instruments*, vol. 21, n.º 6, abril de 1950, pp. 571-572. DOI: https://doi.org/10.1063/1.1745653. 158. Lander, J. J. «Ultra-High Vacuum Ionization Manometer». *Review of Scientific Instruments*, vol. 21, n.º 7, julio de 1950, pp. 672-673. DOI: https://doi.org/10.1063/1.1745683. 159. Metson, G. H. «The Physical Basis of the Residual Vacuum Characteristic of a Thermionic Valve». *British Journal of Applied Physics*, vol. 2, n.º 2, febrero de 1951, p. 46. DOI: https://doi.org/10.1088/0508-3443/2/2/304. 160. Compton, K. T., y Voorhis, C. C. van. «Probability of Ionization of Gas Molecules by Electron Impacts. II Critique». *Physical Review*, vol. 27, n.º 6, junio de 1926, pp. 724-731. DOI: https://doi.org/10.1103/PhysRev.27.724. 161. Schuemann, W. C. «Ionization Vacuum Gauge with Photocurrent Suppression». *Review of Scientific Instruments*, vol. 34, n.º 6, junio de 1963, pp. 700-702. DOI: https://doi.org/10.1063/1.1718549. 162. Redhead, Paul Aveling. «New Hot-Filament Ionization Gauge with Low Residual Current». *Journal of Vacuum Science & Technology*, vol. 3, n.º 4, julio de 1966, pp. 173-180. DOI: https://doi.org/10.1116/1.1492470. 163. Hobson, J. P., y Redhead, Paul Aveling. «Operation of an Inverted-Magnetron Gauge in the Pressure Range 10^{-3} to 10^{-12} mmHg». *Canadian Journal of Physics*, vol. 36, n.º 3, marzo de 1958, p. 271. DOI: https://doi.org/10.1139/p58-031. 164. Feakes, F., Torney, F. L., y Brock, F. J. *Gauge Calibration Study in Extreme High Vacuum*. NASA CR-167, STAR Index N65-171216, 1965. 165. Lafferty, James M. «Hot-Cathode Magnetron Ionization Gauge for the Measurement of Ultrahigh Vacua». *Journal of Applied Physics*, vol. 32, n.º 3, marzo de 1961, pp. 424-434. DOI: https://doi.org/10.1063/1.1736019. 166. Ackley, J. W., Lothrop, C. F., y Wheeler, W. R. *1962 Transactions of the Ninth National Vacuum Symposium of the American Vacuum Society*, p. 452. Macmillan, 1963. 167. Alpert, Daniel. «Ultrahigh Vacuum. A Survey». *Physics Today*, vol. 16, n.º 8, agosto de 1963, pp. 22-31. DOI: https://doi.org/10.1063/1.3051063. 168. Redhead, Paul Aveling. «The Effects of Adsorbed Oxygen on Measurements with Ionization Gauges». *Vacuum*, vol. 13, n.º 7, julio de 1963, pp. 253-258. DOI: https://doi.org/10.1016/0042-207X(63)90859-5. 169. Klopfer, A., y Schmidt, W. «An Omegatron Mass Spectrometer and its Characteristics». *Vacuum*, vol. 10, n.º 5, noviembre de 1960, pp. 363-372. DOI: https://doi.org/10.1016/0042-207X(60)90001-4. 170. Segovia, José Luis de. *La espectrometría de masas en la región de ultra alto vacío, estudio teórico-experimental de un omegatrón y sus aplicaciones*. Tesis doctoral. Publ. Universidad Complutense de Madrid, Facultad de Ciencias, 1967. 171. Davis, W. D., y Vanderslice, T. *1960 Vacuum Technology Transactions. Proceedings of the Seventh National Symposium*, p. 417. Pergamon Press, 1961. 172. Robins, J. L. «Mass Peaks from Adsorbed Gases in a Single-Focusing Mass Spectrometer». *Canadian Journal of Physics*, vol. 41, n.º 8, agosto de 1963, pp. 1385-1387. DOI: https://doi.org/10.1139/p63-136. 173. López-Sancho, José M., y Segovia, José Luis de. «Adsorption Kinetics and Electron Desorption of O_2 on Polycrystalline Tungsten». *Surface Science*, vol. 30, n.º 2, abril de 1972, pp. 419-439. DOI:

https://doi.org/10.1016/0039-6028(72)90010-6. López-Sancho, M. P., y López-Sancho, José M. «Interaction of Metane with Polycrystalline Tungsten». *Surface Science*, vol. 77, n.° 1, octubre de 1978, pp. L167-L172. DOI: https://doi.org/10.1016/0039-6028(78)90170-X. **174**. Madey, Theodore H., Jerzy, J., y Czyzewski, John T. Yates. «Ion Angular Distributions in Electron Stimulated Desorption. Adsorption of O_2 and H_2 on W (100)». *Surface Science*, vol. 49, n.° 2, abril de 1975, pp. 465-496. DOI: https://doi.org/10.1016/0039-6028(75)90365-9. **175**. Benneth, Willard. «Radio Frequency Mass Spectrometer», patente US2721271A. **176**. Sommer, H., Thomas, H. A., y Hipple, J. A. «The Measurement of *e/M* by Cyclotron Resonance». *Physical Review*, vol. 82, n.° 5, junio de 1951, pp. 697-702. DOI: https://doi.org/10.1103/PhysRev.82.697. **177**. Alpert, Daniel, y Buritz, R. S. «Ultra-High Vacuum. II. Limiting Factors on the Attainment of Very Low Pressures». *Journal of Applied Physics*, vol. 25, n.° 2, febrero de 1954, pp. 202-209. DOI: https://doi.org/10.1063/1.1721603. **178**. Segovia, José Luis de. *La espectrometría de masas en la región de ultra alto vacío, estudio teórico-experimental de un omegatrón y sus aplicaciones.* Tesis doctoral. Publ. Universidad Complutense de Madrid, Facultad de Ciencias, 1967. **179**. — «Estudio comparativo de los espectrómetros de masas omegatrón y Davis-Vanderslice en la región de ultra alto vacío». *Anales de la Real Sociedad Española de Física y Química*, mayo-junio de 1966. Serie A-Física, t. LXII(A), pp. 163-170. Segovia, José Luis de, y García-Gallo, J. «Resolución del omegatrón CIF II a masas elevadas». *Electrónica y física aplicada*, vol. 14, 1971, pp. 125-128. **180**. Paul, Wolfgang, y Steinwedel, Helmut. «Apparatus for Separating Charged Particles of Different Specific Charges», patente US2939952A. **181**. Damoth, D. C., y Burgess, R. G. *1962 Transactions of the Ninth National Vacuum Symposium of the American Vacuum Society*, p. 567. Macmillan, 1963. **182**. Davis, W. D., y Vanderslice, T. *1960 Vacuum Technology Transactions. Proceedings of the Seventh National Symposium*, p. 417. Pergamon Press, 1961. **183**. Holweck, Fernand. «Pompe moléculaire hélicoïdale». *Comptes rendues hebdomadaires des séances de l'Académie des Sciences*, t. 177, n.° 1, julio de 1923, pp. 43-46. **184**. Siegbahn, Karl Manne. «A new Design for a High Vacuum Pump». *Arkiv för Matematik, Astronomi och Fysik*, vol. 30B, n.° 2, 1943, p. 261. **185**. Becker, Willi. «Molecular Pump», patente DE1010235B. **186**. Pfleiderer, C. «Centrifugal Pump with Axially Loaded Impeller to Generate a High Vacuum», patente DE1403049B1. — «Centrifugal Pump for Evacuating Gas-Filled Containers», patente DE1063748B. — «Centrifugal Compressor for High Air Void», patente DE1032876B. **187**. Becker, Willi. «Die Turbo-Molekularpumpe». *Vakuum Technik*, vol. 15, 1966, pp. 211-218 y 254-260. **188**. — «Eine neue Molekularpumpe». *Vakuum Technik*, vol. 7, 1958, pp. 149-152. **189**. Kruger, C. H., y Shapiro, A. H. *1960 Vacuum Technology Transactions. Proceedings of the Seventh National Symposium*, pp. 6-12. Pergamon Press, 1961. **190**. Mirgel, Karl Heinz. «Turbomolecular Pump of Vertical Design of 350 liter/sec Pumping Speed». *Journal of Vacuum Science & Technology*, vol. 9, 1972, pp. 408-4011. DOI: https://doi.org/10.1116/1.1316635. **191**. Farrant,

John Lascelles. En *History of Vacuum Science and Technology*, vol. 2. *Vacuum Science and Technology, Pioneers of the 20th Century*, p. 93. American Vacuum Society, 1994. **192**. Hablanian, M. H., Bez, E., y Farrant, John Lascelles. «Elimination of Backstreaming from Mechanical Vacuum Pumps». *Journal of Vacuum Science & Technology A*, vol. 5, n.º 4, julio de 1987, pp. 2612-2615. DOI: https://doi.org/10.1116/1.574396. **193**. Creux, Léon. «Rotary engine», patente US801182A. **194**. Penning, Frans Michel. «Ein neues Manometer für niedrige Gasdrucke, insbesondere zwischen 10^{-3} und 10^{-5} mm». *Physica*, vol. 4, n.º 2, febrero de 1937, pp. 71-75. DOI: https://doi.org/10.1016/S0031-8914(37)80123-8. **195**. Soddy, Frederick, y Mackenzie, Thomas D. «The Electric Discharge in Monatomic Gases». *Proceedings of the Physical Society of London A*, vol. 80, n.º 536, febrero de 1908, pp. 92-109. DOI: https://doi.org/10.1098/rspa.1908.0003. **196**. Vegard, L. «Über die elektrische Absorption in Entladungsröhren». *Annalen der Physik*, vol. 355, n.º 15, 1916, p. 769-795. DOI: https://doi.org/10.1002/andp.19163551503. **197**. Hall, Lewis D. «Electronic Ultra-High Vacuum Pump». *Review of Scientific Instruments*, vol. 29, n.º 5, mayo de 1958, pp. 367-370. DOI: https://doi.org/10.1063/1.1716198. **198**. Hall, Lewis D, Helmer, John C., y Jepsen, Robert L. «Electrical Vacuum Pump Apparatus and Method, patente US2993638A. **199**. Holland, L. «Theory and Design of Getter-Ion Pumps». *Journal of Scientific Instruments*, vol. 36, n.º 3, marzo de 1959. DOI: https://doi.org/10.1088/0950-7671/36/3/301. **200**. Brackmann, R. T., y Fite, Wade L. «Condensation of Atomic and Molecular Hydrogen at Low Temperatures». *The Journal of Chemical Physics*, vol. 34, n.º 5, mayo de 1961, pp. 1572-1579. DOI: https://doi.org/10.1063/1.1701046. **201**. Hengevoss, J., y Trendelenburg, E. A. *1963 Transactions of the Tenth National Vacuum Symposium of the American Vacuum Society*, p. 197. Macmillan, 1963. **202**. Degras, D. A. *Proceedings of the Second European Symposium Vacuum*, 1963. **203**. Power, B. D., Dennis, N. T. M., y Crawley, D. J. *1961 Transactions of the Eighth National Vacuum Symposium of the American Vacuum Society*, p. 1218. Pergamon Press, 1962. **204**. Crawley, D. J., Tolmie, E. D., y Huntress, A. R. *1962 Transactions of the Ninth National Vacuum Symposium of the American Vacuum Society*, p. 399. Macmillan, 1963. **205**. Post, R. F. *Encyclopedia of Physics*, vol. XII. Berlín, 1958. **206**. Alpert, Daniel. «Copper Isolation Trap for Vacuum Systems». *Review Scientific Instruments*, vol. 24, n.º 10, octubre de 1953, pp. 1004-1005. DOI: https://doi.org/10.1063/1.1770541. **207**. Biondi, Manfred A. *1960 Vacuum Technology Transactions. Proceedings of the Seventh National Symposium*, p. 24. Pergamon Press, 1961. **208**. Segovia, José Luis de. *Residual Vacuum at Very Low Pressures Using Zeolite Traps at Room Temperature*. Coordinated Science Laboratory Report I-113, 1962. University of Illinois. **209**. Segovia, José Luis de. «La física del vacío en España». *Revista Española de Física*, vol. 24, n.º 2, 2010, p. 3. **210**. Lewin, Gerhard. *Fundamentos de la ciencia y técnica del vacío* (trad. J. M. López-Sancho, rev. J. L. de Segovia), p. 184. Aguilar, 1971. **211**. Grove, D. J. *1958 Transactions of the Fifth National Vacuum Symposium of the American Vacuum Society*, p. 9. Pergamon Press, 1959. **212**. Lange, W.

J., y Alpert, Daniel. «Step-Type Demountable Metal Vacuum Joint». *Review of Scientific Instruments*, vol. 28, n.° 9, septiembre de 1957, p. 726. DOI: https://doi.org/10.1063/1.1715992. **213**. Heerden, P. J. van. «Metal Gaskets for Demountable Vacuum Systems». *Review of Scientific Instruments*, vol. 27, n.° 6, junio de 1956, p. 410. DOI: https://doi.org/10.1063/1.1715591. **214**. Carpenter, R. «A New Version of the Knife-Edge Vacuum Seal». *Journal of Scientific Instruments*, vol. 39, n.° 10, octubre de 1962, p. 533. DOI: https://doi.org/10.1088/0950-7671/39/10/428. **215**. Wheeler, W. R., y Carlson, M. *1961 Transactions of the Eighth National Vacuum Symposium of the American Vacuum Society*, p. 1309. Pergamon Press, 1962. **216**. Alpert, Daniel. «Vacuum Valve for the Handling of Very Pure Gases». *Review of Scientific Instruments*, vol. 22, n.° 7, julio de 1951, p. 536. DOI: https://doi.org/10.1063/1.1745990.

Impacto del ultra alto vacío en la ciencia y tecnología

El ultra alto vacío impacta en el desarrollo y descubrimiento de nuevas técnicas y dispositivos que incidieron en el conocimiento de la estructura de la materia, así como en la creación de los grandes aceleradores de partículas y el impulso de la fusión termonuclear.

A partir de 1950 la obtención y medida de muy bajas presiones permitió la invención de dispositivos que podían visionar átomos individuales o imágenes con resolución atómica; a su vez, estos instrumentos ejercieron una gran influencia en el avance de técnicas que hicieron posible el descubrimiento de nuevos materiales o el conocimiento y control preciso de sus propiedades.

Más allá de la microscopía óptica: resolución atómica

E L primer paso para obtener imágenes con resolución mayor que las obtenidas con la microscopía óptica fue dado por el descubrimiento por Louis de Broglie, físico francés (1892-1987), de la dualidad partícula-onda del electrón en su tesis doctoral *Investigaciones sobre la teoría de los cuantos*, París, 1924.[217] Este descubrimiento abre la puerta a la invención del microscopio electrónico, que podría obtener aumentos miles de veces mayores que el óptico al utilizar electrones de altas energías con longitudes de onda asociada comparables a los tamaños de los átomos.

La difracción de electrones de baja energía (LEED)

Cuando Louis de Broglie presentó su tesis doctoral asimilando los electrones a ondas, es decir, la dualidad corpúsculo-onda, trabajo basado en los de Einstein y Planck, abría el campo para el descubrimiento del microscopio electrónico de una resolución mucho mayor que la de cualquier microscopio óptico. Al mismo tiempo se vislumbró la posibilidad de observar la difracción de electrones.

Esta hipótesis fue confirmada por Clinton Davisson y Lester Germer en los laboratorios Bell en 1927. Dispararon un haz de electrones de baja energía sobre un cristal de níquel, observando que la dependencia angular de la intensidad de los electrones retrodispersados mostraba imágenes de difracción. Esta observación era consistente con la teoría de la difracción de rayos X desarrollada por Bragg y Laue.[218] Davisson y Germer publicaron los resultados de sus experimentos en *Nature* y en *Physical Review* en 1927.[219] La figura 8.1 muestra una imagen típica de difracción de electrones por una superficie.

El microscopio electrónico

El microscopio electrónico fue inventado por Leo Szilard en 1931, físico húngaro (1898-1964), que lo patentó, pero declinó realizar la construcción. En 1931 el físico alemán Ernst Ruska y el ingeniero eléctrico Max Knoll[220] construyeron el primer microscopio electrónico, cuya fotografía aparece en la figura 8.2. Requiere un vacío igual o menor de 10^{-6} mbar. Tres partes pueden distinguirse en su estructura: en la parte superior se encuentra el cañón de electrones que son acelerados mediante un generador de alto voltaje. Seguidamente pasan a la región de focalización del haz de electrones, mediante un sistema de lentes electrostáticas y electromagnéticas que incide sobre la muestra, de muy poco espesor, unos cuantos nanómetros. Los electrones atraviesan la muestra, tal como ocurre en el microscopio óptico. El haz emergente está formado por electrones que han atravesado parte de la muestra que es transparente a los electrones y otra en que son dispersados. Este haz emergente, que contiene información sobre la estructura de la muestra, es amplificado por las lentes del objetivo, y se le hace incidir sobre una placa fluorescente donde se visualiza la variación espacial del haz emergente. El primer microscopio tenía una amplificación de 400×.

En mayo de 1931 la fábrica Siemens obtuvo la patente del microscopio. En 1933 construyó un modelo cuya resolución superaba la del microscopio óptico. En un principio, el máximo interés fue su aplicación a la biología. En 1984 le fue concedida a Ruska la mitad del Premio Nobel junto a Rohrer y Binnig, que recibieron la cuarta parte cada uno; un poco tarde, pues razones políticas lo impidieron en su momento.

Se visualizan los átomos

Erwin Wilhelm Müller (1911-1977): microscopio de emisión de campo (FEM)

E. W. Müller nace en 1911 en Berlín, y muere en 1977 en Washington. Estudia en la Universidad Técnica de Berlín bajo la dirección de Gustav Hertz, donde se gradúa en Ingeniería en 1935 y se doctora en 1936. Trabaja en el Laboratorio de Investigación de Siemens, y en 1947 fue contratado por el Instituto Kaiser Wilheim. En 1950 obtiene un puesto de profesor en la Universidad Técnica de Berlín, y en 1951 en la Universidad Libre de Berlín. En 1952 emigra a los Estados Unidos y se incorpora a la Universidad Estatal de Pensilvania.

Previa a la invención del microscopio de emisión de iones, fue la del *microscopio de emisión de campo,* en 1936,[221] que permitió resoluciones cercanas a las dimensiones de los átomos. La figura 8.3 muestra el esquema original del primer microscopio que podía utilizarse como emisor de electrones o de iones. La emisión de electrones se produce por la utilización de un campo eléctrico muy intenso de 10^{10} V/m, y una punta de emisión de un radio entre 10^{-7} y 10^{-6} m. La emisión de electrones tiene lugar por efecto túnel.

Hay que señalar la importancia de los trabajos de Fowler y Nordheim sobre la emisión de electrones en campos eléctricos muy intensos.[222] Los electrones emitidos se mueven según las líneas de fuerza del campo eléctrico alcanzando altas velocidades y, finalmente, inciden sobre la pantalla fluorescente, donde producen una imagen ampliada de la punta de emisión como la de la figura 8.4.[223] La corriente electrónica depende de la función de trabajo; así, las partes brillantes corresponden a zonas de baja función de trabajo, mientras que las oscuras son de alta función de trabajo. La figura corresponde a una punta de emisión de volframio con orientación (110) y se muestran también los distintos planos cristalográficos.

Microscopio de emisión de iones (FIM)

En 1951, E. W. Müller inventó el *microscopio de emisión de iones,* que permitió, por primera vez, visualizar los átomos individuales.[224] La figura 8.5 muestra el esquema del principio de funcionamiento y una imagen: los átomos del gas de prueba, generalmente He o Ne, al aproximarse a la superficie (una punta de radio muy pequeño, $<5 \times 10^{-8}$ m) son fuertemente polarizados por la acción del intenso campo eléctrico, $2\text{-}5 \times 10^{10}$ V/m. Al incidir sobre la superficie y, después de varios saltos, se atemperan a su temperatura, generalmente entre 20-100 K; por efecto túnel, el átomo es ionizado, es decir, un electrón del átomo pasa a la superficie, y el ion formado del gas de prueba se separa de la superficie. Este ion sigue las líneas de fuerza del campo eléctrico, normal a la superficie de la punta, ganando velocidad. Al final el ion incide sobre una placa de microcanales (*microchannel plate*) que produce entre cien y mil electrones por cada ion incidente. Esos electrones son acelerados hacia la placa fluorescente, donde producen la imagen amplificada hasta un millón de veces de la punta emisora. En la imagen pueden observarse la disposición de los átomos individuales en la punta emisora, generalmente de W. Las regiones oscuras corresponden a planos con una función de trabajo mayor y, como consecuencia, los átomos no son ionizados.

A pesar de su gran contribución al desarrollo de la ciencia y ser el primero en visualizar los átomos, según la Academia de Ciencias de Suecia no fue digno de obtener el Premio Nobel.

El microscopio de barrido de efecto túnel (STM)

El descubrimiento del *microscopio de barrido de efecto túnel* (STM) fue debido, sin duda, a Heinrich Rohrer y Gerd Binnig, como veremos más adelante. Sin embargo, es de justicia reconocer los trabajos previos de Rusell D. Young, del National Institute of Standard and Technology, quien en 1971 publicó sus trabajos sobre el *topografiner*[225], que puede considerarse precursor del STM, y cuyas investigaciones cayeron en el olvido. En su patente de invención, Rohrer y Binnig reconocen este trabajo preliminar, cuyo principio de funcionamiento es igual al del STM. El principio era el mismo: una punta muy fina y muy próxima a la superficie reproducía la topografía de la misma.

La figura 8.6 muestra el mapa topográfico de una superficie de níquel recubierto de oro réplica de una rejilla de difracción de ciento ochenta líneas por milímetro. Superficie que era más fácil de estudiar. La imagen es muy similar a las obtenidas por Rohrer y Binnig once años después. El autor desconoce las razones por las que este proyecto no prosperó a pesar de que los trabajos se realizaron en los prestigiosos laboratorios del National Institute of Standards and Technology de los Estados Unidos. El

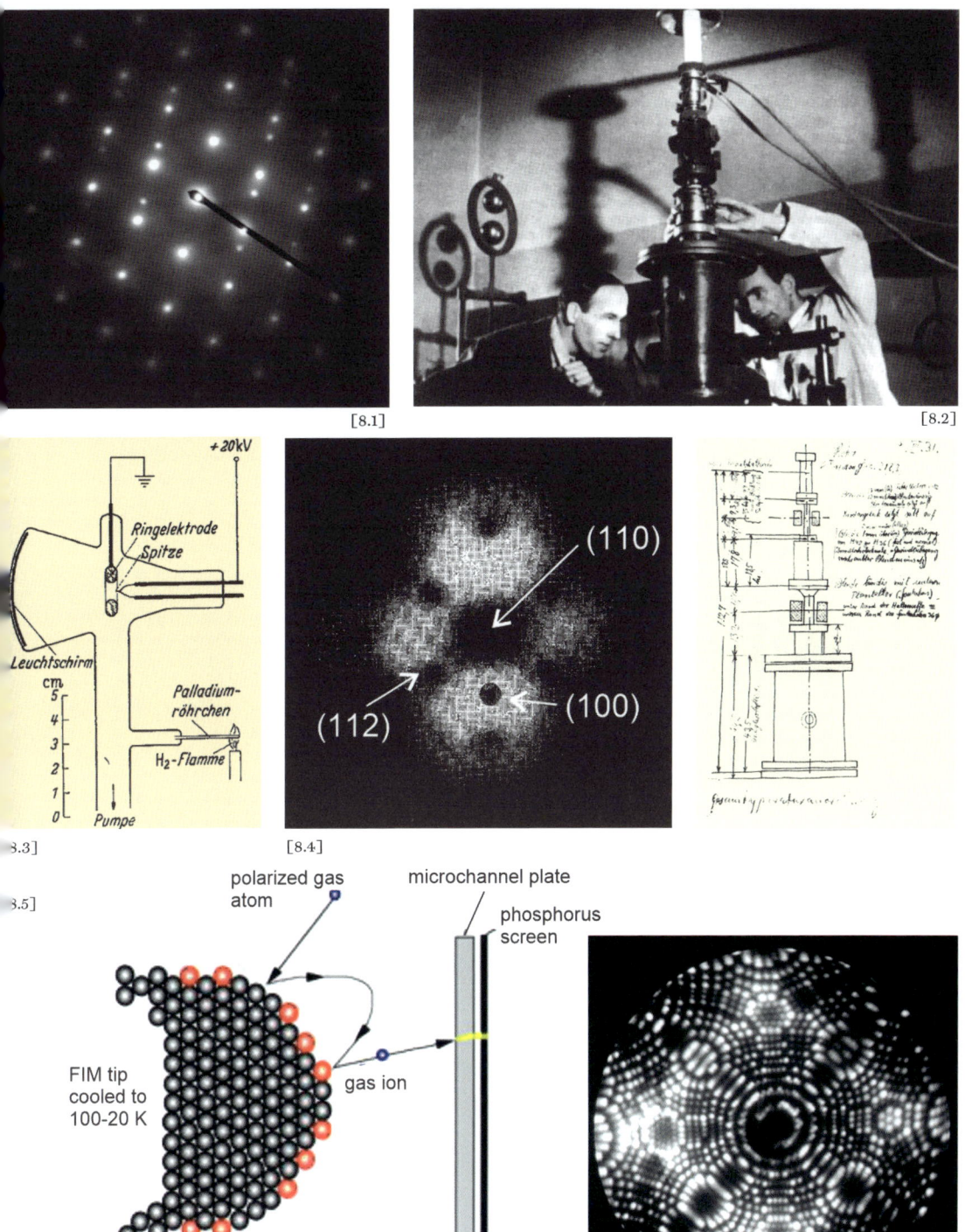

[8.1]

[8.2]

3.3]

[8.4]

3.5]

+20kV

Ringelektrode
Spitze

Leuchtschirm
cm
5
4
3
2
1
0
Pumpe

Palladium-
röhrchen

H₂-Flamme

(110)

(112)

(100)

polarized gas
atom

microchannel plate

phosphorus
screen

FIM tip
cooled to
100-20 K

gas ion

HV

[8.1] Imagen típica de la difracción de electrones por una superficie ordenada (un cristal de austenita).

[8.2] Microscopio electrónico construido por E. Ruska en 1931. Arriba: el prototipo (Ernst Ruska, izq., y Max Knoll, der.). Debajo, a la derecha: esquema dimensionado.

[8.3] Esquema original del microscopio de emisión de campo, que podía ser utilizado como microscopio electrónico o microscopio de emisión de iones.

[8.4] Imagen obtenida con el microscopio de emisión de campo de una punta de volframio orientada en la dirección (110).

[8.5] Principio de funcionamiento del microscopio de emisión de iones, y microfotografía de una punta de emisión de volframio.

descubrimiento del microscopio de efecto túnel por Rohrer y Binnig en 1981 es, sin duda, uno de los grandes descubrimientos que han contribuido hasta límites insospechados en aquel tiempo al desarrollo de la *ciencia de superficies*.

Heinrich Rohrer nace en San Galo, Wollerau, Suiza, en 1933, y fallece en 2013. Sus primeros años los pasa en el campo hasta que en 1949 su familia se traslada a Zúrich. Cursa sus estudios de Física con Wolfgang Pauli en la Escuela Politécnica Federal de Zúrich en 1951, donde presenta su tesis doctoral sobre los cambios de longitud en los semiconductores expuestos a un campo magnético que induce superconductividad. Se incorpora a la Universidad de Nueva Jersey, donde continúa sus estudios sobre superconductividad, y en 1963 entra a formar parte del laboratorio de investigación de IBM en Zúrich; aquí conoce a Gerd Binnig, con quien inicia estudios sobre microscopía óptica y electrónica.

Gerd Binnig nace en 1947 en Fráncfort del Meno, Alemania, aunque pasa parte de su vida en la ciudad de Offenbach, realizando sus estudios de física en ambas ciudades. Se incorpora a los laboratorios de la IBM en Zúrich, donde se une a Rohrer.

En 1979 solicitan una patente del STM en Suiza[226] y en 1981 en Estados Unidos. Se le concede a la IBM, en la que figuran ambos como autores.[227] La figura 8.7 muestra el esquema del STM y el sistema de ultra alto vacío tal como aparece en patente: *1* es el sistema de

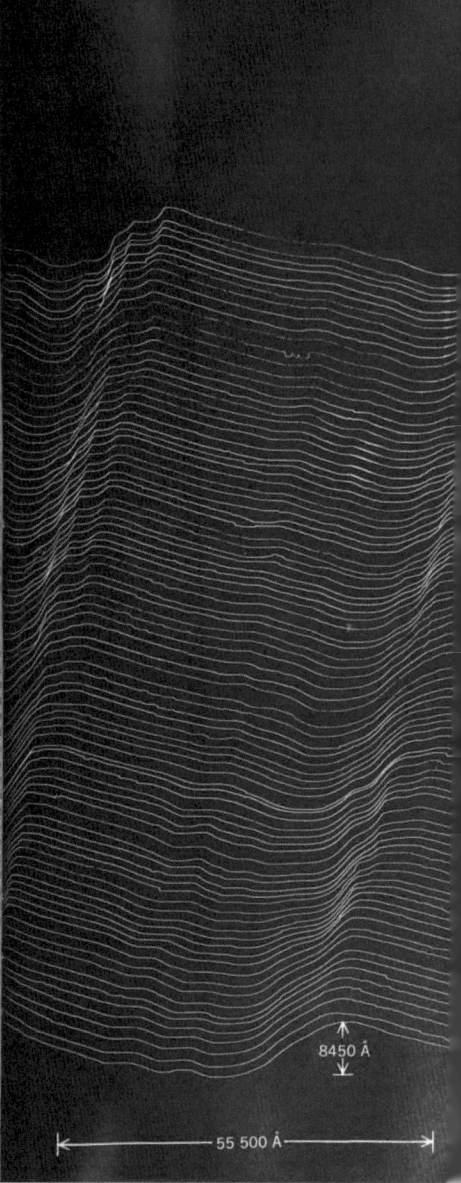

[8.6]

[8.6] Microfotografía de una superficie de níquel recubierta con oro obtenida con el topografiner.

[8.7] Esquema del STM de Rohrer y Binnig.

[8.8] Cosmotrón de 3 GeV del Brookhaven National Laboratory (Estados Unidos).

[8.9] Izquierda: esquema del conjunto del LHC, donde se puede ver la gran circunferencia correspondiente al acelerador. Derecha: situación del LHC en Ginebra, en la frontera entre Suiza y Francia. Pueden compararse sus grandes dimensiones con las del aeropuerto de Ginebra.

1
2
3
4
5
6 x
7 y
8 z
9
10
11
12
13

Fig. 5
5
4
z
y
x

[8.7]

[8.8]

[8.9]

LEP/LHC
SPS
AD
ISOLDE
PS
EPA
LIL
e+ e-
linacs
NAC
p+
ions
BOOSTER
p̄ (antiproton)
p (proton)
ion
e+ (positron)
e- electron
proton/antiproton conversion

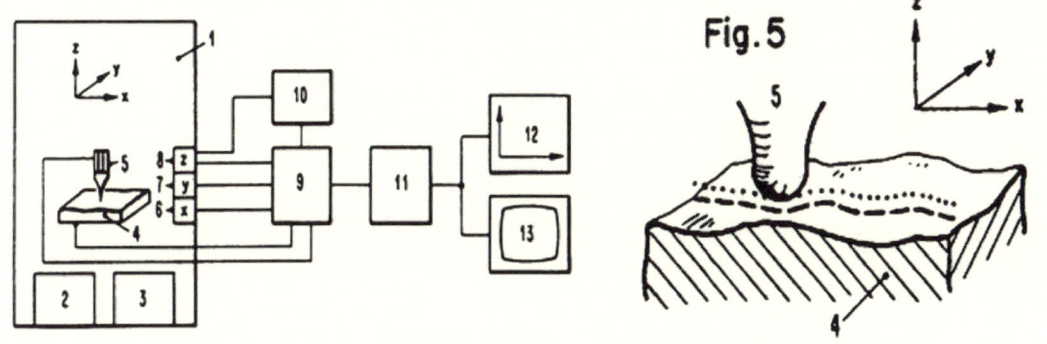

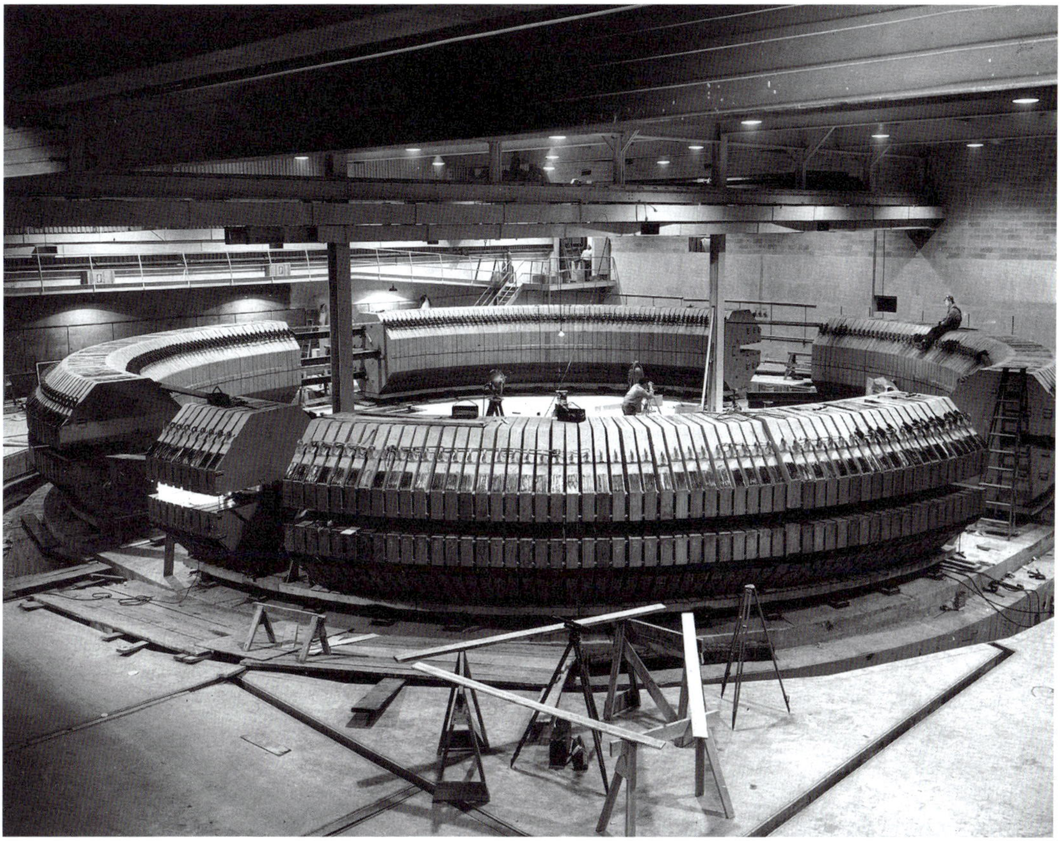

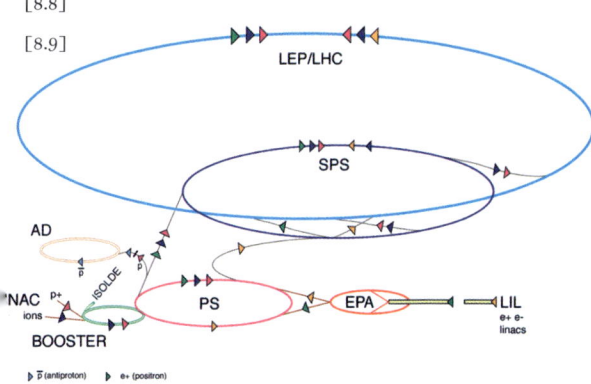

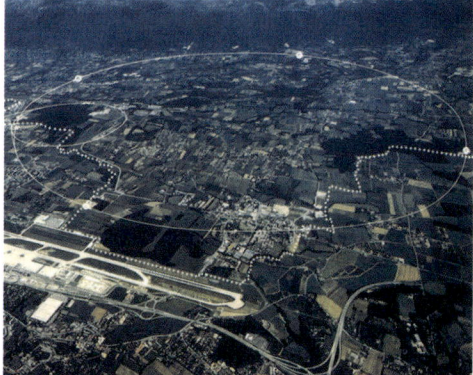

vacío que obtiene presiones del orden de 10^{-10} mbar; *2* es el sistema de bombeo; *3*, fuente criogénica para enfriar el sistema de vacío; *4* es la muestra a explorar que sirve de electrodo inferior; *5* es la punta emisora de radio muy pequeño o electrodo superior. Ambos electrodos pueden moverse uno respecto al otro en las tres dimensiones indicadas por los ejes de la figura. El movimiento se realiza mediante tres soportes piezoeléctricos, *6, 7* y *8; 6* y *7* para desplazamientos horizontales, y el *8*, en vertical; *9* y *10* son la electrónica de control del movimiento, y *11* es el equipo de medida conectado al registrador *x-y* (*12, 13*). La punta de emisión, del orden de los 10 nm, se mantiene muy cerca de la superficie a una distancia donde la emisión de electrones por efecto túnel tiene lugar, como indica la parte derecha de la figura. La corriente depende de la distancia punta-muestra, de tal forma que al recorrer la muestra en la dirección x se pueden observar las variaciones de la estructura superficial.

El ultra alto vacío y la *estructura de la materia*

Conocer la estructura del núcleo atómico, estructura última de la materia, requiere disponer de partículas de altísima velocidad y por ende de energía, con las que romper el núcleo atómico y estudiar los productos liberados. Esto solo se logra con los grandes aceleradores de partículas donde el ultra alto vacío lo hace posible, con lo que las partículas aceleradas no colisionan con partículas del gas residual, altamente empobrecido, y no pierden energía.

El *cosmotrón* (1952)

En 1948 la Comisión de Energía Atómica de los Estados Unidos aprobó que el recién creado laboratorio de Brookhaven sería el centro de investigación de altas energías. Se acordó la construcción de un *sincrotrón* de protones que los aceleraría hasta energías nunca obtenidas, comparables a las energías de los rayos cósmicos *soberanos de la atmósfera externa terrestre*.

En 1953 alcanzó su completo desarrollo acelerando protones a una energía de 3 GeV, es decir, tres billones de electronvoltios. Se muestra en la figura 8.8. Fue el primer acelerador de protones que produjeron toda clase de mesones positivos y negativos. Estuvo en servicio durante catorce años y fue el precursor de los modernos aceleradores de partículas de altas energías.

El *gran acelerador de hadrones* (LHC)

La construcción y desarrollo del gran acelerador de hadrones fue uno de los proyectos estrella de la Comisión Europea de Investigación Nuclear (CERN), pero sujeto durante muchos años a la disponibilidad de los extraordinarios fondos que requería su construcción.

El cuadro siguiente resume las características más importantes que debería reunir:

PRINCIPALES CARACTERÍSTICAS DEL LHC	
Doble anillo de almacenamiento	Haces de protones circulando en sentido contrario
Energía de cada haz	7 TeV
Energía de colisiones	14 TeV
Longitud de la circunferencia	26,7 km
Velocidad de las partículas	~300 000 km/s
Revoluciones para la colisión	11 236 rps
Confinamiento del haz por imanes supraconductores	Temperatura 1,95 K
Experimento de colisión	
Tiempo de vida de las partículas	100 s
Inyección	No deben interaccionar con el gas residual
Presión	$<10^{-9}$ mbar
Extracción del haz	$\sim 4 \times 10^9$ revoluciones

La figura 8.9 muestra a la izquierda el esquema del acelerador, circunferencia mayor, y los aceleradores primarios que llevan a las partículas la energía necesaria para entrar en el acelerador principal. La parte derecha muestra la situación del túnel que aloja los 26,7 km del acelerador, a los que hay que sumar los aceleradores primarios. Compárese con las dimensiones del aeropuerto de Ginebra. Los haces de protones circulan en sentido contrario en dos tubos. Los dos tubos por donde circulan en sentido contrario los haces de protones tienen cada uno ~10 cm de diámetro, lo que totalizan unos 450 m^3 que hay que evacuar a una presión inferior a 10^{-9} mbar. A este hay que añadir los volúmenes de aislamiento de los crioimanes y la línea de distribución de He, que suponen unos 50 km de tuberías con un volumen de 15 000 m^3, que requieren una presión de 10^{-3} mbar. El tiempo de evacuación es de dos a tres semanas. A esto hay que añadir los detectores que tienen dimensiones, por ejemplo, del *alice* de 26×16×16 m^3. Como la probabilidad de colisionar dos protones, el acelerador funciona produciendo racimos de protones con energías de $7×10^{12}$ eV (un electronvoltio es la energía de un electrón acelerado por una potencia de 1 V). Una de las colisiones más recientes ha permitido el descubrimiento del bosón de Higgs, que explicaría el origen de la masa de las partículas elementales.

Descubrimiento de la *radiación sincrotrón*

Desde el descubrimiento de los rayos X en 1895 por Roentgen, se reconoció su gran importancia, y media centuria más tarde la radiación sincrotrón se encontró con un gran desarrollo de los rayos X: difracción por Von Laue, descubrimiento del espectrómetro de rayos X por Bragg, el espectrómetro cuantitativo por Moseley y los electrones por Auger, entre otros.

En 1897 se encontró una expresión para determinar la potencia irradiada por una partícula cargada en movimiento. Una partícula cargada en movimiento circular produce una radiación cuya potencia depende de la energía de la partícula. En definitiva,

Wilhelm Conrad Roentgen (1845-1923)

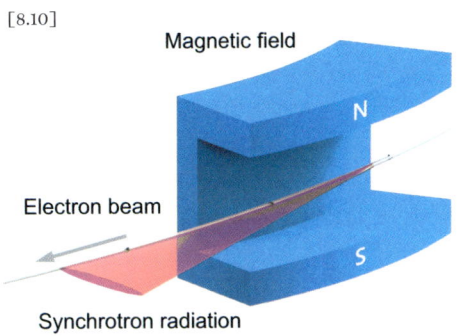

[8.10]

Magnetic field

N

S

Electron beam

Synchrotron radiation

[8.11]

[8.12]

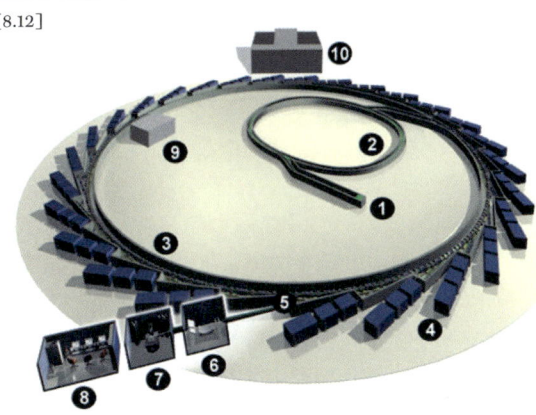

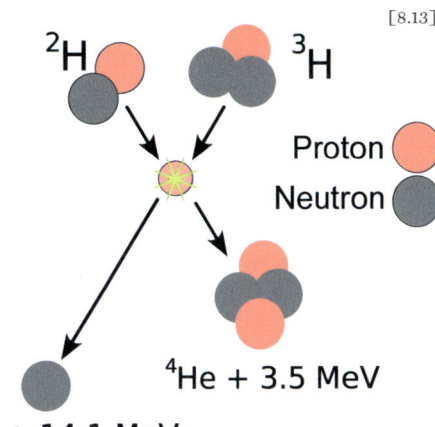

[8.13]

^{2}H

^{3}H

Proton

Neutron

^{4}He + 3.5 MeV

n + 14.1 MeV

[8.10] Esquema del principio de generación de la radiación sincrotrón.

[8.11] El sincrotrón electrón de 70 MeV construido por la General Electric.

[8.12] Arriba: fotografía aérea de uno de los más modernos sincrotrones, donde se puede observar su gran magnitud; el sincrotrón de Daresbury, Reino Unido. Debajo: esquema de la instalación.

[8.13] Reacción deuterio-tritio.

partículas cargadas, generalmente electrones, en una trayectoria circular pierden energía por radiación electromagnética, tal como se puede ver en la figura 8.10. Se realizan experimentos para observar la radiación emitida por electrones en movimiento. Sin embargo, las máquinas desarrolladas estaban perfectamente apantalladas, con lo que no era posible observar la radiación.

La General Electric, en 1947, forma un grupo para construir un sincrotrón electrón de 70 MeV, con el fin de observar la radiación, que se muestra en la figura 8.11. El tubo electrónico en forma de dónut no fue debidamente apantallado, con lo que la pared fue transparente. Un técnico provisto de un espejo fue observando el tubo electrónico para ver la descarga, pero en su lugar vio un brillante arco de luz. El grupo de la General Electric rápidamente se dio cuenta de que provenía del haz de electrones. La figura 8.11 muestra el sincrotrón desarrollado por General Electric. La más importante mejora fue convertirlo en un *anillo de almacenamiento* de electrones girando en trayectoria circular a velocidad próxima a la de la luz. De esta forma se mantenía la fuente de radiación durante tiempos largos. Estas máquinas necesitaban presiones muy bajas, del orden del ultra alto vacío, presión $<10^{-8}$ mbar, que todavía no se había desarrollado y que influirían grandemente en la estabilidad del haz de electrones. Es muy posible que, aunque no se pudieran medir presiones tan bajas, sí se lograran. Se preveían las grandes aplicaciones al disponer de una fuente de radiación que cubría frecuencias desde el infrarrojo a los rayos X duros.

El desarrollo del ultra alto vacío ha permitido la construcción de grandes máquinas con radios del sincrotrón cada vez mayores; ejemplo es el sincrotrón de Daresbury, Reino Unido, que se muestra en la figura 8.12. El anillo tiene un diámetro de 180 m, la energía del haz de electrones es de 3 GeV y la presión es $<10^{-9}$ mbar. La parte izquierda de la figura muestra una fotografía aérea de las instalaciones, y la derecha, el gran número de salidas donde se incorporan los equipos de investigación.

Actualmente se ha construido un sincrotrón en España, radicado en Barcelona, con el nombre de ALBA. El anillo tiene una circunferencia de 268,6 m y la energía de electrones es de 3 GeV. Las aplicaciones de la frecuencia sincrotrón permiten el estudio de la materia, entre otras:

1. Medicina: microtomografía.
2. Biología: estructura molecular.
3. Superficies: difracción de rayos X,
propiedades magnéticas, estructura superficial.
4. Nanotecnología.

Generación de muy altas energías: la fusión termonuclear

El desarrollo del ultra alto vacío está permitiendo la construcción de grandes máquinas que posibilitan la fusión termonuclear. El primer problema que se encontró fue el de confinar la descarga, pues de otra forma incidiría sobre las paredes, desorberían gases, producirían partículas extrañas a la descarga y esta se extinguiría. El principio de la principal reacción de fusión es la de deuterio-tritio, como muestra la figura 8.13: al reaccionar el deuterio con el tritio se produce una molécula de helio y libera una energía de 3,3 eV y, al mismo tiempo, se libera un neutrón con una energía de 14,1 eV. Esta tremenda energía se puede utilizar, por ejemplo, en la producción de energía eléctrica. Para ello es necesario que el deuterio y el tritio alcancen una altísima temperatura, que permite fusionarlos. Esta descarga llamada *plasma* debe alcanzar una temperatura de 10^8 K.

Históricamente se desarrollaron dos máquinas para producir el plasma y confinar el haz. En 1950 el profesor soviético Sakharov desarrolla una máquina para confinar el haz, que denominó *tokamak* (acrónimo del ruso; en español: cámara toroidal con bobinas magnéticas). En 1951 L. Spitzer, de la Universidad de Princeton, Estados Unidos, desarrolla una máquina de confinamiento magnético llamada *stellarator* o generador de estrellas. La figura 8.14 muestra el esquema del generador, cuyo eje mayor medía unos 3 m. Una parte muy importante del generador del plasma es el divertor que se sitúa en la parte inferior de la cámara y cuya función es extraer calor, liberar el plasma de impurezas y cenizas para que se pueda mantener la descarga y proteger las paredes del reactor de la carga térmica y del flujo de neutrones.

El mayor progreso consistía en construir generadores cada vez mayores, lo que suponía unas grandes inversiones. La comunidad internacional crea un consorcio multinacional, el International Thermonuclear Experimental Reactor (ITER), y decide la construcción del tokamak JET (Joint European Torus). En la figura 8.15 se representa la máquina que se está construyendo en Cadarache, Francia. Proyecto en el que participan la Comunidad Europea, India, Japón, Rusia, Corea del Sur y los Estados Unidos. Asimismo, esta figura muestra un corte de la máquina, donde se aprecia el toro en forma de D y se realiza la descarga. Para darse una idea de su magnitud, y lo más sobresaliente es que durante la descarga hay que mantener una presión de 10^{-10} mbar, a continuación se indican las características más importantes:

CARACTERÍSTICAS DEL TOKAMAK JET	
Peso de los anillos de campo toroidales	384 t
Energía de cada haz	2800 t
Peso del núcleo de hierro	14 TeV
Material de la pared	Fibra de carbón recubierta de berilio
Radio mayor del plasma	2,96 m
Radio menor del plasma	11 236 rps 2,10 m (vertical); 1,5 m (horizontal)
Corriente del plasma	$3,2 \times 10^6$ A (plasma circular) 8×10^6 A (plasma en D)
Tiempo máximo del pulso (descarga)	20-60 s
Tiempo de vida del plasma	20-60 s
Calentamiento auxiliar: Inyección de haz de neutros Calentamiento por radiofrecuencia	R23 MW R15 MW

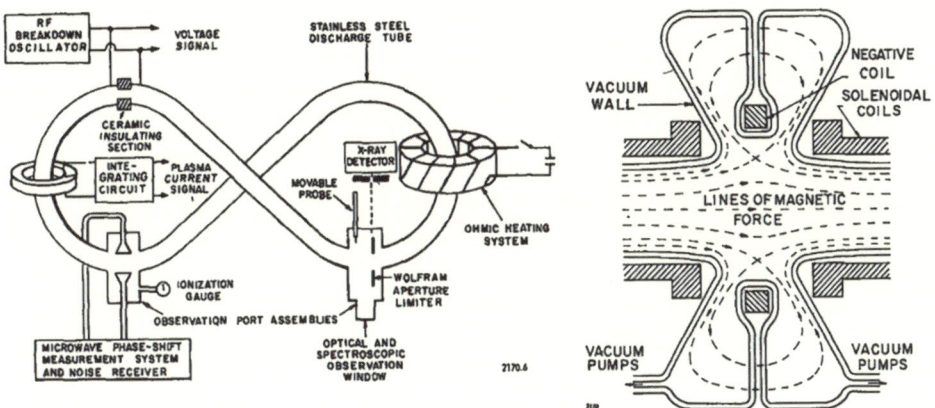

[8.14]

[8.14] Esquema del *stellarator* construido en la Universidad de Princeton en 1951.
[8.15] Corte del tokamak JET.

[8.15]

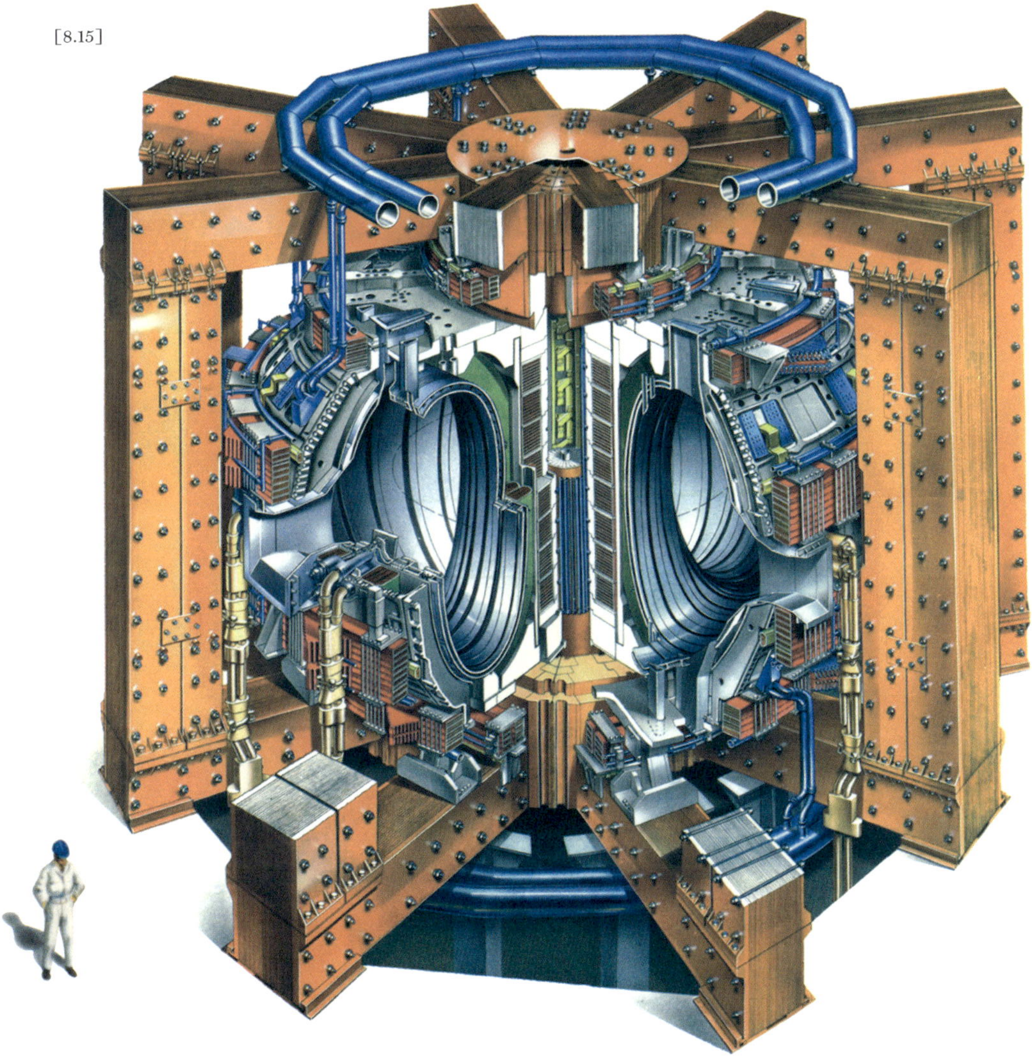

REFERENCIAS _____

217. Broglie, Louis-Victor de. «Recherches sur la théorie des Quanta». Tesis doctoral. Facultad de Ciencias de la Universidad de París, 1924, publ. en *Annales de Physique,* vol. 10, n.º 3, 1925, pp. 22-128. DOI: https://doi.org/10.1051/anphys/192510030022. **218.** Bragg, William Lawrence. «The Diffraction of Short Electromagnetic Waves by a Crystal». *Proceedings of the Cambridge Philosophical Society,* vol. 17, 1913, pp. 43–57. Laue, Max von. «Röntgenstrahlinterferenzen». *Physikalische Zeitschrift,* vol. 14, 1913, n.º 22/23, pp. 1075–1079. **219.** Davisson, Clinton Joseph, y Germer, Lester Habert. «The Scattering of Electrons by a Single Crystal of Nickel». *Nature,* vol. 119, 1927, pp. 558–560. **220.** Knoll, Max, y Ruska, E. «Das Elektronenmikroskop». *Zeitschrift für Physik,* vol. 78, n.º 5-6, mayo de 1932, pp. 318-339. DOI: https://doi.org/10.1007/BF01342199. **221.** Müller, Erwin Wilhelm. «Die Abhängigkeit der Feldelektronenemission von der Austrittsarbeit». Zeitschrift für Physik, vol. 102, 1936, pp. 734-761. **222.** Fowler, Ralph Howard, y Nordheim, L. «Electron Emission in Intense Electric Fields». *Proceedings of the Royal Society of London. Series A, Containing Papers of a Mathematical and Physical Character,* vol. 119, n.º 781, 1928, pp. 173-181. DOI: https://doi.org/10.1098/rspa.1928.0091. **223.** Müller, Erwin Wilhelm. «Work Function of Tungsten Single Crystal Planes Measured by Field Emission Microscope». *Journal of Applied Physics,* vol. 26, n.º 6, junio de 1955, pp. 732-737. DOI: https://doi.org/10.1063/1.1722081. **224.** Müller, Erwin Wilhelm, y Tsong, Tien Tzou. *Field Ion Microscopy. Principles and Applications.* American Elsevier, 1969. **225.** Young, Rusell D. «Surface Microtopography». *Physics Today,* vol. 24, n.º 11, noviembre de 1971, pp. 42-49. DOI: https://doi.org/10.1063/1.3022432. **226.** Binnig, Gerd, y Rohrer, Heinrich. «Grid Tunnel Microscope, patente CH8486/79A. **227.** — «Scanning Tunneling Microscope», patente US4343993A.

Epílogo

Perspectivas y desafíos en el desarrollo del vacío*

Celia Rogero

Román Nevshupa

* Los ocho capítulos precedentes son obra exclusiva de José Luis de Segovia, que trabajó en ella hasta su fallecimiento en el año 2019. Dejó un manuscrito perfectamente terminado y que, tras el imprescindible proceso editorial, es el texto que se pone ahora en manos de los lectores. Sin embargo, se ha estimado muy enriquecedor para el libro añadir un último capítulo a modo de epílogo, que constituyera, por un lado, unas conclusiones de todo lo expuesto a lo largo de la obra, y, por otro, una puesta al día general de la materia, con datos actualizados que necesariamente quedaron fuera del límite temporal marcado por la vida del autor. Y esto ha sido posible gracias a la generosidad de Celia Rogero, directora del Centro de Física de Materiales del CSIC-UPV/EHU y presidenta de la Asociación Española del Vacío y sus Aplicaciones (ASEVA), y de Román Nevshupa, científico titular del Instituto de Ciencias de la Construcción Eduardo Torroja del CSIC y colaborador durante mucho tiempo del profesor De Segovia. Ambos han preparado conjuntamente el texto que se ofrece a continuación, con el cual se refuerza el valor de este libro como obra de referencia necesaria para el conocimiento de la evolución de la ciencia y tecnología del vacío a lo largo de la historia, desde la más remota Antigüedad hasta nuestros días (*N. del E.*).

DESDE sus orígenes como mera noción filosófica hasta consolidarse como un pilar fundamental en la ciencia y la industria, *Historia del vacío* nos ha guiado a través de un detallado recorrido histórico revelando cómo la ciencia del vacío ha moldeado y transformado nuestra sociedad. Este libro muestra que la tecnología del vacío, más que un simple medio, ha sido crucial a la hora de abordar desafíos complejos para impulsar la innovación y encontrar soluciones a los problemas más urgentes de nuestro tiempo. Como tecnología facilitadora, la tecnología del vacío ha sido y es un elemento esencial y transversal que sostiene el desarrollo en distintos campos y ramas de la ciencia y la tecnología, desde la fabricación de semiconductores a la conservación de alimentos, pasando por las energías alternativas renovables, la medicina o la nanotecnología.

Esta gran revolución, que comenzó con los experimentos pioneros de Otto von Guericke en el siglo XVII y se consolidó en el desarrollo de las bombas de vacío, nos ha permitido explorar las propiedades del vacío y la presión, sentando las bases de la física moderna y por ende del desarrollo tecnológico. Así, en el siglo XIX, la invención de la bombilla dependía del vacío para evitar que el filamento se quemara. En el siglo XX, la tecnología del vacío desempeñó un papel crucial. El tubo de rayos catódicos permitió el desarrollo de televisores y monitores, e igualmente revolucionaria fue la invención de la aspiradora, que representó un cambio significativo en la vida doméstica, en la forma en que se mantenían los hogares, y tuvo un impacto duradero en las prácticas y estándares de limpieza en la sociedad. El uso del vacío también se impuso a mediados de siglo como un método eficaz en la conservación de alimentos. Esta tecnología ha transformado tanto la industria alimentaria como la vida cotidiana de los consumidores, facilitando un acceso más fácil a alimentos frescos de manera saludable.

A medida que la ciencia avanzaba, los sistemas de bombeo fueron cada vez más compactos, eficientes y baratos, y permitieron la obtención de niveles de vacío más extremos, ultra alto vacío (UAV). Gracias a estos avances, se pudo llegar no solo a ver sino a interaccionar y manipular la materia a la nanoescala y explorar fenómenos cuánticos. Con la llegada de la microelectrónica y la necesidad de fabricar semiconductores, el alto y ultra alto vacío se convirtieron en una herramienta indispensable para la deposición y el grabado de materiales a escala nanométrica. El desarrollo de sistemas de vacío ha sido también fundamental para el progreso en la exploración espacial y para realizar experimentos de física de partículas, como los llevados a cabo en los aceleradores de partículas.

En el siglo XXI, hemos visto cómo la miniaturización de los sistemas de vacío ha sido clave para la creación de dispositivos portátiles, sensores avanzados y aplicaciones médicas. El vacío es esencial para la fabricación de pantallas OLED, la producción de celdas solares más eficientes o la investigación en fusión nuclear, que promete ser una fuente de energía limpia e ilimitada. Pero aún queda un amplio margen de desarrollo, ya que nos encontramos ante un período de rápido avance en la antesala de un nuevo salto tecnológico, un período que promete rápidos avances y que nos obligará a asumir retos críticos.

Uno de los principales retos es avanzar más allá de la frontera del vacío extremadamente alto (VEA), definido como una presión de gas inferior a 10^{-10} Pa, para poder así seguir explorando la física de partículas, el universo o las propiedades a nivel atómico o subatómico de la materia. A pesar de que desde la década de 1930 era posible producir VEA mediante técnicas criogénicas, la ampliación de estas técnicas a sistemas más grandes y con cargas de gas significativas sigue siendo un reto crucial. Entre las innovaciones tecnológicas necesarias para superar estos desafíos se incluyen el desarrollo de sistemas de bombeo más eficaces. Además, es imperativo avanzar en la medición precisa de presiones en el rango de VEA, lo que requiere nuevos materiales y métodos de medición más sofisticados que puedan explorar los límites de la física cuántica y fotónica. También hay que conseguir que los materiales usados en las tecnologías de vacío sean cada día más sostenibles, que reduzcan la huella de carbono y que permitan consumir cada vez menos energía.

El impacto de dominar el VEA y el UAV se extiende a múltiples campos. En la electrónica y la computación estas tecnologías permitirán la creación de dispositivos más pequeños, rápidos y eficientes, potenciando el desarrollo de la computación cuántica y la miniaturización de componentes electrónicos. La medicina y la biotecnología también se beneficiarán enormemente, con la capacidad de fabricar equipos médicos avanzados y desarrollar microscopios de ultra alta resolución que revelen nuevas perspectivas sobre las estructuras biológicas o nuevos aparatos de resonancia más precisos, prácticos y con mejores prestaciones.

En el ámbito de la nanotecnología, la manipulación de materiales a nivel atómico bajo condiciones de ultra alto vacío abrirá la puerta a la creación de nuevos nanomateriales con propiedades únicas, mejorando la eficiencia energética y la durabilidad de productos industriales. Asimismo, la exploración espacial se verá impulsada por la capacidad de probar y optimizar equipos en condiciones que simulan el entorno del espacio profundo, lo que es vital para futuras misiones interplanetarias.

No menos importante es el impacto en la industria de la energía. Sin vacío hoy en día no se podrían construir plantas solares térmicas, y el desarrollo de tecnologías de vacío es fundamental para avances en la fusión nuclear y en la creación de celdas solares de nueva generación, contribuyendo significativamente a la transición hacia fuentes de energía más limpias. Esto, a su vez, tendrá un efecto positivo en la lucha contra el cambio climático, en la mejora de la salud pública y en un desarrollo económico más sostenible.

En el ámbito de la manufactura de los sistemas de vacío, la reducción de la tasa de desgasificación de materiales mediante tratamientos avanzados y el uso de nuevos recubrimientos y aleaciones, como las de aluminio y titanio, está transformando los procesos de producción. Estos avances están permitiendo la fabricación de componentes más precisos y duraderos, con aplicaciones que van desde la automoción hasta la construcción y la aeronáutica.

La miniaturización de sistemas de vacío, por otro lado, está impulsando innovaciones en dispositivos portátiles y médicos, donde la precisión y el control son esenciales. Sin embargo, este avance también plantea nuevos desafíos relacionados con la medición y el control del vacío a micro y nanoescala, lo que requiere una revisión fundamental de los métodos y tecnologías actuales.

En resumen, la ciencia y la tecnología del vacío se encuentran en una nueva encrucijada de innovación. Desde sus humildes comienzos hasta los desafíos modernos, el vacío ha sido un pilar en la evolución del conocimiento humano. Hoy, esta *Historia del vacío* no solo nos ofrece un recorrido por los hitos históricos de una fascinante disciplina, sino que también nos invita a mirar hacia adelante, hacia un futuro lleno de promesas tecnológicas que podrían redefinir la civilización tal como la conocemos. Los próximos años serán testigos de cómo estos avances en UAV y VEA se materializan en innovaciones que, sin duda, tendrán un impacto profundo en la ciencia, la tecnología y la sociedad en su conjunto.

CELIA ROGERO

DIRECTORA DEL CENTRO DE FÍSICA
DE MATERIALES DEL CSIC-UPV/EHU,
PRESIDENTA DE LA ASOCIACIÓN
ESPAÑOLA DEL VACÍO Y SUS
APLICACIONES (ASEVA)

ROMÁN NEVSHUPA

CIENTÍFICO TITULAR DEL INSTITUTO
DE CIENCIAS DE LA CONSTRUCCIÓN
EDUARDO TORROJA DEL CSIC

Índice onomástico

Créditos de las figuras

1.1. Louis Figuier. *Vie des savants illustres.* París, 1866.©

1.2. Museo del Ágora de Atenas. Por Marsyas, con licencia CC BY-SA 2.5.

1.3. Herón de Alejandría. *The Pneumatics of Hero of Alexandria, from the Original Greek* (trad. Joseph George Greenwood). Londres, 1851.©

1.4. National Maritime Museum, Londres. Por Victoria C, con licencia CC BY-SA 4.0.

1.5. Museo Arqueológico Nacional, Madrid. Por Luis García, con licencia CC BY-SA 3.0.

2.1. Simon Stevin. *Memoires mathematiques* (trad. Jean Tuning). Leyden, 1605-1608.

2.2. Antonio Neri. *L'arte vetraria.* Florencia, 1662.©

2.3. Adaptado de Galileo Galilei. *Discorsi e dimostrazioni matematiche.* Leyden, 1638. © Museo Galileo. Istituto e Museo di Storia della Scienza. Con licencia CC BY-SA 4.0.

2.4. Adaptado de Galileo Galilei. *Le opere. Volume XIV. Carteggio 1629-1632.*©

2.5. Gaspar Schott. *Technica curiosa, sive mirabilia artis.* Herbipoli, 1664.©

2.6. Athanasius Kircher. *Musurgia universalis sive ars magna consoni et dissoni.* Roma, 1650.©

2.7. Tommasso Bonaventuri. *Lezioni accademiche di Evangelista Torricelli.* Florencia, 1715.©

2.8. Gaspar Schott. *Technica curiosa, sive mirabilia artis.* Herbipoli, 1664.©

2.9. Gaspar Schott. *Technica curiosa, sive mirabilia artis.* Herbipoli, 1664.©

2.10. Blaise Pascal. *Traitez de l'equilibre des liqueurs, et de la pesanteur de la masse de l'air.* París, 1663.©

2.11. Blaise Pascal. *Traitez de l'equilibre des liqueurs, et de la pesanteur de la masse de l'air.* París, 1663.©

2.12. Academia del Cimento. *Saggi di naturali esperienze fatte nell'Accademia del Cimento.* Florencia, 1666.©

2.13. Academia del Cimento. *Saggi di naturali esperienze fatte nell'Accademia del Cimento.* Florencia, 1666.©

2.14. Academia del Cimento. *Saggi di naturali esperienze fatte nell'Accademia del Cimento.* Florencia, 1666.©

2.15. Jean-Antoine Nollet. *Leçons de physique expérimentale.* París, 1743-1748.©

2.16. Jean Pecquet. *Experimenta nova anatomica.* París, 1661.©

2.17. Otto von Guericke. *Experimenta nova (ut vocantur) magdeburgica de vacuo spatio.* Ámsterdam, 1672.©

2.18. Otto von Guericke. *Experimenta nova (ut vocantur) magdeburgica de vacuo spatio.* Ámsterdam, 1672.©

2.19. Paulo Casato. *Vacuum proscriptum.* Génova, 1649.©

3.1. Otto von Guericke. *Experimenta nova (ut vocantur) magdeburgica de vacuo spatio.* Ámsterdam, 1672.©

3.2. Otto von Guericke. *Experimenta nova (ut vocantur) magdeburgica de vacuo spatio.* Ámsterdam, 1672.©

3.3. Otto von Guericke. *Experimenta nova (ut vocantur) magdeburgica de vacuo spatio.* Ámsterdam, 1672.©

3.4. Otto von Guericke. *Experimenta nova (ut vocantur) magdeburgica de vacuo spatio.* Ámsterdam, 1672.©

3.5. Otto von Guericke. *Experimenta nova (ut vocantur) magdeburgica de vacuo spatio.* Ámsterdam, 1672.©

3.6. Otto von Guericke. *Experimenta nova (ut vocantur) magdeburgica de vacuo spatio.* Ámsterdam, 1672.©

3.7. Robert Boyle. *New Experiments Physico-Mechanical, touching the Spring of the Air and its Effects.* Oxford, 1660.©

3.8. Robert Boyle. *New Experiments Physico-Mechanical, touching the Spring of the Air and its Effects.* Oxford, 1660.©

3.9. Izquierda: *New Experiments Physico-Mechanical, touching the Spring of the Air and its Effects.* Oxford, 1660. DP. Derecha: Academie Royale des Sciences. *Oeuvres de Edme Mariotte,* vol. 1. Leyden, 1717.©

3.10. Wellcome Images. Con licencia CC BY 4.0.

3.11. Gaspar Schott. *Technica curiosa, sive mirabilia artis.* Herbipoli, 1664.©

3.12. Gaspar Schott. *Technica curiosa, sive mirabilia artis.* Herbipoli, 1664.©

3.13. Gaspar Schott. *Technica curiosa, sive mirabilia artis.* Herbipoli, 1664.©

3.14. Christiaan Huygens. *Traité de la lumière.* Leyden, 1690.©

4.1. Steven Shapin y Simon Schaffer. *Leviathan and the Air-Pump.*© 2017, Princeton Unversity Press.

4.2. Francis Hauksbee. *Physico-Mechanical Experiments on various Subjects.* Londres, 1709.©

4.3. Museo Boergaave, Leyden. Objeto V09551.

4.4. Colección de Telstar, Tarrasa, Barcelona.

4.5. Wellcome Images. Con licencia CC BY 4.0.

4.6. Cotte, Louis. *Traité de météorologie.* París, 1774. Imágenes facilitadas por el Museo Nacional de Ciencias Naturales (CSIC), Madrid.©

4.7. Ayuntamiento de Castropol, Asturias.

4.8. Robert Boyle. *The Works of Robert Boyle,* vol. 4, pp. 510-513. Londres, 1744.©

4.9. Christiaan Huygens. *Traité de la lumière.* Leyden, 1690. *Oeuvres complètes de Christiaan Huygens.* Publ. por la Société Hollandaise des Sciences. La Haya, 1888.

4.10. Joseph Wright of Derby. *An Experiment on a Bird in the Air Pump.* National Gallery, Londres.©

4.11. Por Hustvedt, con licencia CC BY-SA 3.0.

4.12. Otto von Guericke. *Experimenta nova (ut vocantur) magdeburgica de vacuo spatio.* Ámsterdam, 1672.©

4.13. Louis Cotte. *Traité de météorologie.* París, 1774.©

4.14. Otto von Guericke. *Experimenta nova (ut vocantur) magdeburgica de vacuo spatio.* Ámsterdam, 1672.©

4.15. Camille Gilbert. En Gaston Tissandier. *Les Martyrs de la science.* París, 1888.©

4.16. Francis Hauskbee. *Physico-Mechanical Experiments on various Subjects.* Londres, 1709.©

4.17. Izquierda: *Popular Science Monthly,* vol. 5. © Derecha: Joseph Priestley. *The History and Present State of Electricity, with Original Experiments.* Londres, 1767.©

4.18. Grabado del siglo XVII, de autor desconocido, entre 1730 y 1740.©

5.1. Por Wellcome Images, con licencia CC BY 4.0.

5.2. Ford Brown. Fresco en el Ayuntamiento de Mánchester (1893).©

5.3. Por Universität Saarland.©

5.4. Autor desconocido.©

5.5. Herbert McLeod. «Apparatus for Measurement of Low Pressures of Gas». *Proceedings of the Physical Society of London,* vol. 1, n.º 1, 1874, pp. 30-34.© IOP Publishing. Reproducido con permiso del editor.

5.6. Emanuel Swedenborg. *Miscellaneous Observations Connected with the Physical Sciences* (trad. del latín por Charles Edward Strutt), p. 65. Londres, 1847.©

5.7. W. H. T. Meyer. *Beobachtungen über das geschichtete electrische Licht sowie über den merkwürdigen Einfluss des Magneten auf Dasselbe nebst Anleitung zur experimentellen Darstellung der fraglichen Erscheinungen.* Berlín, 1858.

5.8. H. Sprengel. «Researches on the Vacuum». *Journal of the Chemical Society,* 3.ª serie, vol. 18, 1865, pp. 9-21.© The Royal Society of Chemistry. Reproducido con permiso del editor.

5.9. A. Toepler. «Ueber eine einfache Barometer-Luftpumpe ohne Hähne, Ventile und Schädlichen Raum». *Dingler's Polytechnisches Journale,* vol. 163, n.º 113, 1862, pp. 426-432.©

5.10. Bibliothek allgemeinen und praktischen Wissens für Militäranwärter, Band III (Library of General and Practical Knowledge for Military Candidates, Volume III). Berlín, Leipzig, Viena, Stuttgart, Deutsches Verlaghaus Bong & Co., 1905.

5.11. Central Scientific Company. «Various Geissler Tubes». Del catálogo *Physical Apparatus for Universities and Colleges Manufactured and Imported by Central Scientific Co.* Chicago, Illinois: Central Scientific Company, 1912. Q185.7.C46 1912. (Science History Institute. Philadelphia. https://digital.sciencehistory.org/works/f8jmgvu).©

5.12. William Crookes. «Researches on the Atomic Weight of Thallium». *Philosophical Transactions of the Royal Society of London,* vol. 163, 1873, pp. 277-330. © The Royal Society of London. Reproducido con permiso del editor.

5.13. William Crookes «On Attraction and Repulsion Resulting from Radiation». *Philosophical Transactions of the Royal Society of London*, vol. 164, 1874, pp. 501-527. © The Royal Society of London. Reproducido con permiso del editor.

5.14. William Crookes. Popular Science Monthly, vol. 39, mayo-octubre, 1893. Originalmente: William Crookes. *On Radiant Matter*. Discurso ante la British Association for the Advancement of Science, Sheffield, 22 de agosto de 1879, p. 13, fig. 7.

5.15. Por Zátonyi Sándor, con licencia CC BY-SA 3.0.

5.16. «Roentgen Induction Coils and other X-Ray Apparatus». Catálogo 480. James G. Biddle, Philadephia, Estados Unidos, 1903.©

5.17. Izquierda: imagen de la colección del Deutsches Röntgen-Museum. Derecha: imagen por W. Röntgen.©

5.18. Esquemas originales del autor. En la parte II, fotografía adaptada del tubo de rayos catódicos de J. J. Thomson con bobinas magnéticas, 1897. Science Museum London. Con licencia CC BY-SA 2.0.

6.1. *Samuel Orgelbrand's Universal Encyclopedia with illustrations and Maps Edited in Sixteen Volumes*, 1898-1904.©

6.2. Byron Eldred. «Low-Expansion Wire», patente US1140136A.©

6.3. Ezechiel Weintraub. «Leading-in conductor», patente US1154081A.©

6.4. Charles Kraus. «Conducting-Seal for Vacuum-Containers», patente US1093997A.©

6.5. William Houskeeper. «Combined Metal and Glass Structure and Method of Making Same», patente US1294466A.©

6.6. Johann Heinrich Jacob Müller y Claude Servais Mathias Pouillet. *Lehrbuch der Physik und Meteorologie*, vol. 1, 1906, fig. 537.©

6.7. Wolfgang Gaede. «Means for Producing High Vacuums», patente US852947A.©

6.8. Izquierda: Wolfgang Gaede. «Rückschlagventil für die Austrittsöffnung von Kapselpumpen zur Förderung von Gasen», patente DE225286C. Derecha: Theatrum Machinarium, Oder: Schau-Platz der Heb-Zeuge, Leipzig: Zunkel, 1725, p. 337.©

6.9. Wolfgang Gaede. «Einrichtung fuer Vakuum-Drehkolbenpumpen mit Ölabschluss zur Verhinderung des Öleintritts in die Vakuumleitung beim Stillstand der Pumpe», patente DE442185C.©

6.10. Wolfgang Gaede. «Single or Multi-Stage Vacuum Pump for Generating Low Pressures for Extracting Fumes and Gas-Steam Mixtures», patente DE702480C.©

6.11. Wolfgang Gaede. «Method and Apparatus for Producing High Vacuums», patente US1069408A.©

6.12. Collección fotográfica del museo Curie, París. ACJC.©

6.13. Karl Manne Siegbahn. «Improvements in or relating to Rotary Vacuum Pumps», patente GB332879A.©

6.14. John Dubrovin. «Vacuum Pump», patente US2337849A.©

6.15. Esquema original del autor.

6.16. Wolfgang Gaede. «Device for Producing High Vacua», patente GB191419793A.©

6.17. Irving Langmuir. «The Condensation Pump. An Improved Form of High Vacuum Pump». *Journal of the Franklin Institute*, vol. 182, n.º 6, 1916, pp. 719-743. © 1916, Elsevier Ltd. Reproducido con permiso del editor.

6.18. Foto amablemente cedida por David Hunter, Vicepresident of Collection and Exhibition, Museum of Innovation and Science.

6.19. Stimson, Harold F. «A Two-Stage Mercury Vapor Pump». *Journal of the Washington Academy of Sciences*, vol. 7, n.º 15, 1917, pp. 477-482. © 1917, Washington Academy of Sciences.

6.20. Kenneth Hickman. «Vacuum Pump», patente US1857506A.©

6.21. Kenneth Hickman. «Vacuum Pump», patente US2080421A.©

6.22. Louis Malter. «Vacuum Diffusion Pump», patente US2112037A.©

6.23. Esquema original.

6.24. Esquema original.

6.25. Esquema de autor desconocido.

6.26. Frans Michel Penning. «Ein neues Manometer für niedrige Gasdrucke, insbesondere zwischen 10^{-3} und 10^{-5} mm». Physica, vol. 4, n.º 2, febrero de 1937, pp. 71-75. Versión en ingles: «High-Vacuum Gauges». *Philips Technical Review*, vol. 2, n.º 7, enero de 1937, pp. 201-208.©

6.27. Arthur Jeffrey Dempster. «A New

Method of Positive Ray Analysis». *Physical Review*, vol. 11, n.º 4, 1918, pp. 316-325. © 1918, The American Physical Society. Reproducido con permiso del editor.

6.28. Michael A. Grayson. «Professor Al Nier and his Influence on Mass Spectrometry». *Journal of the American Society for Mass Spectrometry*, vol. 3, n.º 7, octubre de 1992, pp. 685-694. © 1992, American Society for Mass Spectrometry. Publ. American Chemical Society. Reproducido con permiso del editor.

6.29. J. A. Fleming. «Improvements in Instruments for Detecting and Measuring Alternating Electric Currents», patente GB190424850A.©

6.30. Lee de Forest. «Space Telegraphy», patente US879532A.©

6.31. William Coolige. «Vacuum Tube», patente US1203495A.©

6.32. Colección del museo de la Universidad de Innsbruck.©

6.33. a) Borís Rósing. «New or Improved Method of Electrically Transmitting to a Distance Real Optical Images and Apparatus therefor», patente GB190727570A.© b) A. A. Campbell Swinton. «Presidential Address». *Journal of the Röntgen Society*, vol. 8, n.º 30, 1912, p. 1-15. © 1912, The British Institute of Radiology.

6.34. Valdímir Zvorykin. «Television System», patente US2141059A.©

6.35. Archivo digital a partir del negativo original. Library of Congress. Prints & Photographs Division. Reproducción n.º LC–GIG-ggbain–37129.©

6.36. Autor desconocido.©

6.37. Charles Thomson Rees Wilson. «On an Expansion Apparatus for Making Visible the Tracks of Ionising Particles in Gases and some Results Obtained by its Use». *Proceedings of the Royal Society of London*, vol. 87, n.º 595, 1912, pp. 277-292.© 1912, The Royal Society of London. Reproducido con permiso del editor.

6.38. P. Clausing «Über die Strahlformung bei der Molekularströmung». *Zeitschrift für Physik*. vol. 66, 1960, pages 471-476. © 1930, Springer-Verlag.

7.2. Izquierda: Robert T. Bayard y Daniel Alpert. «Extension of the Low Pressure Range of the Ionization Gauge». *Review of Scientific Instruments*, vol. 21, n.º 6, abril de 1950, pp. 571-572. © 1950, AIP Publishing. Reproducido con permiso del editor.

Derecha: Reproducido de MKS. Granville-Phillips® Series 274 Bayard-Alpert Type Ionization Gauges. Instruction Manual. Part number 274026, 2014.

7.4. Paul Aveling Redhead. «New Hot-Filament Ionization Gauge with Low Residual Current». *Journal of Vacuum Science & Technology*, vol. 3, n.º 4, 1966, pp. 173-180. © 1966, American Vacuum Society. Reproducido con permiso del editor.

7.5. J. P. Hobson y Paul Aveling Redhead. «Operation of an Inverted-Magnetron Gauge in the Pressure Range 10–3 to 10–12 mmHg». Canadian Journal of Physics, vol. 36, n.º 3, 1958, p. 271. © 1958, Canadian Science Publishing; Conseil National de Recherches du Canada. Reproducido con permiso del editor.

7.6. James M. Lafferty. «Hot-Cathode Magnetron Ionization Gauge for the Measurement of Ultrahigh Vacua». *Journal of Applied Physics*, vol. 32, n.º 3, 1961, pp. 424-434. © 1961, AIP Publishing. Reproducido con permiso del editor.

7.7. Figuras originales.

7.8. Willard Benneth. «Radio Frequency Mass Spectrometer», patente US2721271A.©

7.9. Imágenes originales.

7.10. Wolfgang Paul y Helmut Steinwedel. «Apparatus for Separating Charged Particles of Different Specific Charges», patente US2939952A.©

7.11. D. C. Damoth, y R. G. Burgess. *1962 Transactions of the Ninth National Vacuum Symposium of the American Vacuum Society, p. 567*. Macmillan, 1963.

7.12. W. D. Davis y T. Vanderslice. 1960 *Vacuum Technology Transactions. Proceedings of the Seventh National Symposium, p. 417.* Pergamon Press, 1961.

7.13. Izquierda: Willi Becker. «Molecular Pump», patente DE1010235B.© Derecha: autor desconocido.

7.14. Willi Becker. «Eine neue Molekularpumpe». *Vakuum Technik*, vol. 7, 1958, pp. 149-152.

7.15. Karl Heinz Mirgel. «Turbomolecular Pump of Vertical Design of 350 liter/ sec Pumping Speed». *Journal of Vacuum Science & Technology*, vol. 9, 1972, pp. 408-4011. © 1972, AIP Publishing. Reproducido con permiso del editor.

7.16. Eckhard Bez y John L. Farrant. «Multi-Stage Vacuum Pump», patente US4854825A.©

7.17. Izquierda: Léon Creux. «Rotary Engine», patente US801182A.© Derecha: esquema.

7.18. Izquierda: *Chambers's Encyclopedia*. Philadelphia, J. B. Lippincott Company, 1875. Derecha: catálogo VPS, Model P-series.

7.19. *Fundamentals of Vacuum Technology*. Revisado y compilado por el Dr. Walter Umrath, Leybold.

7.20. a) y d): imágenes cedidas por la empresa Agilent (antes Varian). b) y c) Lewis D. Hall, John C. Helmer y Robert L. Jepsen. «Electrical Vacuum Pump Apparatus and Method», patente US2993638A.©

7.21. Imágenes cedidas por la empresa Agilent (antes Varian).

7.22. Kimo M. Welch. «Cryogenic Pump with Radiation Shield», patente US4336690A.©

7.27. Daniel Alpert. «Vacuum Valve for the Handling of Very Pure Gases». *Review of Scientific Instruments*, vol. 22, n.º 7, 1951, p. 536. © 1951, AIP Publishing. Reproducido con permiso del editor.©

8.1. Autor desconocido.©

8.2. Izquierda: Autor desconocido. Derecha: Ernst Ruska. *Die frühe Entwicklung der Elektronenlinsen und der Elektronenmikroskopie*. *Acta Historische Leopoldina*. Nationale Akademie der Wissenschaften Leopoldina. Halle, 1979.

8.3. Erwin Wilhelm Müller. «Die Abhängigkeit der Feldelektronenemission von der Austrittssarbeit». *Zeitschrift für Physik*, vol. 102, 1936, pp. 734-761.

8.4. Erwin Wilhelm Müller. «Work Function of Tungsten Single Crystal Planes Measured by Field Emission Microscope». *Journal of Applied Physics*, vol. 26, n.º 6, 1955, pp. 732-737. © 1955, AIP Publishing. Reproducido con permiso del editor.

8.5. Autor desconocido.©

8.6. Rusell D. Young. «Surface Microtopography». *Physics Today*, vol. 24, n.º 11, noviembre de 1971, pp. 42-49. © 1971, American Institute of Physics. Reproducido con permiso del editor.

8.7. Gerd Binnig y Heinrich Rohrer. «Grid Tunnel Microscope», patente CH8486/79A.©

8.8. Brookhaven National Laboratory (Estados Unidos).©

8.9. Imágenes de la colección de CERN. Reproducido con permiso de la empresa.

8.11. Herbert C. Pollock. «The Discovery of Synchrotron Radiation». *American Journal of Physics*, vol. 51, n.º 3, 1983, p. 278-280. © 1983, AIP Publishing. Reproducido con permiso del editor.

8.12. Fuente de radiación sincrotrón (SRS) en el Daresbury Laboratory, Cheshire, Inglaterra.

8.14. Reproducido de L. Spitzer Jr. *Stellarator Concept*, report P/2170 USA, pp. 181-196.

8.15. Por EUROfusion, con licencia CC BY 4.0.

©: Dominio público. CC BY: Creative Commons BY [atribución]. CC BY-SA: Creative Commons BY [atribución] ShareAlike.

Agradecimientos

Este libro es fruto de toda una vida dedicada a la investigación. Nuestro padre comenzó a escribirlo en su etapa de mayor madurez, y su publicación pretende ser un homenaje póstumo a su figura como científico e investigador incansable.

Agradecemos al Dr. Román Nevshupa, que vio nacer este proyecto y que siempre estuvo junto a él prestando su apoyo y asesoramiento. Su incondicional ayuda en los aspectos técnicos del mismo ha sido fundamental para que finalmente pudiera ver la luz. Al filólogo y editor Joaquín Dacosta, que nos ha ayudado con la edición del libro, y para el que no tenemos palabras que expresen nuestro más profundo y sincero agradecimiento. Al presidente de la Asociación Española de Vacío y sus Aplicaciones (ASEVA) durante los años 2019-2023, Prof. Miguel Manso, que nos recibió sin objeciones y nos brindó tanto su colaboración como la de la Asociación para que este empeño se hiciese realidad. A la actual presidenta de ASEVA, Prof.ª Celia Rogero, quien, con gran generosidad, ha redactado el capítulo de conclusiones junto con el Dr. Nevshupa. A la empresa Telstar, en especial a D. Luis Ordóñez, que nos ha ayudado con la adquisición de licencias de varias de las imágenes del libro, y a D. Josep Garriga, por sus aportaciones y comentarios. Y, por supuesto, a sus grandes amigos y colegas, Prof. Federico García Moliner, Prof. Manfred Leisch y Prof. Geoff Thornton, los cuales tan amablemente han accedido a escribir las semblanzas, tanto profesionales como personales, sobre nuestro padre, donde se aprecia el gran cariño y admiración que le profesaban. Y, por último, al CSIC, la casa de nuestro padre durante más de sesenta años, y en particular a su editorial, que ha puesto a nuestra disposición sus medios técnicos y humanos en la ejecución material de este libro, para que ayude en lo posible a la divulgación de la ciencia en nuestro país.

JOSÉ LUIS Y ROSA MARÍA
DE SEGOVIA GARCÍA

Por convención son lo dulce y lo amargo;
por convención es el color; de verdad
existen los átomos y el vacío...
DEMÓCRITO DE ABDERA
(SS. V-IV A. DE J. C.)